3 かっこをはずす

+(　)なら，(　)内の各項の符号はそのまま。

$+(a-2b-c)=a-2b-c$,　$2(x-3y)=2x$

−(　)なら，(　)内の各項の符号は変わる。

$-(a-2b-c)=-a+2b+c$,　$-2(x-3y)$

4 多項式の加法・減法　次の手順で計算する。

[1]　それぞれの式にかっこをつけ，記号+，−でつな

[2]　かっこをはずす。

[3]　同類項をまとめて1つの項にする。

$(3a+b)+(2a-4b)=3a+b+2a-4b=5a-3b$

$(3a+b)-(2a-4b)=3a+b-2a+4b=a+5b$

5 単項式の乗法・除法

① $a^2\times a^3=(a\times a)\times(a\times a\times a)=a^{2+3}$，$(a^2)^3=(a\times a)\times(a\times a)\times(a\times a)=a^{2\times3}$，

$(ab)^2=(a\times b)\times(a\times b)=(a\times a)\times(b\times b)=a^2b^2$，

$a^4\div a^2=\dfrac{a\times a\times a\times a}{a\times a}=a^{4-2}$，$a^3\div a^3=1$，$a^2\div a^3=\dfrac{a\times a}{a\times a\times a}=\dfrac{1}{a^{3-2}}$

② **(単項式)×(単項式)**　係数どうしの積に文字どうしの積をかける。

③ **(単項式)÷(単項式)**　$\dfrac{(\text{単項式})}{(\text{単項式})}$ として，約分する。

6 式の値

① そのまま数値を代入して計算する。

② 式を簡単にしてから，数値を代入する。

③ 条件式を使いやすい形に変形する。

7 整数の表し方

① 偶数 ⟶ $2m$，奇数 ⟶ $2n+1$　(m，n は整数)

② 連続する3つの整数 ⟶ n，$n+1$，$n+2$　(n は整数)

③ 2けたの整数 ⟶ $10a+b$，　3けたの整数 ⟶ $100a+10b+c$

(a，b，c は0，1，2，……，9のいずれか。$a\neq0$)

方　程　式 (1)

1 等式の性質

[1]　$A=B$ ならば $A+C=B+C$　　等式の両辺に同じ数をたしても，等式は成り立つ。

[2]　$A=B$ ならば $A-C=B-C$　　等式の両辺から同じ数をひいても，等式は成り立つ。

[3]　$A=B$ ならば $AC=BC$　　等式の両辺に同じ数をかけても，等式は成り立つ。

[4]　$A=B$ ならば $\dfrac{A}{C}=\dfrac{B}{C}$　$(C\neq0)$　　等式の両辺を0でない同じ数でわっても，等式は成り立つ。

[5]　$A=B$ ならば $B=A$　　等式の両辺を入れかえても，等式は成り立つ。

2 1次方程式の解き方　次の手順で解く。

[1]　x を含む項を左辺に，数の項を右辺に移項する。

[2]　両辺の同類項をまとめる。($ax=b$ の形を導く)

[3]　x の係数で両辺をわって，解を求める。

3 いろいろな形の1次方程式の解き方

① **かっこを含む1次方程式** ⟶ かっこをはずす。

② **分数を含む1次方程式** ⟶ 分母の公倍数を両辺にかける。

③ **小数を含む1次方程式** ⟶ 両辺に10，100，1000などをかける。

これらによって，整数係数の1次方程式が得られたら，**2** の要領で解く。

新課程

チャート式®

体系数学1

代数編

岡部恒治／チャート研究所 共編著

数研出版

道は、たくさんある。

中学生という人生の新しいステージが始まりました。
どんな中学生活を送りたいですか？
どんな大人になりたいですか？
どんな将来を描いていますか？

言うなれば、いまみなさんの前には、訪れたことのない
広大な草原が広がっています。
そこには、どこへ向かってどう歩いてもいい自由があると同時に、
どう歩んでよいかわからない、もしかしたら道に迷ってしまうかも
しれない不安もあるかもしれません。
ただ、確かに言えることは、みなさんはいま
「これから何にでもなれる自由」を手にしている、ということ。
この道を絶対に歩まなければならないという決められたルートなど
存在しない、ということ。
どんな道を歩んでもよいのです。
そして、途中転んでも、つまずいても、道に迷ってもかまいません。
そのときは、自分で考え、自分で判断し、また進めばよいのです。
転ばず、つまずかず、道に迷わず人生を送る人など、世の中には
一人もいないのですから。

勉強をするうえで、試験で高得点をとることや
志望校へ合格することは、もちろん大切な目標です。
でも、一番大切なことは、つまずいたとき、道に迷った
とき、自分で考え、判断し、前に進む力を養うことです。
それを「生きる力」と定義するならば、生きる力を養い、
鍛えてくれる絶好の教科が、数学です。
数学は、設問に対する正解は1つかもしれませんが、
そこにたどり着く道は1つではありません。
遠回りしたり、寄り道したり。
100人いれば100とおりの生き方があるように、
数学は、いろいろな道を楽しむ学問なのです。

さぁ、数学という、新しい旅が始まります。
チャート式が、そのおともをいたしましょう。

はしがき

本書は，中学，高校で学ぶ数学の内容を体系的に編成した，数研出版発行のテキスト『新課程 体系数学 1 代数編』に準拠した参考書で，通常，中学 1，2 年で学ぶ「数と式」の内容を中心に構成されています。
これからみなさんが学ぶテキスト『新課程 体系数学 1 代数編』において，わからないことや疑問に思うことをやさしくていねいに解説しています。

数学において**「自分自身で考えること」**は大切です。なぜなら，数学は単に問題を解くだけではなく，何が重要なのか，なぜそうなるのかを考える学問だからです。考える際には試行錯誤がつきものですが，本書ではその時々に道しるべとなる解説があり，それが問題解決にむけてみなさんをサポートします。
また，テキストで身につけた数学の知識や考え方をさらに深め，もっと先を知りたいと思うみなさんの知的好奇心も刺激します。テキストで扱った内容をさらに発展させた内容や，高校数学にもつながる，より深まりのある問題にチャレンジすることで，思考力の育成を後押しします。
なお，問題解法を「自分自身で考える」際のポイントは次の通りです。

1. **どうやって問題解法の糸口を見つけるか**
2. **ポイント，急所はどこにあるか**
3. **おちいりやすい落とし穴はどこか**
4. **その事項に関する，もとになる知識はどれだけ必要か**

本書はこれらに重点をおいてできるだけ詳しく，わかりやすく解説しました。
テキストと本書を一緒に使用することで，中学 1，2 年で学ぶ「数と式」の全体像を見渡せることが本書の目標です。それによって多くの人が数学を好きになってほしいと願い，本書をみなさんに届けます。

C.O.D.(*The Concise Oxford Dictionary*) には，CHART ——Navigator's sea map, with coast outlines, rocks, shoals, *etc.* と説明してある。
海図——浪風荒き問題の海に船出する若き船人に捧げられた海図——問題海の全面をことごとく一眸の中に収め，もっとも安らかな航路を示し，あわせて乗り上げやすい暗礁や浅瀬を一目瞭然たらしめる CHART！

——昭和初年チャート式代数学巻頭言

目　次

中1 中2 は，中学校学習指導要領に示された，その項目を学習する学年を表しています。また，数I は，高等学校の数学 I の内容です。

1 章トビラ

各章のはじめに，その章で扱う例題一覧と学習のポイントを掲載しています。
例題一覧は，その章の例題の全体像をつかむのに役立ちます。

2 節はじめのまとめ

0 節の名称

基本事項

その節で扱う内容の基本事項をわかりやすくまとめてあります。
ここでの内容はしっかりと理解し，必要ならば記憶しなければなりません。
テストの前などには，ここを見直しておきましょう。

2 例題とその解答

のマークが 1，2 個 …… 教科書の例，例題レベル
3，4 個 …… 教科書の節末・章末問題レベル
5 個 …… やや難レベル を表します。

例題 0

基礎力をつける問題，応用力を定着させる問題を中心にとり上げました。
中にはやや程度の高い問題もあります。

問題の解き方をどうやって思いつくか，それをどのように発展させて解決へ導けばよいか，注意すべき点はどこかなどをわかりやすく示してあります。また，本書の特色である CHART (右ページの説明 7を参照) も，必要に応じてとり上げています。
問題の解き方のポイントをおさえながら，自分で考え出していく力を養えるように工夫してあり，ここがチャート式参考書の特色が最も現れているところです。

解答 例題に対する模範解答を示しました。特に，応用問題や説明 (証明) 問題では，無理や無駄がなく結論に到達できるように注意しました。この解答にならって，答案の表現力を養いましょう。

4 解　説

例題に関連した補足的な説明や，注意すべき事柄，更に程度の高い内容についてふれました。「考え方」と同じく，本書の重要な部分です。

5 練　習

練習 0

例題の反復問題や，例題に関連する問題をとり上げました。
例題が理解できたかチェックしましょう。

6 節末問題

演習問題

その節の復習および仕上げとしての問題をとり上げました。よくわからないときは，➔で示した例題番号にしたがって，例題をもういちど見直しましょう。
なお，必要に応じて，ヒントをページの下に入れています。

7 チャート

CHART

航海における海図（英語ではCHART）のように，難問が数多く待ち受けている問題の海の全体を見渡して，最も安全な航路を示し，乗り上げやすい暗礁や浅瀬を発見し，注意を与えるのがチャートです。
もとになる基本事項・重要事項（公式や定理）・注意事項を知っているだけではなかなか問題は解けません。これらの事項と問題との間に距離があるからです。この距離を埋めようというのがチャートです。

8 ステップアップ

本文で解説した内容やテキストに関連した内容を深く掘り下げて解説したり，発展させた内容を紹介したりしています。
数学の本質や先々学ぶ発展的な内容にもふれることができ，数学的な知的好奇心を刺激するものになっています。　（ステップアップ一覧は $p.8$ 参照）

9 総合問題

総合問題 0　思考力・判断力・表現力を身につけよう!

これからの大学入試で求められる力である「思考力・判断力・表現力」を身につけるのに役立つ問題をとり上げました。自分で考え，導いた答えが妥当か判断し，それを自分の言葉で表すことを意識して取り組みましょう。
また，「日常生活に関連した題材」も扱っています。総合問題に取り組みながら，日常生活に関連する問題が，数学を用いてどのように解決されるのか，ということも考えてみましょう。

10 QR コード

理解を助けるため，必要な箇所に閲覧サイトにアクセスできる QR コードをもうけました。

11 答と解説

巻末の「答と略解」で，「練習」と「演習問題」の最終の答を示しました。
詳しい答と解説は，別冊解答編に示してあります。

□ ステップアップ一覧

第1章 正の数と負の数

この章の学習のポイント

❶ 負の数や＋，－の記号を学ぶことで，数の世界が広がります。負の数を加えた新しい数の世界で，四則（加法・減法・乗法・除法）の計算を学習します。
❷ 符号のミスや計算の順序に気をつけて，速く正確に計算ができるようにくり返し練習を積みましょう。

1 正の数と負の数

基本事項

1 符号のついた数

性質が反対の量や，基準からの過不足を表すのに，＋，－ を用いることがある。

例　0°C より 5°C 高い → ＋5°C
　　0°C より 4°C 低い → －4°C

＋を **正の符号**，－を **負の符号** という。　◀＋と－をまとめて **符号** という。

2 正の数と負の数

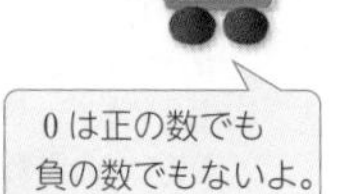

(1)　**正の数** …… 0 より大きい数。　例　＋2，＋3.14
　　負の数 …… 0 より小さい数。　例　－5，－6.7

(2)　整数には，負の整数，0，正の整数がある。正の整数を **自然数** という。

3 数直線と数の大小

(1)　下の図のように，直線上に基準となる点をとり，数 0 を対応させ，その点の左右に一定の間隔で目もりをつけて，正の数，負の数を対応させる。
このような直線を **数直線** といい，0 を表す点を **原点** という。ただし，＋1，＋2，…… は，単に 1，2，…… としてもよい。

(2)　数直線の右の方向を **正の方向**，左の方向を **負の方向** という。

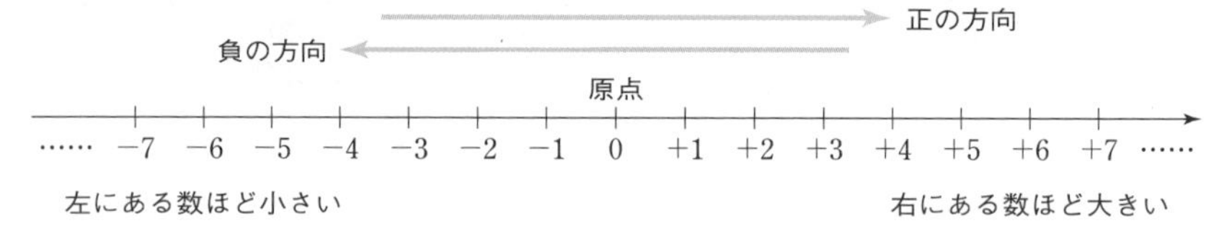

4 絶対値

(1)　数直線上で，ある数を表す点と原点との距離を，その数の **絶対値** という。

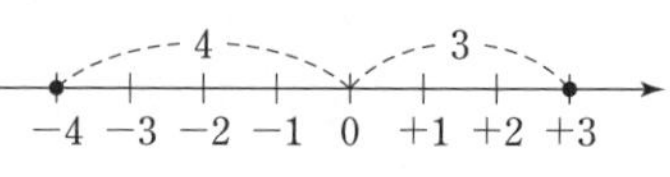

例　＋3 の絶対値は 3，－4 の絶対値は 4，
　　0 の絶対値は 0　　◀絶対値では符号をつけない。

(2)　数 a の絶対値は，記号 $|a|$ で表す。　例　$|+3|=3$，$|-4|=4$，$|0|=0$

5 数の大小と不等号

数の大小は，**不等号** <，> を用いて表すことができる。
不等号 <，> の開いた方に大きい数を書く。

例　$2<3$（2 は 3 より小さい），　$5>2$（5 は 2 より大きい）

小 < **大**
大 > 小

例題 1 反対のことばを用いて表す

(1) 「3 m 短い」を,「長い」ということばを用いて表しなさい。
(2) 「−5 個少ない」を,負の数を使わないで表しなさい。

もとと同じ意味にするには,ことばと符号の両方を反対にする。
(1) 「短い」⟶「長い」とするから,「3 m」⟶「−3 m」とする。
(2) 「−5 個」⟶「+5 個」とするから,「少ない」⟶「多い」とする。

解答

(1) **−3 m 長い** 答　　(2) **5 個多い** 答

◀(2) の符号+は省略した。

練習 1 [ ]内のことばを用いて,次のことを表しなさい。
(1) 300 円の値上げ [値下げ]　　(2) −8 kg の減少 [増加]
(3) 30 分の延長 [短縮]　　(4) −7°C 低下 [上昇]

例題 2 基準からの過不足を表す

次の表は,ある 6 人の国語のテストの得点と,クラスの平均点との違いを示したものである。クラスの平均点は 72 点であった。

6 人の生徒	A	B	C	D	E	F
平均点との違い (点)		+26	+4	0	−13	

(1) A は 68 点,F は 74 点であった。表の空欄を埋めなさい。
(2) 6 人のうちの最高得点者,最低得点者とその得点を答えなさい。

平均点を基準にして,得点が多いときは正の数,少ないときは負の数で表す。
例　平均点より 2 点高い ⟶ 違いは +2 点。得点は 72+2=74 (点)
　　平均点より 2 点低い ⟶ 違いは −2 点。得点は 72−2=70 (点)

解答

(1) A　72−68=4　　よって **−4** 答
　　F　74−72=2　　よって **+2** 答
(2) 最高得点者は B で,得点は 72+26=98　　答 **最高得点者は B,98 点**
　　最低得点者は E で,得点は 72−13=59　　答 **最低得点者は E,59 点**

練習 2 ある機械の製造工場では,1 か月の生産目標が 70 台である。また,1 月から 6 月までの生産台数は右の表の通りであった。空欄を埋めなさい。

月	1	2	3	4	5	6
生産台数	72	65	78	74	67	70
過不足 (台)	+2					

例題 3　数直線上の点が表す数

右の数直線で，点 A，B の表す数を答えなさい。

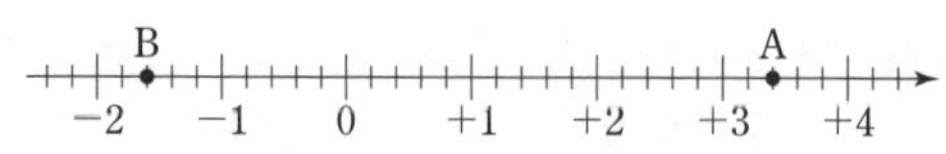

1 目もりが表す数に注意して，原点からどれだけ離れているかを読み取る。
上の図では，0 と +1 の間が 5 等分されているから，1 目もりは 0.2 を表す。
点が 原点より右なら正の数，原点より左なら負の数 が対応する。

解答

Aは，+3 の 2 目もり右にあるから，+3 より 0.4 大きい。　答　**A は +3.4**
Bは，−1 の 3 目もり左にあるから，−1 より 0.6 小さい。　答　**B は −1.6**

練習 3　次の数直線で，点 A，B，C，D，E の表す数を答えなさい。

例題 4　絶対値

(1)　絶対値が 5 になる数をすべて答えなさい。
(2)　絶対値が 3 より小さい整数をすべて答えなさい。

絶対値の本来の意味をもとにして考える。
絶対値は，数直線上で 0 からその数までの距離のこと

解答

(1)　絶対値が 5 になる数は，数直線上で 0 からの距離が 5 の位置にある。
よって　　**−5 と +5**　答

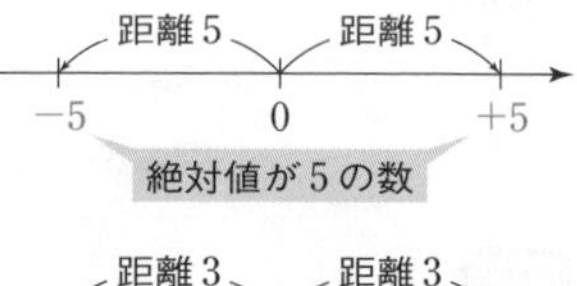

(2)　絶対値が 3 より小さいとは，数直線上で 0 からの距離が 3 より小さいということである。
よって，この範囲の整数を求めて
　　−2，−1，0，+1，+2　答

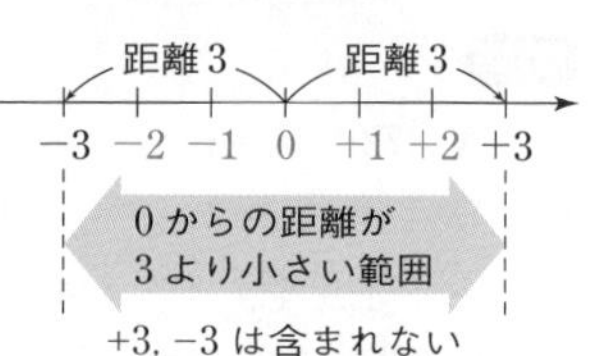

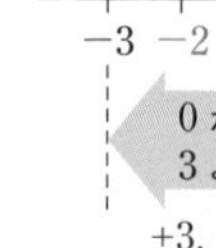

練習 4A　絶対値が次の数になる数をすべて答えなさい。

(1)　2　　(2)　0　　(3)　$\frac{3}{7}$　　(4)　7.4

練習 4B
(1)　絶対値が 6 より小さい整数をすべて答えなさい。
(2)　絶対値が 3 より大きく，7 より小さい整数をすべて答えなさい。

例題 5 数の大小

次の数の大小を，不等号を用いて表しなさい。

$$-5,\ +4.7,\ -\frac{5}{8},\ -3.5,\ -\frac{2}{3},\ +2.25,\ +\frac{29}{5}$$

数の大小を比べるには，**数直線を利用する** とよい。
数に対応する点を数直線上にとれば，数の大小は

左にあるほど小，　右にあるほど大　で，ひと目でわかる。

CHART

数の大小
数直線上にとって比べる
右が大

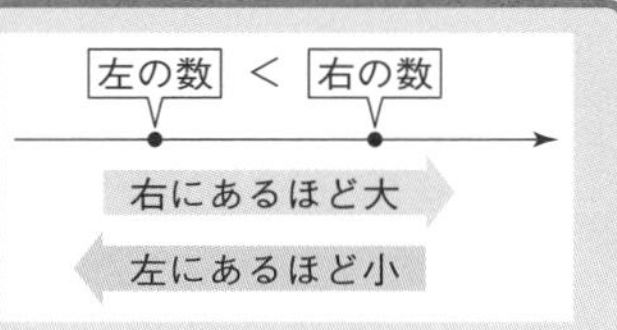

解答

$$-\frac{5}{8}=-0.625,\quad -\frac{2}{3}=-0.666\cdots,\quad +\frac{29}{5}=+5.8$$

与えられた数に対応する点を数直線上にとると，次のようになる。

-5, -3.5, $-\frac{2}{3}$, $-\frac{5}{8}$, $+2.25$, $+4.7$, $+\frac{29}{5}$
-6　-5　-4　-3　-2　-1　0　$+1$　$+2$　$+3$　$+4$　$+5$　$+6$

したがって　　$-5<-3.5<-\frac{2}{3}<-\frac{5}{8}<+2.25<+4.7<+\frac{29}{5}$　答

解説

正の数と負の数に分けて大小を比べてから 答 を求めてもよい。

正の数は　$+4.7,\ +2.25,\ +\frac{29}{5}$　　これらの大小は　$+2.25<+4.7<+\frac{29}{5}$

負の数は　$-5,\ -\frac{5}{8},\ -3.5,\ -\frac{2}{3}$　　これらの大小は　$-5<-3.5<-\frac{2}{3}<-\frac{5}{8}$

3つ以上の数の大小を，不等号を用いて表すときには，不等号の向きをそろえて書く。たとえば「$-7<+2>-4$」や「$+2>-7<-4$」のようには表さない。

練習 5　次の数について，下の問いに答えなさい。

$$-\frac{1}{3},\ +0.4,\ +\frac{5}{7},\ 0,\ -\frac{18}{25},\ -\frac{3}{4},\ -0.42,\ +0.95$$

(1) 小さい方から順に並べて書きなさい。

(2) 絶対値の小さい方から順に並べて書きなさい。

演習問題

□**1** (1)～(4) の数を，次の中からそれぞれ選びなさい。

$$13,\ 2.5,\ \frac{7}{3},\ -3,\ -1.25,\ 0,\ 5,\ \frac{6}{5},\ -19,\ 6,\ -25.3$$

(1) 整数　(2) 正の整数　(3) 負の整数　(4) 自然数

➔ *p*.10 基本事項 ❷

□**2** 次の □ に適する正の数，負の数を入れなさい。

(1) 午前 9 時を基準にして，同じ日の午前 11 時を +2 時で表すとき，同じ日の午後 3 時は ア□ 時，午前 7 時は イ□ 時となる。

(2) ある地点Oから 1 km 東の地点Aを +1 km で表すと，地点Oから 2.5 km 西の地点Bは ウ□ km と表される。また，地点Bから 6.5 km 東の地点Cは エ□ km と表される。

➔ 1, 2

□**3** 右の表は，バレー部員 5 人の身長が 170 cm より何 cm 高いかを示したものである。次の問いに答えなさい。 ➔ 2

部員	A	B	C	D	E
170 cm との違い (cm)	+2	−2	+4	0	

(1) Eの身長は 167 cm である。表の空欄を埋めなさい。

(2) 身長が一番高い部員は，一番低い部員より何 cm 高いか答えなさい。

□**4** (1) 次の値を求めなさい。

(ア) $|+10|$　(イ) $|-21|$　(ウ) $\left|+\frac{4}{3}\right|$　(エ) $-|-0.5|$

(2) 絶対値が $\frac{3}{2}$ より大きく，$\frac{17}{4}$ より小さい整数をすべて求めなさい。

➔ 4

□**5** 次の各組の数の大小を，不等号を用いて表しなさい。

(1) $-\frac{7}{3},\ -\frac{8}{3},\ +\frac{4}{7}$　(2) $-\frac{9}{8},\ -\frac{8}{9},\ -\frac{21}{10}$ ➔ 5

□**6** (1)～(5) の数を，次の中からそれぞれ選びなさい。

$$-\frac{4}{5},\ +0.9,\ -0.6,\ -\frac{1}{4},\ +0.3,\ +\frac{5}{8}$$

(1) 最も大きい数　(2) 最も小さい数　(3) 4 番目に大きい数

(4) 最も 0 に近い数　(5) 絶対値が最も大きい数 ➔ 5

2 加法と減法

基本事項

1 加法

(1) **加法，和**　たし算のことを **加法** といい，加法の結果を **和** という。

(2) **同符号の 2 つの数の和**
絶対値の和に 2 数の共通の符号をつける。

例　$(+2)+(+3)=+(2+3)$
　　$(-2)+(-3)=-(2+3)$

(3) **異符号の 2 つの数の和**
絶対値が大きい方から小さい方をひいた差①に絶対値が大きい方の符号②をつける。

例　$(-2)+(+5)=+(5-2)$①
　　$(+2)+(-5)=-(5-2)$①

(4) **0 との和**　$0+a=a$，$a+0=a$

2 加法の計算法則

(1) **加法の交換法則**　$a+b=b+a$　　例　$(-3)+2=2+(-3)$
計算の順序を入れかえても，計算の結果 (和) は変わらない。

(2) **加法の結合法則**　$(a+b)+c=a+(b+c)$
計算の組み合わせを変えても，その計算の結果は変わらない。

例　$\{2+(-5)\}+(+7)=2+\{(-5)+(+7)\}$
　　$(-3)+(+7)=+4$　　$2+(+2)=+4$

3 減法

(1) **減法，差**　ひき算のことを **減法** といい，減法の結果を **差** という。

(2) **正の数をひく**　例　$(+7)-(+3)=(+7)+(-3)$
　　└ +7 より −3 大きい数を求めること

(3) **負の数をひく**　例　$(+7)-(-5)=(+7)+(+5)$
　　└ +7 より +5 大きい数を求めること

ある数をひくことは，ひく数の符号を変えた数をたすことと同じ

4 加法と減法の混じった式

(1) 加法と減法の混じった式は，右のようにひく数の符号を変えて，加法だけの式に直すことができる。この加法だけの式の +6，−2，−5，+9 を **項** といい，+6，+9 を **正の項**，−2，−5 を **負の項** という。

例　$(+6)-(+2)+(-5)-(-9)$
　　$=(+6)+(-2)+(-5)+(+9)$

(2) 加法だけの式は，加法の記号＋とかっこを省いて，項を並べた式で表すことができる。

例　$(+6)+(-2)+(-5)+(+9)=6-2-5+9$

例題 6　同符号の 2 数の和

次の計算をしなさい。

(1)　$(+7)+(+9)$　　　　(2)　$(-8)+(-3)$

同符号の 2 数の和は，絶対値の和に 2 数の共通の符号をつける。

(1)　$(+7)+(+9)=+(7+9)$　（同符号，共通の符号，絶対値の和）

◀正の数＋正の数＝＋(絶対値の和)

(2)　$(-8)+(-3)=-(8+3)$　（同符号，共通の符号，絶対値の和）

◀負の数＋負の数＝−(絶対値の和)

解答

(1)　$(+7)+(+9)=+(7+9)=\mathbf{+16}$　答

◀正の符号は省略してもよい。

(2)　$(-8)+(-3)=-(8+3)=\mathbf{-11}$　答

解説

(1) $(+7)+(+9)$，(2) $(-8)+(-3)$ を数直線で考えると，次のようになる。

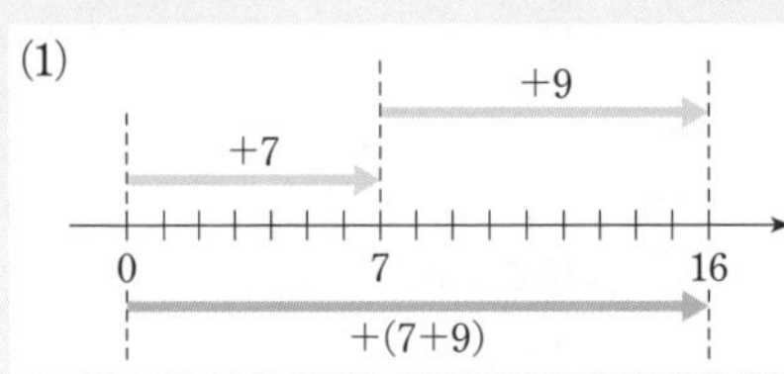

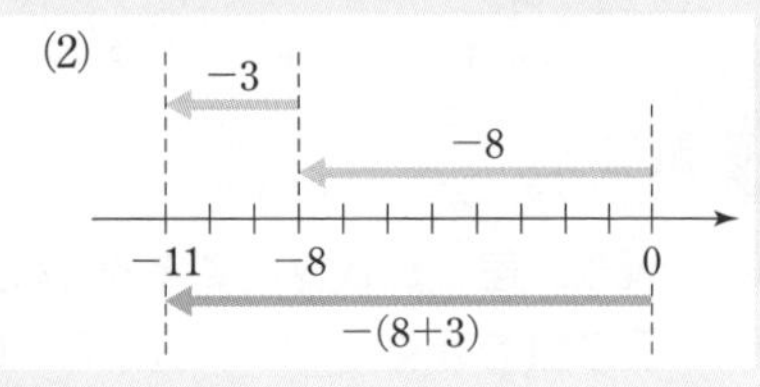

上の考え方で説明している計算の規則は，機械的に暗記するのではなく，この図を頭に浮かべて自然に使えるようになってほしい。

また，正の数はその符号＋を省略して書くことが多い。

例　$(+7)+(+9) \longrightarrow 7+9$，　$(+6)-(+9) \longrightarrow 6-9$

上の例題 (1) では省略しないで書いたが，$(+7)+(+9)=7+9=16$ でもよい。

式のはじめに負の数があるときは，かっこを省いて書くことがある。

例　$(-9)+5 \longrightarrow -9+5$，　$(-6)-10 \longrightarrow -6-10$

練習 6

次の計算をしなさい。

(1)　$(+6)+(+4)$　　(2)　$(+15)+(+7)$　　(3)　$(+11)+(+24)$

(4)　$(-12)+(-3)$　　(5)　$(-9)+(-8)$　　(6)　$-21+(-16)$

(7)　$(+35)+(+52)$　　(8)　$(+323)+(+278)$　　(9)　$(+81)+(+167)$

(10)　$(-31)+(-12)$　　(11)　$(-105)+(-78)$　　(12)　$-132+(-415)$

例題 7　異符号の 2 数の和

次の計算をしなさい。

(1)　$(+4)+(-9)$　　(2)　$(-3)+(+7)$　　(3)　$(-6)+(+6)$

考え方　異符号の 2 数の和は，絶対値が大きい方から小さい方をひいた差に，絶対値が大きい方の符号をつける。

(1)　$(+4)+(-9)=-(9-4)$　（異符号／絶対値の大きい方の符号／絶対値の差）

◀|正の数|<|負の数| のとき
2 数の和＝－(絶対値の差)

(2)　$(-3)+(+7)=+(7-3)$　（異符号／絶対値の大きい方の符号／絶対値の差）

◀|正の数|>|負の数| のとき
2 数の和＝＋(絶対値の差)

(3)　絶対値が等しい異符号の 2 数の和は 0

解答

(1)　$(+4)+(-9)=-(9-4)=\mathbf{-5}$　答

(2)　$(-3)+(+7)=+(7-3)=\mathbf{+4}$　答

◀正の符号は省略してもよい。

(3)　$(-6)+(+6)=\mathbf{0}$　答

解説

(1) $(+4)+(-9)$，(2) $(-3)+(+7)$ を数直線で考えると，次のようになる。

(1)

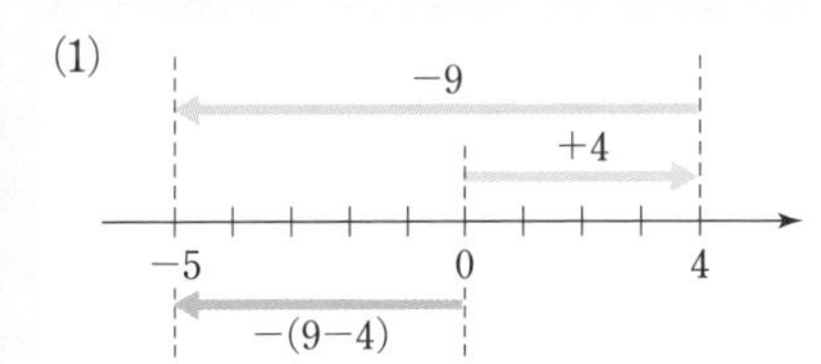

(2)

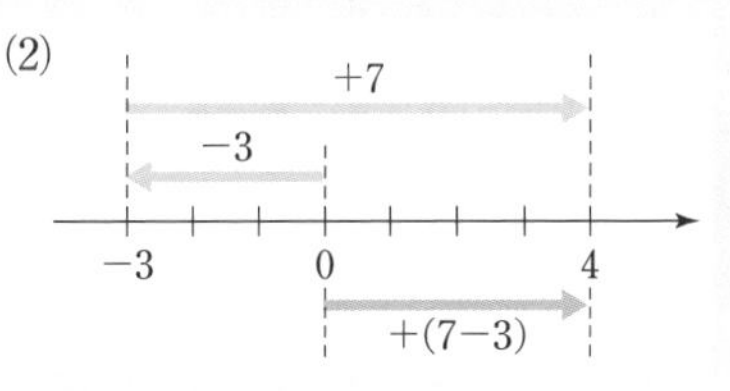

絶対値の等しい異符号の 2 数の和が 0 になることも，数直線で考えれば明らかである。
また，0 と正の数，0 と負の数の和は，0 にたす数そのものになる。

(3)

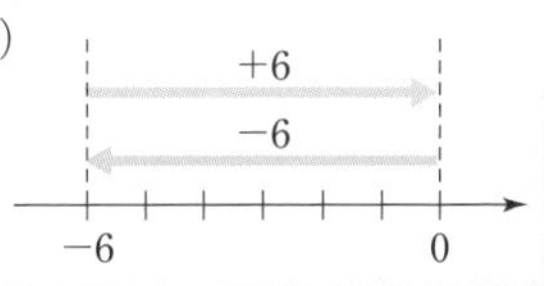

練習 7　次の計算をしなさい。

(1)　$(+10)+(-7)$　　(2)　$(-12)+(+21)$　　(3)　$(+9)+(-13)$

(4)　$(-36)+(+19)$　　(5)　$(+31)+(-12)$　　(6)　$(-38)+(+55)$

(7)　$(+8)+(-18)$　　(8)　$(-48)+(+32)$　　(9)　$(-105)+(+78)$

(10)　$-132+(+415)$　　(11)　$(+15)+(-15)$　　(12)　$(-10)+0$

例題 8　正の数・負の数の減法

次の計算をしなさい。

(1)　$(+6)-(+8)$　　(2)　$(-8)-(-35)$　　(3)　$0-(-97)$

(1)　+8 をひくことは，−8 をたすことであるから

$(+6)-(+8)=(+6)+(-8)$　　◀ $-(+●)\longrightarrow +(-●)$

(2)　−35 をひくことは，+35 をたすことであるから

$(-8)-(-35)=(-8)+(+35)$　　◀ $-(-■)\longrightarrow +(+■)$

ある数をひくことは，ひく数の符号を変えた数をたすことと同じ

解答

(1)　$(+6)-(+8)=(+6)+(-8)$

$=-(8-6)$

$=\mathbf{-2}$　答

◀異符号の 2 数の和は，|大|−|小| に |大| の符号をつける。

(2)　$(-8)-(-35)=(-8)+(+35)$

$=+(35-8)$

$=\mathbf{+27}$　答　　◀正の符号は省略してもよい。

(3)　$0-(-97)=0+(+97)$　　◀ 0 との和は，その数自身になる。

$=\mathbf{+97}$　答　　◀正の符号は省略してもよい。

解説

加法と減法の間には，次のような関係がある。

①　●+■=▲ …… ■は▲から●をひいた数　⟶　■=▲−●

例　$1+2=3 \longrightarrow 2=3-1$

②　●−■=▲ …… ■は●から▲をひいた数　⟶　■=●−▲

例　$5-3=2 \longrightarrow 3=5-2$

③　■−●=▲ …… ■は▲に●をたした数　⟶　■=▲+●

例　$6-2=4 \longrightarrow 6=4+2$

練習 8A　次の計算をしなさい。

(1)　$(+11)-(+7)$　　(2)　$(+9)-(+12)$　　(3)　$0-(+23)$

(4)　$(-13)-(+25)$　　(5)　$(-9)-(+78)$　　(6)　$12-(-69)$

(7)　$(-54)-(-37)$　　(8)　$(-16)-(-173)$　　(9)　$(+327)-(-48)$

練習 8B　次の □ にあてはまる数を求めなさい。

(1)　$(+8)+\square=-3$　　(2)　$(-12)+\square=-5$

(3)　$(-2)-\square=5$　　(4)　$\square-4=-2$

例題 9 小数，分数を含む加法と減法

次の計算をしなさい。

(1) $(-1.5)+(-3.4)$　(2) $(-4.7)-(-8.5)$　(3) $(-9.6)-(-3.7)$

(4) $\left(-\dfrac{1}{9}\right)+\left(-\dfrac{4}{9}\right)$　(5) $\dfrac{1}{4}-\left(-\dfrac{5}{6}\right)$　(6) $\left(-\dfrac{3}{8}\right)-\left(-\dfrac{5}{6}\right)$

小数や分数を含む場合も，今までに学んだ加法・減法の計算規則がそのまま使える。また，小数，分数の計算は，次の点に注意して行う。

小数の計算 …… 小数点をそろえて計算する。
分数の計算 …… 分母が同じときは，分子の和・差を計算する。
分母が異なるときは，通分してから計算する。

解答

(1) $(-1.5)+(-3.4)=-(1.5+3.4)=\mathbf{-4.9}$ 答

(2) $(-4.7)-(-8.5)=(-4.7)+(+8.5)$
$=+(8.5-4.7)$
$=\mathbf{3.8}$ 答

(3) $(-9.6)-(-3.7)=(-9.6)+(+3.7)$
$=-(9.6-3.7)$
$=\mathbf{-5.9}$ 答

(4) $\left(-\dfrac{1}{9}\right)+\left(-\dfrac{4}{9}\right)=-\left(\dfrac{1}{9}+\dfrac{4}{9}\right)=\mathbf{-\dfrac{5}{9}}$ 答

(5) $\dfrac{1}{4}-\left(-\dfrac{5}{6}\right)=\dfrac{1}{4}+\left(+\dfrac{5}{6}\right)=\dfrac{3}{12}+\left(+\dfrac{10}{12}\right)=\mathbf{\dfrac{13}{12}}$ 答

(6) $\left(-\dfrac{3}{8}\right)-\left(-\dfrac{5}{6}\right)=\left(-\dfrac{3}{8}\right)+\left(+\dfrac{5}{6}\right)$
$=\left(-\dfrac{9}{24}\right)+\left(+\dfrac{20}{24}\right)=+\left(\dfrac{20}{24}-\dfrac{9}{24}\right)=\mathbf{\dfrac{11}{24}}$ 答

(1)
$$\begin{array}{r} 1.5 \\ +\ 3.4 \\ \hline 4.9 \end{array}$$

(2)
$$\begin{array}{r} 8.5 \\ -\ 4.7 \\ \hline 3.8 \end{array}$$

◀正の符号を省略した。

(3)
$$\begin{array}{r} 9.6 \\ -\ 3.7 \\ \hline 5.9 \end{array}$$

◀$\dfrac{1}{9}+\dfrac{4}{9}=\dfrac{1+4}{9}$

◀答えは仮分数のままでよい。

今後，計算の結果が正の数のときは，正の符号＋を省略する。
また，最終の答えの分数表記は仮分数を用いることとする。

練習 9 次の計算をしなさい。

(1) $(+3.5)+(+5.2)$　(2) $(-2.7)+(-1.4)$　(3) $(-1.32)+(-41.5)$

(4) $(-6.8)+(+8.5)$　(5) $(-1.3)-(+2.5)$　(6) $(-8.7)-(-12.4)$

(7) $\left(-\dfrac{1}{7}\right)+\left(-\dfrac{2}{7}\right)$　(8) $\left(-\dfrac{3}{4}\right)+\left(-\dfrac{1}{6}\right)$　(9) $\left(-3\dfrac{1}{2}\right)+\left(+2\dfrac{1}{3}\right)$

(10) $\left(+\dfrac{2}{7}\right)-\left(+\dfrac{1}{3}\right)$　(11) $\left(-\dfrac{13}{4}\right)-\left(-\dfrac{7}{18}\right)$

例題 10 加法と減法の混じった計算

次の計算をしなさい。

(1) $6-9+8$　(2) $27-14+6-25$　(3) $-3.54+2.28-(-1.72)-1.46$

(1) 左から順に計算する。

(2), (3) 加法では，交換法則・結合法則が成り立つ。◀下の解説参照。

したがって，正の項，負の項を別々に集めて加える。

解答

(1) $6-9+8=-3+8$

$=\mathbf{5}$ 答

◀加法だけの式に直すと

$6-9+8=(+6)+(-9)+(+8)$

$=-(9-6)+(+8)$

(2) $27-14+6-25=(27+6)+(-14-25)$

$=33+(-39)=\mathbf{-6}$ 答

◀$-(39-33)$

(3) $-3.54+2.28-(-1.72)-1.46$

$=(-3.54-1.46)+(2.28+1.72)$ ◀$-(-1.72)=+1.72$

$=-5+4=\mathbf{-1}$ 答 ◀$-(5-4)$

解説

正の数の加法では，a，b，c がどのような正の数の場合にも，次の法則が成り立つ。

① **加法の交換法則**　$a+b=b+a$

計算の順序を入れかえても，計算の結果は変わらない。

② **加法の結合法則**　$(a+b)+c=a+(b+c)$

計算の組み合わせを変えても，その計算の結果は変わらない。

この 2 つの法則は，負の数を含む場合にも成り立つ。

3 つ以上の数の加法では，これらの計算法則を使って，たす順序や組み合わせを変えることにより，計算を簡単にすることができる。

練習 10A 次の計算をしなさい。

(1) $7+(-3)+(-2)$　(2) $-27+(-19)-(-1)$

(3) $(-3)+4-(-6)$　(4) $(-3)-(-20)-8$

(5) $-16-(-31)+(-37)+13$　(6) $26-(-15)-(-19)-36$

(7) $6-7+13-4-9$　(8) $-5+(-8)-(-12)-2-(+10)+19$

練習 10B 次の計算をしなさい。

(1) $-7.2-(-9.5)+4.2$　(2) $6.4+(-8.3)-(-2.8)$

(3) $0.6-0.7-(-1.4)+(-1.3)$　(4) $-1.32+(-5.64)+5+(+0.68)$

(5) $\frac{1}{12}-\frac{7}{20}+\frac{11}{10}$　(6) $\frac{2}{3}-\left(-\frac{1}{2}\right)-\frac{1}{4}$

例題 11 かっこを含む加減の混合計算

次の計算をしなさい。

(1) $7-\{-2-(-10+3)\}$　　(2) $\dfrac{3}{4}-\left\{\dfrac{4}{5}-\left(\dfrac{7}{3}-\dfrac{2}{5}+1\right)\right\}$

かっこがいくつもあるときは，内側のかっこの中から計算する。
ここでは，(　)，{　} の順に計算し，かっこをはずしていく。

CHART **計算の順序**　かっこは内側からはずす

解答

(1) $7-\{-2-(-10+3)\}=7-\{-2-(-7)\}$　◀内側のかっこの中から計算する。

$=7-(-2+7)$

$=7-5=\mathbf{2}$　答

(2) $\dfrac{3}{4}-\left\{\dfrac{4}{5}-\left(\dfrac{7}{3}-\dfrac{2}{5}+1\right)\right\}=\dfrac{45}{60}-\left\{\dfrac{48}{60}-\left(\dfrac{140}{60}-\dfrac{24}{60}+\dfrac{60}{60}\right)\right\}$　◀通分する。

$=\dfrac{45}{60}-\left(\dfrac{48}{60}-\dfrac{176}{60}\right)=\dfrac{45}{60}-\left(-\dfrac{128}{60}\right)$

$=\dfrac{45}{60}+\dfrac{128}{60}=\mathbf{\dfrac{173}{60}}$　答

練習 11　次の計算をしなさい。

(1) $3-\{(-2)-(-8)\}$　　(2) $23-\{5-(-8+1)\}$

(3) $-\dfrac{3}{8}+\left\{\left(\dfrac{5}{6}+\dfrac{11}{12}\right)+2\right\}-\left(-\dfrac{3}{4}\right)$

小町算

1 から 9 までの数字をこの順に並べて 100 をつくる計算を **小町算** といいます。たとえば，＋と－の記号だけを使って 100 をつくる計算には，次のようなものがあります。

$123-45-67+89=100$

$123-4-5-6-7+8-9=100$

$1+23-4+56+7+8+9=100$

$1+2+3-4+5+6+78+9=100$

小町算のネーミングは平安時代の歌人小野小町（おののこまち）に由来しているという説もあるよ。

まだ，いくつかつくることができます。考えてみましょう。(解答編 $p.6$ 参照)

演習問題

□7　□は 3 より 6 だけ小さい数，△は -2 より 7 だけ大きい数である。このとき，□，△，3 の大小関係を，不等号を使って表しなさい。

□8　次の計算をしなさい。　➔ 10

(1)　$19-(-16)+(-17)$　(2)　$14-(-12)+(-35)$

(3)　$28-(-15)-13$　(4)　$-41+38-(-14)$　(5)　$-115-127+314$

(6)　$-27+15+18$　(7)　$-36+5+18$　(8)　$-31+52-87$

□9　次の計算をしなさい。

(1)　$(-3)+(+2)+(-7)-(-5)$　(2)　$-6+2-4+1$

(3)　$5-(-13)+(-6)-9$　(4)　$5-7-4+10-8$

(5)　$-38-40-12+16+37-90$

(6)　$-412+232+59+123-24+331-136$　➔ 10

□10　次の計算をしなさい。

(1)　$-2.7-(-1.9)-(-0.1)$　(2)　$7.5-8.6+4.2$

(3)　$-1.3+(-0.8)-(-4.6)+(-4.3)$

(4)　$0.7+(-0.2)-(-2)+(-3.2)$

(5)　$\frac{2}{3}-\frac{1}{6}-\frac{3}{4}$　(6)　$\frac{13}{24}-\frac{7}{12}-0.125$

(7)　$\frac{5}{36}+\left(-\frac{1}{4}\right)-(-3)+\frac{11}{8}+\left(-\frac{1}{9}\right)-5$　➔ 9, 10

□11　次の計算をしなさい。　➔ 11

(1)　$-3-[-4-\{-5-(-2)\}]$　(2)　$\frac{5}{2}-\left\{\frac{17}{5}-\left(\frac{34}{5}-\frac{17}{10}\right)\right\}-1$

□12　10 個の数 -8，-6，-5，-4，-2，1，3，5，7，9 がある。
次のようになるのは，どの 2 個の組み合わせのときかを答えなさい。

(1)　2 個の数の和が 0　(2)　2 個の数の和が最も小さい。

(3)　2 個の数の絶対値の和が最も大きい。　➔ 6, 7

ヒント

11 かっこは内側からはずす ⟶ (　)，{　}，[　] の順。

12 (1)　絶対値が等しく，異符号。　(2)　負の数で，絶対値が大きい 2 数。

3 乗法と除法

基本事項

1 乗　法

(1) **乗法，積**　かけ算のことを **乗法** といい，乗法の結果を **積** という。

(2) **同符号の 2 つの数の積**
　絶対値の積に，正の符号をつける。

例　$(+3)\times(+5)=+(3\times5)$
　　$(-3)\times(-5)=+(3\times5)$

(3) **異符号の 2 つの数の積**
　絶対値の積に，負の符号をつける。

例　$(+3)\times(-5)=-(3\times5)$
　　$(-3)\times(+5)=-(3\times5)$

(4) **0 との積**　$0\times a=0$，$a\times0=0$　　例　$0\times(-3)=0$，$(-5)\times0=0$

2 乗法の計算法則

(1) **乗法の交換法則**　$a\times b=b\times a$　　例　$(-3)\times2=2\times(-3)$
計算の順序を入れかえても，積は変わらない。

(2) **乗法の結合法則**　$(a\times b)\times c=a\times(b\times c)$
計算の組み合わせを変えても，
積は変わらない。

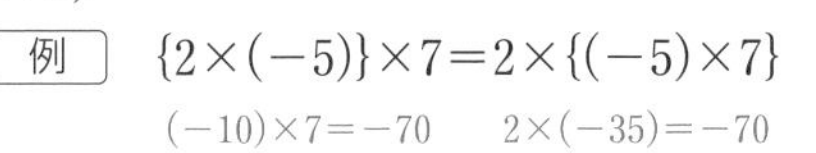

例　$\{2\times(-5)\}\times7=2\times\{(-5)\times7\}$
　　$(-10)\times7=-70$　　$2\times(-35)=-70$

3 累　乗

同じ数をいくつかかけたものを，その数の **累乗** といい，次のように表す。

$5\times5=5^2$　　$5\times5\times5=5^3$　　$5\times5\times5\times5=5^4$

これらを　5 の **2 乗**　　5 の **3 乗**　　5 の **4 乗**　と読む。

右上の小さい数 2，3，4 は，5 をかけ合わせた個数を示したもので，これを **指数** という。2 乗のことを **平方**，3 乗のことを **立方** ということもある。

4 除　法

(1) わり算のことを **除法** といい，除法の結果を **商** という。

(2) **同符号の 2 つの数の商**
　絶対値の商に，正の符号をつける。

例　$(+8)\div(+2)=+(8\div2)$
　　$(-8)\div(-2)=+(8\div2)$

(3) **異符号の 2 つの数の商**
　絶対値の商に，負の符号をつける。

例　$(-8)\div(+2)=-(8\div2)$
　　$(+8)\div(-2)=-(8\div2)$

(4) 2 つの数の積が 1 になるとき，一方の数を他方の数の **逆数** という。

(5) ある数でわることは，その数の逆数をかけることと同じ。

例　$32\div\left(-\dfrac{8}{7}\right)=32\times\left(-\dfrac{7}{8}\right)=-28$

どのような数も 0 でわることは考えない。

例題 12 同符号の 2 数の積

次の計算をしなさい。

(1) $(+3)\times(+4)$　　(2) $(-6)\times(-5)$

同符号の 2 数の積は，絶対値の積に＋の符号をつける。

(2) $\underbrace{(-6)\times(-5)}_{\text{同符号}}=+(\underline{6\times5})$　　符号は＋　　絶対値の積

正の数×正の数＝＋(絶対値の積)
負の数×負の数＝＋(絶対値の積)

解答

(1) $(+3)\times(+4)=+(3\times4)=\mathbf{12}$ 答　　◀(正の数)×(正の数) は小学校で学んでいる。

(2) $(-6)\times(-5)=+(6\times5)$　　◀負の数をかけると符号が変わる。(負)×(負)＝(正)

$=\mathbf{30}$ 答

練習 12 次の計算をしなさい。

(1) $(+3)\times(+2)$　　(2) $(+5)\times(+4)$　　(3) $(+7)\times(+13)$

(4) $(-12)\times(-2)$　　(5) $(-15)\times(-4)$　　(6) $(-8)\times(-1)$

例題 13 異符号の 2 数の積

次の計算をしなさい。

(1) $(+4)\times(-2)$　　(2) $(-6)\times(+3)$

異符号の 2 数の積は，絶対値の積に－の符号をつける。

(1) $\underbrace{(+4)\times(-2)}_{\text{異符号}}=-(\underline{4\times2})$　　符号は－　　絶対値の積

正の数×負の数＝－(絶対値の積)
負の数×正の数＝－(絶対値の積)

解答

(1) $(+4)\times(-2)=-(4\times2)$　　◀負の数をかけると符号が変わる。(正)×(負)＝(負)

$=\mathbf{-8}$ 答

(2) $(-6)\times(+3)=-(6\times3)$　　◀正の数をかけても符号は変わらない。(負)×(正)＝(負)

$=\mathbf{-18}$ 答

練習 13 次の計算をしなさい。

(1) $(+6)\times(-5)$　　(2) $(+3)\times(-15)$　　(3) $4\times(-7)$

(4) $13\times(-9)$　　(5) $(-3)\times(+8)$　　(6) $(-6)\times7$

(7) $(+19)\times(-1)$　　(8) $1\times(-22)$　　(9) $0\times(-6)$

例題 14 3つ以上の数の乗法

次の計算をしなさい。

(1) $(-5)\times7\times(-2)$　　(2) $(-3.2)\times4\times(-5.5)\times(-10)$

考え方 3つ以上の数の乗法では，**まず，符号を定める。**

積の符号　負の数が $\begin{cases}\text{奇数個あるとき}- & \cdots\cdots(2)\\ \text{偶数個あるとき}+ & \cdots\cdots(1)\end{cases}$

積の絶対値は，それぞれの数の絶対値の積 であるが，乗法の交換法則，結合法則（下の解説）を利用して，うまく組み合わせると，計算がらくになることがある。

CHART 積の符号　負の数の個数に注目

解答

(1) $(-5)\times7\times(-2)=+(5\times7\times2)$
$=(5\times2)\times7$
$=10\times7=\mathbf{70}$ 答

◀ −が2個あるから，符号は＋
◀ 交換法則，結合法則 …… 5と2を組み合わせると計算しやすくなる。

(2) $(-3.2)\times4\times(-5.5)\times(-10)$
$=-(3.2\times4\times5.5\times10)$
$=-\{(3.2\times10)\times(4\times5.5)\}$
$=-(32\times22)=\mathbf{-704}$ 答

◀ −が3個あるから，符号は−
◀ 交換法則，結合法則 …… 3.2×5.5 より 4×5.5 の計算の方がらく。

解説

正の数の乗法では，a，b，c がどのような正の数の場合にも，次の法則が成り立つ。

① **乗法の交換法則**　$a\times b=b\times a$
　かける順序を変えても，計算の結果は変わらない。

② **乗法の結合法則**　$(a\times b)\times c=a\times(b\times c)$
　かける数をどのようにまとめても，計算の結果は変わらない。

この2つの法則は，負の数を含む場合にも成り立つ。
3つ以上の数の乗法では，これらの計算法則を利用して，かける順序や組み合わせを変えることにより，計算を簡単にすることを考えよう。

練習 14 次の計算をしなさい。

(1) $(-3)\times(-4)\times(-5)$　　(2) $(+4)\times(-3)\times(+5)\times(-2)$

(3) $(-0.8)\times(+1.5)\times(-5.2)$　　(4) $-2.4\times(-0.5)\times1.5\times(-1.2)$

(5) $(-8)\times5\times(-0.125)\times3$　　(6) $\left(-\frac{8}{3}\right)\times\frac{9}{4}\times\left(-\frac{5}{12}\right)$

(7) $\frac{7}{5}\times\left(-\frac{15}{4}\right)\times\left(-\frac{8}{21}\right)\times\left(-\frac{3}{2}\right)$　　(8) $\left(-1\frac{1}{2}\right)\times1\frac{1}{3}\times\left(-\frac{3}{4}\right)\times\left(-\frac{1}{5}\right)$

例題 15　累乗の計算

次の計算をしなさい。

(1) $(-3)^4$　(2) $(-2)^5$　(3) -4^2　(4) $\left(-\dfrac{2}{3}\right)^3$　(5) $(-5)^3\times(-1)^2$

累乗の指数は，その数を何個かけるかを表している。

$$(-3)^4=(-3)\times(-3)\times(-3)\times(-3)$$

したがって，負の数の累乗は，累乗の指数によって符号が決まる。

$(-3)^4$ ←指数
(負の数)^{偶数}は＋
(負の数)^{奇数}は−

CHART 積の符号　負の数の個数に注目

解答

(1) $(-3)^4=(-3)\times(-3)\times(-3)\times(-3)=\mathbf{81}$ 答

(2) $(-2)^5=(-2)\times(-2)\times(-2)\times(-2)\times(-2)$
$=-(2\times2\times2\times2\times2)=\mathbf{-32}$ 答

(3) $-4^2=-(4\times4)=\mathbf{-16}$ 答

(4) $\left(-\dfrac{2}{3}\right)^3=\left(-\dfrac{2}{3}\right)\times\left(-\dfrac{2}{3}\right)\times\left(-\dfrac{2}{3}\right)=-\dfrac{2\times2\times2}{3\times3\times3}=\mathbf{-\dfrac{8}{27}}$ 答

(5) $(-5)^3\times(-1)^2=(-5)\times(-5)\times(-5)\times(-1)\times(-1)$
$=-(5\times5\times5\times1\times1)=\mathbf{-125}$ 答

負の数の個数に注意しよう。

解説

-4^2 と $(-4)^2$ の違いに注意しよう。

-4^2 は，4^2 に負の符号−がついたもの。

$$-4^2=-(4\times4)=-16$$

$(-4)^2$ は，$(-4)\times(-4)$ で結果は 16

間違えないよう，しっかり理解しておこう。

CHART　$-\square^2$ にご用心

$(-4)^2=(-4)\times(-4)=+16$
$-4^2=-(4\times4)=-16$

練習 15A　次の積を，累乗の指数を用いて表しなさい。

(1) $9\times9\times9$　(2) $(-8)\times(-8)\times(-8)\times(-8)$　(3) -5×5

練習 15B　次の計算をしなさい。

(1) 8^2　(2) $(-9)^2$　(3) 5^3　(4) $-(-7)^3$

(5) -3^4　(6) $(-3)^2\times(-7)$　(7) $(-3)^3\times(-2)^2$

(8) $(-4)^3\div2^2$　(9) $(-6^2)\div(-3)^2$　(10) $(-10)^3\div(-5^2)$

(11) $\left(-\dfrac{2}{3}\right)^2$　(12) $\left(-\dfrac{5}{4}\right)^3$　(13) $\left(-\dfrac{3}{2}\right)^3\times\left(\dfrac{1}{9}\right)^2$

例題 16 正の数，負の数の除法

次の計算をしなさい。

(1) $(+24)\div(+3)$ (2) $(-18)\div3$ (3) $(+28)\div(-4)$

(4) $(-36)\div(-9)$ (5) $0\div(-5)$

考え方 除法の計算の規則にしたがって計算する。

同符号の2数の商 …… 絶対値の商に＋の符号をつける。 ←(1)，(4)

異符号の2数の商 …… 絶対値の商に－の符号をつける。 ←(2)，(3)

また 0を0以外の数でわった商は0 ←(5)

解答

(1) $(+24)\div(+3)=+(24\div3)$

$=8$ 答

(2) $(-18)\div3=-(18\div3)$

$=-6$ 答

(3) $(+28)\div(-4)=-(28\div4)$

$=-7$ 答

(4) $(-36)\div(-9)=+(36\div9)$

$=4$ 答

(5) $0\div(-5)=0$ 答

◀正の数でわっても符号は変わらない。

(1) (正)÷(正)=(正)

(2) (負)÷(正)=(負)

◀負の数でわると符号が変わる。

(3) (正)÷(負)=(負)

(4) (負)÷(負)=(正)

解説

除法の計算は，乗法を使って説明すると，次のようにいえる。

●÷▲=■ は，■×▲=● の■にあてはまる数を求めること。

例 $(-6)\div2=$□ ⟶ □$\times2=-6$ よって □$=-3$

$15\div(-5)=$□ ⟶ □$\times(-5)=15$ よって □$=-3$

$(-18)\div(-3)=$□ ⟶ □$\times(-3)=-18$ よって □$=6$

$5\div0=$□ ⟶ □$\times0=5$ の□にあてはまる数はない。

重要 どのような数も0でわることは考えない。

練習 16A 次の計算をしなさい。

(1) $(+21)\div(+3)$ (2) $(-12)\div2$ (3) $(-48)\div6$

(4) $(-27)\div(-3)$ (5) $(+32)\div(-8)$ (6) $(-19)\div(-1)$

練習 16B 次の□にあてはまる数を求めなさい。

(1) □$\times6=42$ (2) □$\times(-7)=84$

(3) □$\times9=-54$ (4) □$\times(-8)=-72$

例題 17 逆数

次の数の逆数を答えなさい。

(1) $\dfrac{2}{3}$　(2) $-\dfrac{1}{7}$　(3) -3　(4) 0.4

2 つの数の積が 1 になるとき，一方の数を他方の数の **逆数** という。

$\dfrac{■}{●}$ の逆数は $\dfrac{●}{■}$，$-\dfrac{■}{●}$ の逆数は $-\dfrac{●}{■}$

◀$\left(-\dfrac{■}{●}\right)\times\left(-\dfrac{●}{■}\right)=1$

解答

(1) $\boldsymbol{\dfrac{3}{2}}$ 答　(2) $\boldsymbol{-7}$ 答　(3) $\boldsymbol{-\dfrac{1}{3}}$ 答　(4) $\boldsymbol{\dfrac{5}{2}}$ 答

◀(4) $0.4=\dfrac{4}{10}=\dfrac{2}{5}$

注意 $1\times1=1$，$(-1)\times(-1)=1$ であるから，1 の逆数は 1，-1 の逆数は -1 である。
また，0 にどんな数をかけても 1 にならないから，**0 の逆数はない。**

練習 17 次の数の逆数を答えなさい。

(1) $-\dfrac{7}{4}$　(2) 4　(3) $-\dfrac{1}{6}$　(4) 0.6

例題 18 除法と乗法

次の計算をしなさい。

(1) $\dfrac{5}{7}\div(-10)$　(2) $\left(-\dfrac{3}{4}\right)\div\dfrac{1}{6}$　(3) $\left(-\dfrac{3}{8}\right)\div\left(-\dfrac{9}{20}\right)$

ある数でわることは，その数の逆数をかけることと同じ。

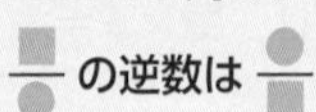

$▲\div\dfrac{■}{●}\longrightarrow ▲\times\dfrac{●}{■}$　　$\dfrac{■}{●}$ の逆数は $\dfrac{●}{■}$

解答

(1) $\dfrac{5}{7}\div(-10)=\dfrac{5}{7}\times\left(-\dfrac{1}{10}\right)=-\left(\dfrac{5}{7}\times\dfrac{1}{10}\right)=\boldsymbol{-\dfrac{1}{14}}$ 答

(2) $\left(-\dfrac{3}{4}\right)\div\dfrac{1}{6}=\left(-\dfrac{3}{4}\right)\times6=-\left(\dfrac{3}{4}\times6\right)=\boldsymbol{-\dfrac{9}{2}}$ 答

(3) $\left(-\dfrac{3}{8}\right)\div\left(-\dfrac{9}{20}\right)=\left(-\dfrac{3}{8}\right)\times\left(-\dfrac{20}{9}\right)=+\left(\dfrac{3}{8}\times\dfrac{20}{9}\right)=\boldsymbol{\dfrac{5}{6}}$ 答

練習 18 次の計算をしなさい。

(1) $(-9)\div\dfrac{3}{5}$　(2) $\left(-\dfrac{7}{8}\right)\div\left(-\dfrac{14}{15}\right)$　(3) $\dfrac{6}{7}\div\left(-\dfrac{4}{5}\right)$

(4) $\left(-\dfrac{3}{5}\right)\div\left(-\dfrac{27}{25}\right)$　(5) $-\dfrac{18}{35}\div\dfrac{9}{14}$　(6) $\left(-1\dfrac{2}{3}\right)\div\left(-1\dfrac{3}{7}\right)$

例題 19 乗法と除法の混じった計算

次の計算をしなさい。

(1) $(-2)^4\div(-6)^3\times(-3^2)$ (2) $\left(-\dfrac{1}{12}\right)\div(-0.75)\times1\dfrac{1}{8}\div\left(-\dfrac{3}{7}\right)$

乗法と除法の中に累乗があるときは，まず，**累乗の計算を先に行う。**

CHART $-\square^2$ にご用心 $(-4)^2=+16$，$-4^2=-16$

次に，除法は，わる数の逆数をかけて，すべて乗法に直す。

(2) 小数は分数に，帯分数は仮分数に直して計算する。

解答

(1) $(-2)^4\div(-6)^3\times(-3^2)=16\div(-216)\times(-9)$

$$=16\times\left(-\frac{1}{216}\right)\times(-9)$$

$$=\frac{2}{3}\quad 答$$

◀ $=2^4\times\left(-\dfrac{1}{6^3}\right)\times(-3^2)$
$=\dfrac{2\times2\times2\times2\times3\times3}{6\times6\times6}$
として約分してもよい。

(2) $-0.75=-\dfrac{75}{100}=-\dfrac{3}{4}$，$1\dfrac{1}{8}=\dfrac{9}{8}$ であるから

$$\left(-\frac{1}{12}\right)\div(-0.75)\times1\frac{1}{8}\div\left(-\frac{3}{7}\right)=\left(-\frac{1}{12}\right)\div\left(-\frac{3}{4}\right)\times\frac{9}{8}\div\left(-\frac{3}{7}\right)$$

$$=\left(-\frac{1}{12}\right)\times\left(-\frac{4}{3}\right)\times\frac{9}{8}\times\left(-\frac{7}{3}\right)$$

◀乗法に直す。

$$=-\left(\frac{1}{12}\times\frac{4}{3}\times\frac{9}{8}\times\frac{7}{3}\right)$$

◀ $\dfrac{1}{12}\times\dfrac{4}{3}\times\dfrac{9}{8}\times\dfrac{7}{3}$（12 の下に 3）

$$=-\frac{7}{24}\quad 答$$

CHART

乗法と除法
1 積の符号　負の数の個数に注目
2 除法は乗法に直す

練習 19 次の計算をしなさい。

(1) $(-9)\times(-2)\div3$
(2) $6\times(-18)\div(-2)^2$
(3) $(-2)\times4\div(-6)\times8\div(-10)$
(4) $2^2\div(-1)^5\times3\div(-2)^4$
(5) $-\dfrac{1}{3}\times\dfrac{6}{5}\div\left(-\dfrac{12}{25}\right)$
(6) $\left(-\dfrac{3}{4}\right)\times\dfrac{3}{8}\div\left(-\dfrac{9}{16}\right)\times\left(-\dfrac{1}{8}\right)$
(7) $\left\{\left(-\dfrac{3}{4}\right)^2\div\left(-\dfrac{1}{2}\right)^3\right\}\div\left\{\dfrac{(-3)^2}{4}\div\left(-\dfrac{1}{2}\right)^2\right\}$
(8) $(-2)^2\div\left(-\dfrac{2}{15}\right)\times1.2$
(9) $\left(\dfrac{4}{3}\right)^2\div(-0.6)^2\times\left(-\dfrac{9}{16}\right)^2$

演習問題

□13 次の計算をしなさい。

(1) $(-9)\times4$　(2) $12\times(-6)$　(3) $(-18)\times(-5)$

(4) $(-78)\div6$　(5) $98\div(-7)$　(6) $(-156)\div(-13)$

(7) $(-2.5)\times8$　(8) $6.3\div(-9)$　(9) $(-8.4)\div(-2.1)$

(10) $\frac{8}{3}\times\left(-\frac{9}{4}\right)$　(11) $\left(-\frac{5}{8}\right)\div\left(-\frac{15}{28}\right)$　(12) $\frac{3}{8}\div\left(-\frac{1}{4}\right)$

□14 □が正の数，○が負の数であるとき，次の(ア)～(エ)のうち，つねに成り立つのはどれか答えなさい。

(ア) □＋○ が正の数　(イ) □－○ が負の数

(ウ) □×○ が負の数　(エ) □÷○ が正の数

□15 次の各組の数を大きい方から順に並べなさい。

(1) -3^4，$(-4)^3$，$(-2)^4$　(2) $(-2)^3$，0，-1^5，-3^2 ➔ 15

□16 次の計算をしなさい。

(1) $(-4)\times3\div(-21)\times5$　(2) $(-6)^2\div(-3)^2\div2$

(3) $-3\times2^3\div(-6)^2$　(4) $-3^2\div(-2)^3\times(-7)\div6$ ➔ 19

□17 次の計算をしなさい。

(1) $\left(\frac{3}{7}\right)^2\times\left(-\frac{7}{8}\right)\div(-2)$　(2) $\frac{8}{9}\times\left(-\frac{3}{8}\right)^2\div\left(-\frac{1}{8}\right)$

(3) $(-2^4)\div\left(-1\frac{1}{2}\right)\times\frac{3}{4}$　(4) $\{-4^2\div(-2)^3\}\div4\times\left(-\frac{1}{2}\right)\times\left(\frac{2}{5}\right)^2$

(5) $\frac{(-2)^3}{5}\div\frac{-4^2}{7}\div\left(-\frac{2}{5}\right)^3\times\frac{(-2)^4}{25}$　(6) $1.25^2\div\frac{5}{2}\times0.2$

(7) $0.75\times(-2)^3\div0.125\times(-0.25)^2$ ➔ 19

□18 次の $\square$ にあてはまる数を求めなさい。

(1) $\square\times(-12)\div2=-16$　(2) $12\div\left(-\frac{4}{5}\right)\div\square=21$

(3) $3\frac{3}{4}\div\square\times6\div(-3)^3=1\frac{3}{4}$ ➔ 16, 19

18 式を簡単にしてから変形していく。

(1) $\square\times(-6)=-16 \longrightarrow \square=(-16)\div(-6)$

4 四則の混じった計算

基本事項

1 四　則

(1) 加法，減法，乗法，除法をまとめて **四則** という。
四則の混じった式の計算は，次の順序で行う。

累乗，かっこの中 ⟶ 乗法，除法 ⟶ 加法，減法

(2) **分配法則**

$(a+b)\times c=a\times c+b\times c$　　　$a\times(b+c)=a\times b+a\times c$

2 数の集合と四則

(1) 「自然数の集まり」のように，範囲がはっきりしたものの集まりを **集合** という。

(2) [1] 自然数の範囲では，加法と乗法はつねにできるが，減法と除法はつねにできるとは限らない。　例　5−8 は自然数にならない。

[2] 整数の範囲では，加法，減法，乗法はつねにできるが，除法はつねにできるとは限らない。　例　5÷8 は整数にならない。

[3] すべての数の範囲では，加法・減法・乗法・除法（0 でわることを除く）はつねにできる。

このように数の範囲を
自然数 ⟶ 整数 ⟶ すべての数
へと広げていくことによって，それまでできなかった四則計算がつねにできるようになる。

	加法	減法	乗法	除法
自然数	○	×	○	×
整　数	○	○	○	×
すべての数	○	○	○	○

○：計算がつねにできる。
×：計算がつねにできるとは限らない。

3 素数と素因数分解

(1) 正の約数が 1 とその数自身のみである自然数を **素数** という。
ただし，1 は素数に含めない。
また，2 以上の自然数で，素数でない数を **合成数** という。

(2) 自然数がいくつかの自然数の積の形に表されるとき，積をつくっている 1 つ 1 つの自然数を，もとの数の **因数** といい，素数である因数を **素因数** という。

(3) 自然数を素因数だけの積の形に表すことを **素因数分解** するという。

例　$450=2\times3\times3\times5\times5=2\times3^2\times5^2$　◀累乗の積で表す。

例題 20 四則の混じった計算

次の計算をしなさい。

(1) $-6-(-2)\times 4$ (2) $(-4)\times(-15)\div 6-(-4)\times(-3)$

(3) $1.25\times\left(-\frac{1}{2}\right)^3-\left(-\frac{1}{4}\right)^2\div\frac{2}{11}$

四則の混じった式では，乗法・除法（略して乗除）の計算を先にして，それが終わってから，加法・減法（略して加減）の計算をする。

(3) 累乗は先に計算する。また，小数は分数に直して計算する。

CHART 計算の順序 累乗，かっこの中 ⟶ 乗除
加減はあとの計算

解答

(1) $-6-\underline{(-2)\times 4}=-6-(-8)$
$=-6+8=\mathbf{2}$ 答

◀ $(-2)\times 4$ を先に計算する。

(2) $\underline{(-4)\times(-15)\div 6}-\underline{(-4)\times(-3)}$
$=10-12$
$=\mathbf{-2}$ 答

◀ 下線部分をそれぞれ先に計算する。

(3) $1.25\times\left(-\frac{1}{2}\right)^3-\left(-\frac{1}{4}\right)^2\div\frac{2}{11}$

◀ $1.25=\frac{125}{100}=\frac{5}{4}$

$=\frac{5}{4}\times\left(-\frac{1}{8}\right)-\frac{1}{16}\times\frac{11}{2}$

◀ 除法は乗法に直す。
$\div\frac{■}{●} \longrightarrow \times\frac{●}{■}$

$=-\frac{5}{32}-\frac{11}{32}$

$=-\frac{16}{32}=\mathbf{-\frac{1}{2}}$ 答

◀ 約分を忘れないように。

練習 20 次の計算をしなさい。

(1) $-3^2+4\times(-2)$ (2) $12-6\div(-3)$

(3) $3^2-(-2)^3+4\div(-2)$ (4) $24\div(-6)+(-2)^2\times 3$

(5) $-6+8\div(-4)-3\times(-3)$ (6) $(-3)^3-2^2\times 210\div(-35)$

(7) $-\frac{3}{10}+\left(-\frac{3}{2}\right)^2\times\frac{5}{4}$ (8) $(-2)^3+3\times(-2)\div\frac{3}{4}$

(9) $\frac{8}{5}\times\frac{3}{4}\div\left(-\frac{2}{3}\right)^2-\frac{7}{10}$ (10) $-2^2\div 3^3\times\frac{1}{8}\div\frac{1}{9}+1$

(11) $\frac{5}{3}\div 1.8\times\left(\frac{9}{5}\right)^2-\frac{1}{2}\times\frac{5}{6}$

例題 21 かっこのある計算

次の計算をしなさい。

(1) $14-2\times(3-6)$ (2) $\{-(1-5)\times3+1\}-3\times5-3^2$

かっこがある場合は，**かっこの中を優先して計算する。**

CHART 計算の順序 累乗，かっこの中 ⟶ 乗除

(1) $(3-6)\longrightarrow 2\times(3-6)\longrightarrow 14-2\times(3-6)$ の順に計算する。

(2) かっこが何重にもあるときは，内側のかっこの中から計算する。

$$(1-5)\longrightarrow -(1-5)\times3\longrightarrow \{-(1-5)\times3+1\}$$

また，累乗 (3^2) ⟶ 乗除 (3×5) の順で，加減は最後に計算する。

解答

(1) $14-2\times(3-6)=14-2\times(-3)$

$=14-(-6)$

$=14+6$

$=\mathbf{20}$ 答

◀かっこの中を優先して計算。次に乗除。

(2) $\{-(1-5)\times3+1\}-3\times5-3^2=\{-(-4)\times3+1\}-3\times5-3^2$

$=(12+1)-15-9$

$=13-15-9$

$=\mathbf{-11}$ 答

CHART

計算の順序

1 累乗，かっこの中 ⟶ 乗除　　加減はあとの計算

2 かっこは 内側からはずす

練習 21 次の計算をしなさい。

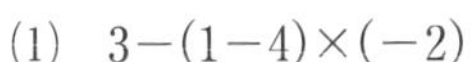

(1) $3-(1-4)\times(-2)$

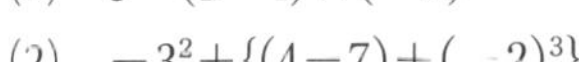

(2) $-3^2+\{(4-7)+(-2)^3\}\div(-11)$

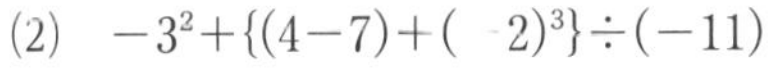

(3) $\{-2-(-3)\}\times2-10+(-3)^2-3^2\div(-1)$

(4) $[(-1)^5\times5-\{8-(-2)\}\div2]\times(2-9)$

(5) $[48-(-5)-(-8)\times\{4-(-4)\times13\}]\div(-3)$

(6) $\left(\frac{2}{3}-\frac{3}{2}\right)\times\frac{9}{5}+\frac{7}{8}\times\left(-\frac{4}{3}\right)$

(7) $(-3)^2\times\frac{1}{9}-3\times\left(-2+\frac{1}{3}\right)\div\left(-\frac{1}{5}\right)$

例題 22 分配法則の利用

分配法則を利用して，次の計算をしなさい。

(1) $\left(\frac{3}{4}-\frac{2}{3}\right)\times3+\left(-\frac{1}{2}\right)^2$　　(2) $(-7)\times(-15)+(-7)\times26$

(3) $\{-5^2\times3-(-3)^3\}\div(-3)$

式の形に注目して，分配法則を使うと，計算がらくにできる場合がある。

(2) $(-7)\times a+(-7)\times b$ の形にできるから，$(-7)\times(a+b)$ として計算する。

(3) $\div(-3)$ を $\times\left(-\frac{1}{3}\right)$ として，分配法則を使う。すると，約分されて式が簡単になる。

$$\{-5^2\times3-(-3)^3\}\times\left(-\frac{1}{3}\right)=-5^2\times3\times\left(-\frac{1}{3}\right)-(-3)^3\times\left(-\frac{1}{3}\right)$$

分配法則

$(a+b)\times c=a\times c+b\times c$

$a\times(b+c)=a\times b+a\times c$

解答

(1) $\left(\frac{3}{4}-\frac{2}{3}\right)\times3+\left(-\frac{1}{2}\right)^2=\frac{3}{4}\times3-\frac{2}{3}\times3+\left(-\frac{1}{2}\right)^2$

$=\frac{9}{4}-2+\frac{1}{4}$　　◀ $\frac{9}{4}+\frac{1}{4}=\frac{10}{4}=\frac{5}{2}$

$=\frac{5}{2}-2=\mathbf{\frac{1}{2}}$ 答

(2) $(-7)\times(-15)+(-7)\times26=(-7)\times(-15+26)$

$=(-7)\times11=\mathbf{-77}$ 答

(3) $\{-5^2\times3-(-3)^3\}\div(-3)=\{-5^2\times3-(-3)^3\}\times\left(-\frac{1}{3}\right)$

$=-5^2\times3\times\left(-\frac{1}{3}\right)-(-3)^3\times\left(-\frac{1}{3}\right)$

$=5^2-(-3)^2=25-9=\mathbf{16}$ 答

CHART

計算はらくに
1 組み合わせに注意　（例題 14）
2 計算法則も活用　（例題 22）

練習 22 分配法則を利用して，次の計算をしなさい。

(1) $(-60)\times\left\{\frac{5}{12}+\left(-\frac{7}{15}\right)\right\}$　　(2) $\frac{1}{3}\times3.14\times5^2-\frac{1}{3}\times3.14\times4^2$

例題 23 計算の可能性

(1) 次の式の中から，計算の結果が自然数になるものをすべて選びなさい。

① $3+8$　② $3-8$　③ 3×8　④ $3\div8$　⑤ 3×0

(2) 2つの整数で次の計算をしたとき，結果が整数にならない場合があるのはどれか答えなさい。

(ア) 加法　(イ) 減法　(ウ) 乗法　(エ) 除法

(3) 四則計算がつねにできるようにするには（0でわることを除く），整数の集合に，次のどれを加えた集合を考えたらよいか答えなさい。

(ア) 分数全体　(イ) 自然数全体　(ウ) 負の整数全体

(2) (1)で3と8は整数であるが，$\frac{3}{8}$は整数ではない。

(3) (ア)，(イ)，(ウ)のそれぞれについて，どのような集合になるかを考える。なお，整数全体の集まりを整数の集合という。

解答

(1) ① $3+8=11$　② $3-8=-5$　③ $3\times8=24$　④ $3\div8=\frac{3}{8}$　⑤ $3\times0=0$

11，24は自然数，-5，$\frac{3}{8}$，0は自然数でない。　答 ①，③

(2) (ア) 2つの整数の和はつねに整数である。

(イ) 2つの整数の差はつねに整数である。

(ウ) 2つの整数の積はつねに整数である。

(エ) $3\div8=\frac{3}{8}$　3と8は整数であるが，$\frac{3}{8}$は整数でない。

答 (エ)

◀結果が整数にならない場合を1つ示している。整数にならない例は，ほかにもある。

(3) (ア) 整数の集合に分数全体を加えた集合は分数の集合

(イ) 整数の集合に自然数全体を加えた集合は整数の集合

(ウ) 整数の集合に負の整数全体を加えた集合は整数の集合　答 (ア)

解説

整数　……，-4，-3，-2，-1，0，1，2，3，4，……

（-4～-1：負の整数，1～4：正の整数（自然数））

自然数どうしの計算の結果が，つねにまた自然数になる計算は加法・乗法。
整数どうしの計算の結果が，つねにまた整数になる計算は加法・減法・乗法。

練習 23　2つの負の整数で次の計算をしたとき，結果がつねに負の整数になるのはどれか答えなさい。

(ア) 加法　(イ) 減法　(ウ) 乗法　(エ) 除法

例題 24 素因数分解と約数

(1) 675 を素因数分解しなさい。

(2) (1)を利用して，675 の正の約数を求めなさい。

考え方

(1) 素因数分解するには，**小さい素数から順にわっていく。** すなわち，2，3，5，7，…… の順にわる。わり切れるときは何度でも同じ数でわる。

(2) たとえば，$54=2\times3^3$ の正の約数は，次のようにして求められる。

素因数 2 が 0 個のとき　1，3，3^2，3^3

1 個のとき　2，2×3，2×3^2，2×3^3

675 の正の約数もその **素因数の個数に注目** して，同じようにして求める。

解答

(1) 右の計算から

$675=3\times3\times3\times5\times5$

$=\mathbf{3^3\times5^2}$ 答　◀累乗の形で表す。

$$
\begin{array}{r|l}
3 & 675 \\
3 & 225 \quad \leftarrow 675\div3 \\
3 & 75 \quad \leftarrow 225\div3 \\
5 & 25 \quad \leftarrow 75\div3 \\
 & 5 \quad \leftarrow 25\div5
\end{array}
$$

(2) 675 の正の約数は，素因数 3 の個数に注目して考えると，次のようになる。

└素因数 5 の個数に注目してもよい。

素因数 3 が 0 個のとき　1，5，5^2　……1，5，25

1 個のとき　3，3×5，3×5^2　……3，15，75

2 個のとき　3^2，$3^2\times5$，$3^2\times5^2$　……9，45，225

3 個のとき　3^3，$3^3\times5$，$3^3\times5^2$　……27，135，675

よって，求める約数は

1，3，5，9，15，25，27，45，75，135，225，675 答

解説

例題では 675 を小さい素数の順にわったが，右のようにわる数の順序を変えても素因数分解の結果は，どちらも $3^3\times5^2$ となる。

このように，素因数分解の結果は，積の順序を考えなければ，ただ 1 通りの素数の積として表される。このことを **素因数分解の一意性** という。

$$
\begin{array}{r|l}
3 & 675 \\
5 & 225 \\
3 & 45 \\
3 & 15 \\
 & 5
\end{array}
\qquad
\begin{array}{r|l}
5 & 675 \\
3 & 135 \\
5 & 45 \\
3 & 9 \\
 & 3
\end{array}
$$

1 を素数に含めると，$675=3^3\times5^2=1\times3^3\times5^2=1^2\times3^3\times5^2=\cdots\cdots$ となり，素因数分解の一意性は成り立たなくなってしまう。1 を素数に含めないのはそのためである。

練習 24

素因数分解を利用して，次の数の正の約数を求めなさい。

(1) 243　　(2) 72　　(3) 1296　　(4) 90

例題 25 素因数分解と最大公約数，最小公倍数  

次の各組の数の最大公約数と最小公倍数を求めなさい。

(1)　60，108　　　　(2)　24，66，84

最大公約数や最小公倍数を求める場合

それぞれの自然数を素因数分解して共通な素因数を見つける

ことが重要である。

次のような手順で求めるとよい。

[1]　それぞれの自然数を素因数分解する。

[2]　すべての数に共通な素因数のすべての積が最大公約数である。

[3]　すべての数には共通でない素因数（[2] 以外の素因数）すべての積と最大公約数の積が，最小公倍数である。

(1) は 2 つの数，(2) は 3 つの数についてであるが，どちらの場合も上の [1]，[2]，[3] のようにして求めればよい。なお，4 つ以上の数についても同様にして求めることができる。

解答

(1)

$$\begin{array}{rl} 60= & 2\times2\times3\qquad\quad\times5 \\ 108= & 2\times2\times3\times3\times3 \\ \hline & 2\times2\times3\times3\times3\times5 \end{array}$$

上の計算から

最大公約数　$2\times2\times3=$**12**

最小公倍数　$2\times2\times3\times3\times3\times5=$**540**　答

(2)

$$\begin{array}{rl} 24= & 2\times2\times2\times3 \\ 66= & \qquad\qquad 2\times3\qquad\times11 \\ 84= & \qquad 2\times2\times3\times7 \\ \hline & 2\times2\times2\times3\times7\times11 \end{array}$$

◀ 3 つの数のすべてに共通な素因数すべての積は 2×3

上の計算から

最大公約数　$2\times3=$**6**

最小公倍数　$2\times2\times2\times3\times7\times11=$**1848**　答

参考　素因数分解するときは，上の例題の解答のように，小さい素数から書いておくと，共通な素因数をもれなく，重複なく見つけられやすくなる。

練習 25　次の各組の数の最大公約数と最小公倍数を求めなさい。

(1)　28，98　　　　(2)　36，54，135

例題 26 素因数分解の利用

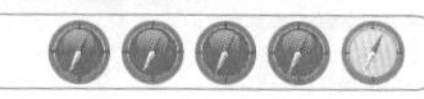

(1) 60 にできるだけ小さな自然数をかけて，ある自然数の 2 乗にするには，どんな自然数をかければよいか求めなさい。

(2) 1 から 40 までのすべての自然数の積は，末尾から続けて 0 が何個並んでいるか求めなさい。

考え方

(1) **自然数の 2 乗** ⟶ たとえば 5^2，$(2\times3)^2=2^2\times3^2$，$(2\times3^2)^2=2^2\times3^4$

これらは **素因数分解したとき，指数がすべて偶数になる。**

したがって，60 を素因数分解して，指数がすべて偶数となるように，不足している素因数をかける。

(2) 末尾から続けて 0 が何個並んでいるか ⟶ **因数 10 が何個あるか。**

⟶ $10=2\times5$ であるから，素因数 2 と 5 が何個あるか？

$1,\ 2,\ 3,\ 2^2,\ 5,\ 2\times3,\ 7,\ 2^3,\ 3^2,\ 2\times5,\ 11,\ 2^2\times3,\ 13,\ \cdots\cdots$

素因数 2 はたくさんあるから，素因数 5 が何個あるか？ が問題。

解答

(1) 60 を素因数分解すると　$60=2^2\times3\times5$

◀ 3 と 5 の指数は 1 (奇数)

よって，3×5 をかけると

$$2^2\times3^2\times5^2=(2\times3\times5)^2=30^2$$

となり，30 の 2 乗になる。　答 **15**

◀ $3^3\times5$ をかけても 90 の 2 乗になるが，「できるだけ小さな」という条件を満たしていない。

(2) $P=1\times2\times3\times\cdots\cdots\times40$ とする。

1 から 40 までの自然数の中に，5 の倍数は 8 個ある。

◀ 5 の倍数は
5×1，5×2，5×3，5×4，5×5，5×6，5×7，5×8

その中に $5^2=25$ の倍数が 1 個あるから，P の素因数 5 は 9 個ある。

また，P の素因数 2 は 9 個以上ある。

したがって　$P=(2\times5)^9\times2^a\times3^b\times7^c\times\cdots\cdots=10^9\times Q$

自然数 Q は素因数 5 を含まないから，10 の倍数にはならない。

よって，P は 10^9 でわり切れ，10^{10} ではわり切れないから，P は末尾から続けて 0 が 9 個並んでいる。　答 **9 個**

練習 26A (1) 750 にできるだけ小さな自然数をかけて，ある自然数の 2 乗にするには，どんな自然数をかければよいか求めなさい。

(2) 9072 を 2 桁の自然数 m でわるとわり切れ，商はある自然数の 3 乗になったという。自然数 m を求めなさい。

練習 26B 1 から 60 までのすべての自然数の積は，末尾から続けて 0 が何個並んでいるか求めなさい。

例題 27 正の数，負の数の利用（平均）

右の表は，ある年前半のA工場の毎月の生産高の増減を，前年度の月平均生産高436トンを基準にして示したものである。基準より多い場合は正の数で，少ない場合は負の数で表してある。次の問いに答えなさい。

月	1	2	3	4	5	6
増減（トン）	−3	0	+8	+12	+7	−6

(1) 生産高の最も多い月と少ない月の差は何トンか。

(2) この年前半の生産高の合計は何トンか。

(3) この年前半の月平均生産高は何トンか。

考え方 各月の生産高を求めて計算すると面倒 ⟶ 増減の数値を利用して求める。
(2) (生産高の合計)＝(各月の増減の和)＋(基準値)×6
(3) (月平均生産高)＝(各月の増減の平均)＋(基準値)

解答

(1) 最高は4月の +12 トン，最低は6月の −6 トンであるから

$(+12)-(-6)=\mathbf{18}$ **（トン）** 答

(2) 生産高の合計は

$\{(-3)+0+(+8)+(+12)+(+7)+(-6)\}+436\times6$
$=\{(+27)+(-9)\}+2616$
$=18+2616$
$=\mathbf{2634}$ **（トン）** 答

(3) (2)より $18\div6+436=\mathbf{439}$ **（トン）** 答 ◀2634÷6 としてもよい。

練習 27A Aさんはあるゲームを5回行った。20点を基準にして，各回の得点が基準を上回ったときには，上回った分の点数を正の数で，基準を下回ったときには下回った分の点数を負の数で表したところ，上の表のようになった。5回の得点の平均を求めなさい。

回	1回目	2回目	3回目	4回目	5回目
点数	+6	+5	−3	+1	−4

練習 27B 右の表は，生徒A～Fのそれぞれの体重からBの体重をひいた値を表したものである。次の問いに答えなさい。

生徒	A	B	C	D	E	F
Bの体重をひいた値（kg）	+5	0	−3	+11	−9	+8

(1) AとCの体重の差を求めなさい。

(2) 6人の体重の平均が56 kgのときFの体重を求めなさい。

演習問題

□19 次の計算をしなさい。

(1) $6-4\times(5-7)$　　(2) $-3^2+7\times(-2)^2$

(3) $-6^2\div4+(-2)^2$　　(4) $12\div(-3)-3\times(-2)$

(5) $(-3)^3-7\times(-3)+(-2)^3\div(-4^2)$

(6) $9+(-21)\div3\times(-2)^2-(-3)\times(-2)^3-(-3)^3$

➔ 20, 21

□20 次の計算をしなさい。

(1) $(-4)\times0.4+(-2.4)$　　(2) $1.5-0.7\div0.4\times0$

(3) $\frac{3}{4}\times\left(-\frac{2}{9}\right)+\frac{2}{3}$　　(4) $\frac{5}{2}-\left(-\frac{3}{2}\right)\div\frac{3}{4}$

(5) $\left(-\frac{5}{3}\right)^2\times(-1.2)+\left(-\frac{2}{3}\right)^3\times0.75^2$

(6) $-2^2\div(-3)^3\times\left(-\frac{81}{4}\right)-(-2)^5$

➔ 20, 21

□21 次の計算をしなさい。

➔ 20, 21

(1) $-1\frac{3}{4}\times\frac{1}{7}\times(-3^2)-2\frac{1}{2}\div\left(-\frac{5}{7}\right)$　　(2) $\left(1.7-\frac{2}{3}\right)\times\left(-\frac{3}{4}\right)\div\left(-\frac{7}{5}\right)$

□22 次の計算をくふうしてしなさい。

(1) $\frac{1}{3}\times\left(\frac{4}{5}-2\right)+\frac{2}{3}$　　(2) $(-4)\times98+(-4)\times2$

(3) $325\times(-32)-16\times(-32)+9\times(+32)$

➔ 22

□23 次の計算をしなさい。

(1) $\{-(8-16)+4\}\times(-2)+(-2)\times(-4^2)\div8$

(2) $2.5-\{3.4\times4-(6.8-1.7)\}$　　(3) $\frac{5}{4}-\left\{1-\frac{1}{3}\times\left(1-\frac{3}{2}\right)\right\}$

(4) $\left[\left\{3-\left(-\frac{5}{4}\right)\times\left(-\frac{3}{10}\right)\right\}\div3\frac{1}{2}-1\frac{1}{4}\right]^3+\frac{1}{4}$

(5) $6\div\left\{(-0.75)^2+\frac{3}{16}\right\}-\left(\frac{1}{4}\right)^3\times(-3)^4\div(1.125)^2$

(6) $\left\{\frac{1}{2}-\frac{1}{2}\times\left(-\frac{2}{3}\right)\right\}^3\div\left\{\frac{1}{3}-\frac{1}{3}\div\left(-\frac{2}{3}\right)\right\}^3$

➔ 21

□**24** 次の □ にあてはまる数を求めなさい。

(1) $1.4\times(2.3-\square)=2.1$　　(2) $-1.5=(-0.2)\times\square+0.1$

(3) $(-4)^3\div\left(-\dfrac{16}{5}\right)+3.75\times\square=10$

→ 20, 21

□**25** 自然数を偶数と奇数に分けて，それぞれの数の範囲の2つの数で四則計算を考えるとき，計算がその数の範囲でつねにできるときは○をつけなさい。
また，つねにできるとは限らないときは×をつけなさい。

	加法	減法	乗法	除法
偶数				
奇数				

→ 23

□**26** $\dfrac{36}{77}$，$\dfrac{48}{35}$ のどちらにかけても，その積が正の整数となる分数のうち，最小のものを求めなさい。

→ 25

□**27** 3つの自然数45，90，n の最大公約数が3，最小公倍数が1260になるという。このとき，自然数 n を求めなさい。

□**28** 右の表は，生徒8人（A～H）の数学の成績を示したものである。8人全員の平均点は65点であった。各生徒の得点と，この平均点との差を求め，得点が平均点より高い者は正の数，低い者は負の数として表した。次の問いに答えなさい。

A	B	C	D	E	F	G	H
5	−4	15	−8	−9	8	5	−12

(1) Eの得点は何点か。

(2) 得点の最も高い者と最も低い者との差は何点か。

(3) A，B，C，D 4人の平均点とE，F，G，H 4人の平均点との差は何点か。

→ 27

24 (1) $2.3-\square=2.1\div1.4 \longrightarrow \square=2.3-2.1\div1.4$

(2) $(-0.2)\times\square=-1.5-0.1 \longrightarrow \square=(-1.5-0.1)\div(-0.2)$

(3) $\bigcirc+3.75\times\square=10 \longrightarrow 3.75\times\square=10-\bigcirc \longrightarrow \square=(10-\bigcirc)\div3.75$

□**29** 右の表で，-6 から 9 までの 16 個の整数を 1 つずつ使って，どの縦，横，斜めの 4 つの数を加えても，和が等しくなるようにする。表の空欄(ア)～(ク)にあてはまる数を求めなさい。 ➔27

-6	(イ)	5	1
8	(ウ)	(カ)	(キ)
(ア)	(エ)	7	(ク)
9	(オ)	-2	2

□**30** 給水用のタンクの注水口から水を入れると，水面は毎分 12 cm ずつ高くなり，注水をやめて排水口から水を出すと，水面は毎分 8.5 cm ずつ低くなる。注水と排水を同時に行っているとき，次の □ を適切に埋めなさい。ただし，答 の部分は正の数値で書きなさい。

水面の高くなる方を＋で表すと，低くなる方は ア□ となるから，毎分の水面の動きは (イ□12)＋(ウ□8.5)＝エ□ より，毎分 オ□ cm ずつ高くなる。

(1) 7 分後の水面の高さは，現在より オ□×(カ□7)＝キ□ (cm) 高い。　答 ク□ cm 高い

(2) 12 分前は ケ□ 分後であるから，12 分前の水面の高さは，現在より オ□×(コ□12)＝サ□ (cm) 高い。　答 シ□ cm 低い

(3) 水面が現在より 38.5 cm 低いのは (ス□38.5)÷(セ□ オ□)＝ソ□ (分) 後である。

答 タ□ 分前である

□**31** さいころの奇数の目が出たら $+1$ 点，偶数の目が出たら -2 点と決めて，A と B の 2 人が各 10 回ずつさいころを投げた。

(1) A の投げたさいころの目は 5，4，1，6，2，5，6，3，1，2 であった。A の得点を求めなさい。

(2) B の得点は -2 点であった。B は奇数の目を何回出したことになるかを答えなさい。

31 (2) 奇数が 2 回，偶数が 1 回出ると，得点は 0 点。0 点の組み合わせを除いて，得点が -2 点となるようにする。すなわち，0 点の組み合わせより，偶数が 1 回多く出たことになる。

ステップアップ
知識をもっと深めよう!

○○算の紹介

日本の文化は古来の中国や韓国，朝鮮に源流があります。
数学においても同様で，中国では元の時代からそろばんがあり，日本には室町時代に伝わりました。安土桃山時代から江戸時代初期にかけて，そろばんを学ぶための塾も多数あったといわれています。
また，豊臣秀吉の朝鮮出兵の際，数学書『算学啓蒙(さんがくけいもう)』，『算法統宗(さんぽうとうそう)』が日本に持ち込まれました。
『算学啓蒙』には算木（木製の角棒）による 1 元方程式を掲載していました。
江戸時代の人々の数学的興味の喚起を引き起こした吉田光由(よしだみつよし)は『算法統宗』を学び，『塵劫記(じんこうき)』を記しました。この数学書は当時の実生活を反映した題材を用いて書かれた内容であったため，庶民にとって親しみがもてる書物でした。一，十，百，千，万，億，……の大きい数から分(ぶ)，厘(りん)，毛(もう)，……の小さい数などの数の単位や，米や田の単位など，現在でも使われているものが多数掲載されています。また，さまざまな「○○算」とよばれる問題も記されています。
ここでは，『塵劫記』に掲載されたものの一部を紹介しましょう。

1．百五減算

碁石がいくつかあります。まず，7 個ずつ取ると 2 個残り，5 個ずつ取ると 1 個残り，3 個ずつ取ると 2 個残ります。はじめの碁石の個数を求めなさい。
→ これは，中国の『孫子算経(そんしさんけい)』にも掲載されています。ちなみに『孫子算経』には「つるかめ算」も記されています。

2．(布) 盗人算

何人かの盗人が橋の下で盗品の反物を分配しています。1 人に 12 反ずつ分けると 12 反余り，14 反ずつ分けると 6 反不足します。盗品の反物と盗人の人数を求めなさい。

3．油分け算

1 斗オケに入っている油を 7 升マスと 3 升マスを使って 5 升ずつに分けるにはどうしたらよいでしょうか。
→『体系数学 1 代数編』$p.163$，本書 $p.193$ を参照。

(次ページへ続く)

4．継子算（継子立て）

ある男に子どもが 30 人います。15 人は先妻の子どもで，残りの 15 人は現在の妻の子どもです。この 30 人を輪を作るように並べます。ある 1 人から時計回りに数え始めて 10 番目の子どもをその輪から除くということを繰り返し，残った 1 人に家を相続させることにしました。現在の妻は図 1 のように子どもを並べました。（○は先妻の子，●は現在の妻の子）数え始めから 14 人まで除かれた子どもは全員先妻の子どもでした。そこで残った 1 人は「これからは数え始めを自分からにしてほしい」と提案し，数え上げを再開しました。10 人目を輪から除くということを続けると，再開後に輪から除かれた 15 人は全て現在の妻の子どもでした。

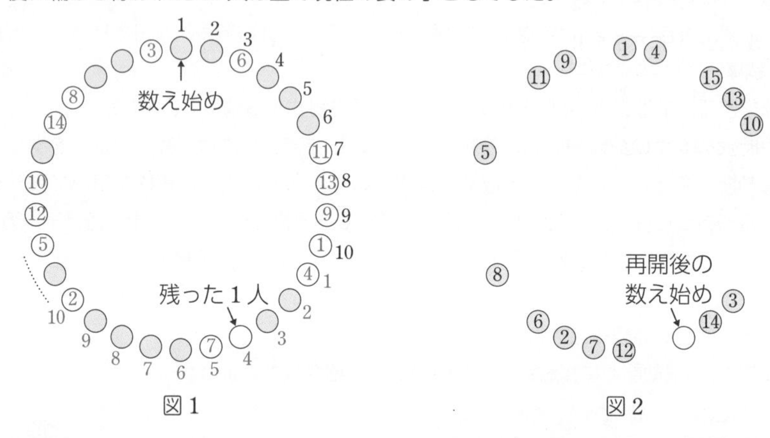

図 1　　　　図 2

継子算の問題と似た問題として，西洋でもジョセハスの問題が知られています。
その後，1674 年に関孝和が『発微算法』を刊行し，現代に通用する代数が生まれました。明治時代に西洋で発達した数学が輸入されましたが，この数学と区別するために，日本で生まれた数学を和算とよび，西洋で生まれた数学を洋算とよびました。長い歴史を経て，和算と洋算が融合され，現在の数学が作り上げられたのです。

第2章 式の計算

この章の学習のポイント

❶ 数の代わりに文字を用いて式を表すと，数値の変化にも柔軟に対応できます。文字式の計算の規則を学び，符号の変化や分数の計算に気をつけながら，正確な計算力を養いましょう。
❷ 文字式を利用して数量を表すことや，ある事柄を示す問題などを通して，文字式の威力を実感しましょう。

例題一覧		レベル
1 28	文字式の表し方（× の省略）	①
29	文字式の表し方（÷ の省略）	①
30	文字式の表し方（×，÷ の省略）	③
31	数量を文字式で表す (1)	②
32	数量を文字式で表す (2)	②
2 33	単項式と多項式	①
34	項と係数	②
35	単項式，多項式の次数	①
36	同類項をまとめる	②
37	多項式の加法，減法	②
38	2つの式の和と差	③
39	式と数の乗法，除法	①
40	多項式の計算 (1)	②
41	2重にかっこを含む式の計算	③
42	多項式の計算 (2)	③

例題一覧		レベル
3 4		
43	単項式の乗法，除法	①
44	単項式の乗除の混じった計算	②
45	式の値	③
5 46	文字式の利用 (1)	③
47	文字式の利用 (2)	③
48	文字を用いた説明 (1)	②
49	文字を用いた説明 (2)	③
50	規則性の発見	③

1 文字式

基本事項

1 文字式の表し方

$7ab+c$ や $\dfrac{x-3}{4}$ のように，文字を用いた式を **文字式** という。単に **式** ということもある。文字は数の代わりに用いられる。

文字式の積，商は次のように表す。

[1]　乗法の記号 × を省く。

例　$a\times b=ab$,　$5\times a=5a$,　$3\times(a+b)=3(a+b)$
　　$a\times(b+c)=a(b+c)$,　$(a+b)\times(c-d)=(a+b)(c-d)$

注意　加法の記号＋と減法の記号－を省いてはいけない。
数と数の積では×を省いてはいけない。

[2]　文字と数の積では，数を文字の前に書く。

例　$a\times4=4a$,　$(a+b)\times7=7(a+b)$

[3]　同じ文字の積は，指数を用いて書く。

例　$a\times a\times a=a^3$

[4]　文字どうしの積は，アルファベット順に書くことが多い。円周率 π は，×を省いた積の中では数のあと，その他の文字の前に書くことが多い。

例　$b\times a\times c=abc$,　$2\times r\times\pi=2\pi r$　◀$\pi=3.141592\cdots\cdots$

[5]　1 や -1 と文字の積では，1 を省く。

例　$1\times a=a\times1=a$,　$(-1)\times a=a\times(-1)=-a$

[6]　除法の記号÷を用いずに，分数の形で書く。　例　$a\div3=\dfrac{a}{3}$

注意　$a\div3=a\times\dfrac{1}{3}$ であるから，$\dfrac{a}{3}$ は $\dfrac{1}{3}a$ と書いてもよい。

2 いろいろな数量の表し方

(1)　数量を文字式で表すときは，上の文字式の表し方にしたがって書く。

(2)　単位が異なる場合は，単位をそろえておく。

例　縦 a cm，横 b m の長方形の面積は

$$a\times100b=100ab\,(\text{cm}^2)\quad\text{または}\quad\frac{a}{100}\times b=\frac{ab}{100}\,(\text{m}^2)$$

(3)　百分率や割合を文字式で表すには，分数を利用して書けばよい。

例　$a\%\longrightarrow\dfrac{a}{100}$,　15 円の b 割 $\longrightarrow 15\times\dfrac{b}{10}=\dfrac{3b}{2}$ (円)

例題 28 文字式の表し方（×の省略）

次の式を，文字式の表し方にしたがって書きなさい。π は円周率とする。

(1) $b\times5\times x\times x\times a$　(2) $(b+c)\times(-8)$　(3) $0.1\times b$

(4) $m\times(-1)$　(5) $z\times1$　(6) $a\times3\frac{1}{2}$　(7) $4\times r\times r\times\pi$

文字式については，**乗法の記号×を省く**。たとえば，(1) は次のように書き表す。

数を前に，文字は後に $\longrightarrow$ $5bxxa$

文字はふつうアルファベット順に $\longrightarrow$ $5abxx$

同じ文字の積は累乗の形に $\longrightarrow$ $5abx^2$

また，円周率 π は，積の中では数のあと，その他の文字の前に書くことが多い。

解答

(1) $b\times5\times x\times x\times a=\boldsymbol{5abx^2}$ 答　(2) $(b+c)\times(-8)=\boldsymbol{-8(b+c)}$ 答

(3) $0.1\times b=\boldsymbol{0.1b}$ 答　(4) $m\times(-1)=\boldsymbol{-m}$ 答　(5) $z\times1=\boldsymbol{z}$ 答

(6) $a\times3\frac{1}{2}=a\times\frac{7}{2}=\boldsymbol{\frac{7}{2}a}$ 答　(7) $4\times r\times r\times\pi=\boldsymbol{4\pi r^2}$ 答

解説

(3) $0.1\times b$，$b\times0.1$ は $0.1b$ と書く。　◀$0.b$ とは書かない。

(4) $m\times(-1)$，$(-1)\times m$ は $-m$ と書き，$-1m$ とは書かないのが普通である。

(5) $z\times1$，$1\times z$ は z と書き，$1z$ とは書かないのが普通である。

(6) $a\times3\frac{1}{2}$，$3\frac{1}{2}\times a$ は帯分数のまま $3\frac{1}{2}a$ と書くと，$3\times\frac{1}{2}\times a$ と誤解されやすい。

したがって，仮分数にして $\frac{7}{2}a$ または $\frac{7a}{2}$ と書くのが普通である。

なお，$3+\frac{1}{2}$ は $3\frac{1}{2}$ と表すが，$a+\frac{b}{3}$ を $a\frac{b}{3}$ とは書かない。

今後，文字を含む式の計算では，分数は **仮分数で表す** ようにしよう。

練習 28A 次の式を，文字式の表し方にしたがって書きなさい。π は円周率とする。

(1) $a\times12$　(2) $b\times0.2$　(3) $x\times5\times y\times4$

(4) $r\times\pi\times r\times\frac{4}{3}\times r$　(5) $x\times(-1)\times5\frac{1}{3}\times y$

練習 28B 次の式を，乗法の記号×を用いて書きなさい。

(1) $25ab$　(2) $-a^2$　(3) $6mn^2$

(4) $-2x^2y$　(5) $\frac{4}{5}ab^2c$

例題 29 文字式の表し方（÷の省略）

次の式を，文字式の表し方にしたがって書きなさい。

(1) $a \div b$　(2) $(a+b) \div c$　(3) $7 \div (x+y)$　(4) $x \div y \div z$

文字式の除法では，記号÷を用いずに，分数の形で書く。

⟶ わる文字式を分母に，わられる文字式を分子にもってくる。

解答

(1) $\dfrac{a}{b}$ 答

(2) $\dfrac{a+b}{c}$ 答

◀(2) $\dfrac{(a+b)}{c}$ とはしない。

(3) $\dfrac{7}{x+y}$ 答

(4) $\dfrac{x}{yz}$ 答

◀(4) $x \div y \div z = x \times \dfrac{1}{y} \times \dfrac{1}{z}$

練習 29 次の式を，文字式の表し方にしたがって書きなさい。

(1) $m \div 8$　(2) $3a \div b$　(3) $a \div b \div 5$　(4) $(a+b) \div h \div 2$

例題 30 文字式の表し方（×，÷の省略）

次の式を，文字式の表し方にしたがって書きなさい。

(1) $x \times 3 + y \div (-2)$　(2) $9 - b \times 7 \div a$　(3) $(a \div 3 - b \times 2) \times 5$

×，÷が混じっている文字式は

×□ はみんな分子に，　÷□ はみんな分母に

書いて表す。加法の記号 ＋ と減法の記号 － は，省略することができない。

解答

(1) $3x - \dfrac{y}{2}$ 答　(2) $9 - \dfrac{7b}{a}$ 答

(3) $5\left(\dfrac{a}{3} - 2b\right)$ 答

CHART

記号×，÷を使わないとき

×□ ⟶ みんな分子に書く

÷□ ⟶ みんな分母に書く

練習 30A 次の式を，文字式の表し方にしたがって書きなさい。

(1) $a \div b \times c$　(2) $m \times 4 \div \ell \times m$　(3) $(a+b) \times h \div 2$

(4) $(x - y \times 2) \div (3 \times x + y)$　(5) $(x+y)^2 \div \{a^4 \times (x-y)^3\}$

練習 30B 次の式を，×，÷の記号を用いて書きなさい。

(1) $-\dfrac{m}{\ell}$　(2) $\dfrac{a}{bc}$　(3) $\dfrac{5ax^2}{3}$　(4) $\dfrac{2x-3}{a^2bc+1}$

例題 31　数量を文字式で表す (1)

(1) 定価 x 円の商品を 2 割引きで買った。商品の値段を文字式で表しなさい。

(2) 長さ ℓ cm の針金を折り曲げて長方形をつくったら，縦の長さが 4 cm となった。横の長さを ℓ を用いて表しなさい。

(3) 家から a m 離れた公園まで行くのに，初めの 1.2 km は歩いたが，その後，毎分 250 m の速さで走って着いた。走った時間は何分か答えなさい。

(1) 定価の 2 割引きは，定価の 8 割の値段ということ。　◀$8=10-2$

a 割 は $\frac{a}{10}$ と表される。　**参考** a% は $\frac{a}{100}$ と表される。

(2) 長方形の周の長さ＝(縦＋横)×2

(3) 速さの問題については，右の公式が成り立つ。この公式のうち，必要なものを使う。

⟶ ③ を使う。

① **道のり＝速さ×時間**
② **速さ＝道のり÷時間**
③ **時間＝道のり÷速さ**

問題文に a m，1.2 km，毎分 250 m の速さとあるから，**単位を m にそろえる。**

解答

(1) $x\times\left(1-\frac{2}{10}\right)=x\times\frac{8}{10}=\frac{4}{5}x$　答 $\boldsymbol{\frac{4}{5}x}$ **円**　◀$x\times(1-0.2)=0.8x$ (円) でもよい。

(2) 長方形の周の長さは，(縦＋横)×2 である。

$$縦+横=\ell\div2=\frac{\ell}{2}$$

縦の長さが 4 cm であるから，横の長さは　$\boldsymbol{\left(\frac{\ell}{2}-4\right)}$ **cm**　答

(3) 走った道のりは　$a-1.2\times1000=a-1200$

よって，走った時間は　$(a-1200)\div250=\frac{a-1200}{250}$　答 $\boldsymbol{\frac{a-1200}{250}}$ **分**

練習 31

(1) 3000 円の商品を a% 引きで買った。商品の値段を a の式で表しなさい。

(2) 第 1 学年から第 3 学年までのクラス数が全部で 6 クラスの中学校で，校外清掃を行うため，6 クラスにそれぞれ a 枚ずつ配るごみ袋と，学校全体の予備として b 枚のごみ袋を用意した。用意したごみ袋は全部で何枚か，a，b を使った式で表しなさい。

(3) 太郎さんは家からバス停まで時速 4 km で a 時間歩き，さらに，時速 25 km のバスに b 時間乗って W 駅に着いた。太郎さんの家から W 駅までの道のりを求めなさい。

例題 32 数量を文字式で表す (2)

次の数量を，文字式の表し方にしたがって書きなさい。

(1) b 円を渡して，1 本 60 円の鉛筆を a 本買ったときのおつり

(2) a g の皿に b kg の肉をのせたときの全体の重さ

(3) 百の位の数が x，十の位の数が y，一の位の数が z である正の整数

考え方

(1) 1 本 60 円の鉛筆を a 本買ったときの代金がわかれば，おつりは $b-$(代金) で表される。

> **代金＝単価×個数**
> **おつり＝渡した金額−代金**

(2) a g，b kg と単位が異なるから，単位をそろえる。

重要 式の作成では 必ず単位をそろえる

(3) たとえば，3 けたの数 234 は，100 の固まりが 2 個，10 の固まりが 3 個，1 が 4 個，すなわち，$234=100\times2+10\times3+4$ を表す。
2 を x，3 を y，4 を z とすればよい。

解答

(1) 1 本 60 円の鉛筆を a 本買ったときの代金は

$$60\times a=60a$$

よって，おつりは　$(\boldsymbol{b-60a})$ **円**　答

(2) 単位を g にそろえると　$a+b\times1000=a+1000b$　答　$(\boldsymbol{a+1000b})$ **g**

単位を kg にそろえると　$a\div1000+b=\dfrac{a}{1000}+b$　答　$\left(\boldsymbol{\dfrac{a}{1000}+b}\right)$ **kg**

(3) $100\times x+10\times y+z=\boldsymbol{100x+10y+z}$　答

解説

数量を文字で表すときは，文字がどのような数なのかをしっかりとつかんでおく。

(1) a は自然数，b は 60 以上の自然数で，$a\times60$ は b 以下の自然数である。

(2) a，b は正の数である。なお，a g$+b$ kg と答えても，単位がついているので誤りとはいえないが，計算をするときに扱いにくい。

数学では，単位をそろえて書くのが原則である。

(3) x は 1 から 9 までの整数，y と z は 0 から 9 までの整数である。

練習 32 次の数量を，文字式の表し方にしたがって書きなさい。

(1) 1000 円を渡して，1 冊 a 円のノート 3 冊と，1 本 b 円の鉛筆 5 本を買ったときのおつり

(2) 3 m のひもから a cm のひもを 7 本切り取ったとき，残りの長さ

(3) 一の位の数が a，小数第 1 位の数が b である正の数

演習問題

□**32** (1), (2) において，(ア)～(エ) から正しいものを1つ選び，記号で答えなさい。

(1) $8\times a+b\div 5$ を，×，÷の記号を使わないで表した式はどれか。

(ア) $\dfrac{8(a+b)}{5}$　(イ) $\dfrac{8a+b}{5}$　(ウ) $\dfrac{8}{5}a+b$　(エ) $8a+\dfrac{b}{5}$

(2) $\dfrac{4c}{ab}$ と等しいものはどれか。

(ア) $4\times c\div a\times b$　(イ) $4\times c\times a\div b$

(ウ) $4\div a\times c\div b$　(エ) $c\div a\times b\div 4$

➜ 30

□**33** (1) 長さ7 mの紙テープから30 cmの紙テープを a 本切り取った。残った紙テープの長さを表す式をつくりなさい。

(2) 50個のクッキーを，1人3個ずつ a 人の子どもに配ったところ，何個か残った。残ったクッキーの個数を表す式を書きなさい。

(3) 100 gあたり x 円のお菓子を y g買ったときの代金を x，y の式で表しなさい。

(4) 1辺 a cmの立方体がある。縦を1 cm増やし，横を2 cm減らし，高さを2倍にしたときの直方体の体積を a の式で表しなさい。

(5) 時速 a kmで x 時間進み，時速 b kmで y 時間進んだ。このときの平均速度を a，b，x，y の式で表しなさい。

(6) 右の図のような，半径が a cmの半円がある。この半円の周 (実線の部分) の長さを a の式で表しなさい。ただし，円周率は π とする。

➜ 31, 32

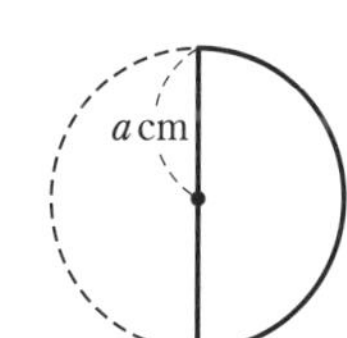

□**34** 次の数量を表す式をつくりなさい。

(1) a の5倍　(2) a の3倍と b の2倍の和

(3) a を，b と3の和でわった数　(4) a と x の積の8倍

(5) p の5倍を q の2倍でわった数

(6) x の3乗の2倍から x の5倍をひいた数

□**35** 縦 a cm，横 b cm，高さ c cmの直方体がある。次の式はどのような数量を表しているか答えなさい。また，その単位も書きなさい。

(1) abc　(2) $2(ab+bc+ca)$　(3) $4(a+b+c)$

2 多項式の計算

基本事項

1 単項式

(1) **単項式** 数や文字をかけ合わせてできる式を **単項式** という。
x や -2 のような1つの文字，1つの数も単項式である。

(2) **係　数** 文字を含む単項式の数の部分を **係数** という。

(3) **次　数** 単項式で，かけ合わされている文字の個数を **次数** という。

例　$-5a^2b$ …… 係数は -5，次数は3　◀ $-5a^2b=(-5)\times a\times a\times b$

xy^2z …… 係数は1，次数は4　　$-k$ …… 係数は -1，次数は1

2 多項式

(1) **多項式** 単項式の和の形で表される式を **多項式** といい，その1つ1つの単項式を多項式の **項** という。

(2) **定数項** 多項式の数だけの項を **定数項** という。その次数は0である。

(3) **次　数** 各項の次数のうち，最も高いものを，その多項式の **次数** という。
次数が n の多項式を **n 次式** という。

例　$m^3-7mn+4$ の次数は3　◀ 3次式

	m^3	$+(-7mn)$	$+4$
	↓	↓	↓
各項の次数	3	2	0

(4) 多項式の項は，文字のアルファベット順か，項の次数が高い方から順に並べることが多い。

3 同類項のまとめ方

(1) 多項式の項の中で，文字の部分が同じ項を **同類項** という。

例　$3a-4b+5b-6a$ の同類項は　$3a$ と $-6a$，$-4b$ と $5b$

(2) 同類項は，分配法則 $ax+bx=(a+b)x$ を用いて，1つの項にまとめることができる。

4 単項式，多項式の計算

(1) **(多項式)＋(多項式)** 各項の符号はそのままにしてかっこをはずす。そして，同類項をまとめる。

(2) **(多項式)－(多項式)** ひく式の各項の符号を変えて，かっこをはずす。そして，同類項をまとめる。

(3) **(単項式)×(数)** 単項式の係数と数をかけて，それを積の係数とする。

(4) **(多項式)×(数)** 分配法則 $a(x+y)=ax+ay$ を用いて計算する。

(5) **(単項式)÷(数)，(多項式)÷(数)** 乗法に直して計算する。

例題 33 単項式と多項式

次の式の中から，単項式と多項式をそれぞれ選びなさい。

(ア) $-2x+1$　(イ) $2a+\dfrac{5}{3}b$　(ウ) $\dfrac{a}{2}$　(エ) $\dfrac{2}{a}$

(オ) $\dfrac{1}{3}xy^2$　(カ) $a^2-2ab+3b^2$　(キ) $-5m^2$

考え方 **項が 1 つなら単項式，項が 2 つ以上なら多項式** である。
文字がいくつあっても，式全体が乗法だけでできていれば単項式である。
なお，**分数の分母に文字を含む式は，単項式でも多項式でもない。**

解答

単項式は　**(ウ)，(オ)，(キ)**　答

多項式は　**(ア)，(イ)，(カ)**　答

◀(エ) は，分母に文字を含むから，単項式でも多項式でもない。

練習 33 次の式の中から，単項式と多項式をそれぞれ選びなさい。

(ア) $\dfrac{1}{5}x^2$　(イ) $2a+3bc$　(ウ) $\dfrac{m}{3}-\dfrac{n}{7}$　(エ) $\dfrac{3}{2a^3}$

例題 34 項と係数

次の多項式の項と，文字を含む項についてはその係数を答えなさい。

(1) $-x^2+13x+2$　(2) $2a-b+\dfrac{7}{3}ab^2-5$

考え方 多項式は，単項式の和の形で表すことができる。

項 …… 多項式を和の形で表したときの 1 つ 1 つの単項式。

(2) $2a+(-b)+\dfrac{7}{3}ab^2+(-5)$ ⟶ 項は $2a$，$-b$，$\dfrac{7}{3}ab^2$，-5

係数 …… 文字を含む単項式の数の部分。定数項の係数は考えない。

解答

(1) 項は　$-x^2$，$13x$，2　　x^2 の係数は -1，x の係数は 13　答

(2) 項は　$2a$，$-b$，$\dfrac{7}{3}ab^2$，-5

a の係数は 2，b の係数は -1，ab^2 の係数は $\dfrac{7}{3}$　答

練習 34 次の多項式の項と，文字を含む項についてはその係数を答えなさい。

(1) $3x-\dfrac{1}{2}$　(2) $a^2-3ab+7$　(3) $-x^2+2ab-\dfrac{bc}{3}+11$

例題 35 単項式，多項式の次数

次の単項式，多項式の次数を答えなさい。

(1) x　(2) $-x^2$　(3) $-\frac{a^3}{6}$　(4) x^4y

(5) $-0.1mn^2$　(6) x^3+2x^2-5x-4

(7) $5a+b-3ab^2+7$　(8) $-x^2+3xy+y^2$

(1)～(5) 単項式の次数は，かけ合わされている文字の個数。◀種類の数ではない。

(2) $x^2=x\times x$ であるから，2 次。 ←― 文字は 2 個。

(5) $mn^2=m\times n\times n$ であるから，3 次。 ←― 文字は 3 個。

(6)～(8) 多項式の次数は，各項の次数のうちで最大のもの。

1 つ 1 つの単項式の次数を調べて，最も大きい次数を答える。

解答

(1) **1** 答　(2) **2** 答　(3) **3** 答　(4) **5** 答　(5) **3** 答

(6) 次数が最大の項は x^3 よって，求める次数は **3** 答

(7) 次数が最大の項は $-3ab^2$ よって，求める次数は **3** 答

(8) $-x^2$，$3xy$，y^2 のどの項も 2 次。よって，求める次数は **2** 答

解説

文字式では，特定の文字に着目して，その文字以外（数とその他の文字の積）を係数とみなすことがある。

たとえば，例題 35 (7) の多項式は

$5\boldsymbol{a}+b-3\boldsymbol{a}b^2+7$ …… 文字 a については 1 次式

$5a+\boldsymbol{b}-3a\boldsymbol{b}^2+7$ …… 文字 b については 2 次式

練習 35A 次の単項式，多項式の次数を答えなさい。

(1) $4p^2$　(2) $-2.4a$　(3) $\frac{x}{2}$　(4) $-\frac{2axy}{3}$

(5) p^2qxy　(6) $13x-21$

(7) x^3+2x^2-3x+9　(8) $a^2b-5ab+3$

練習 35B 次の多項式は何次式か答えなさい。また，a に着目すると何次式か答えなさい。

(1) $x^2+3ax+2a^2$　(2) $ab-a^2+2abc$　(3) $x^2-ax+ab$

例題 36 同類項をまとめる

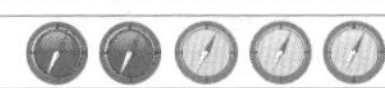

次の式の同類項をまとめなさい。

(1) $2a+b-3a+5b$　　(2) $-3x+x^2+2y-8x+13x+8-5x^2+1$

(3) $-\frac{3}{4}m-\frac{5}{7}n+\frac{5}{6}m+n$

考え方　多項式の項の中で，文字の部分が同じ項が同類項である。
(1) の同類項は　$2a$ と $-3a$，　b と $5b$
定数項どうしも同類項である。
同類項を1つの項にまとめるには，分配法則
$\boldsymbol{mx+nx=(m+n)x}$ を用いる。

$2\boldsymbol{a}+\boldsymbol{b}-3\boldsymbol{a}+5\boldsymbol{b}$
文字の部分が同じ

解答

(1) $2a+b-3a+5b=2a-3a+b+5b$　◀項を並べかえる。
$=(2-3)a+(1+5)b$　◀同類項をまとめる。
$=\boldsymbol{-a+6b}$ 答　◀$-1a$ とは書かない。

(2) $-3x+x^2+2y-8x+13x+8-5x^2+1$
$=x^2-5x^2-3x-8x+13x+2y+8+1$　◀項を並べかえる。次数の高い項から順に並べるとまとめやすい。
$=(1-5)x^2+(-3-8+13)x+2y+8+1$
$=\boldsymbol{-4x^2+2x+2y+9}$ 答

(3) $-\frac{3}{4}m-\frac{5}{7}n+\frac{5}{6}m+n=-\frac{3}{4}m+\frac{5}{6}m-\frac{5}{7}n+n$
$=\left(-\frac{3}{4}+\frac{5}{6}\right)m+\left(-\frac{5}{7}+1\right)n$
$=\left(-\frac{9}{12}+\frac{10}{12}\right)m+\left(-\frac{5}{7}+\frac{7}{7}\right)n$
$=\boldsymbol{\frac{1}{12}m+\frac{2}{7}n}$ 答

練習 36A 次の多項式の項の中で，同類項であるものを答えなさい。

(1) $7x^2-2x+3x^2+5$

(2) $-4a+5a^2+b+6a+7-15a+3a^2+2b$

練習 36B 次の式の同類項をまとめなさい。

(1) $2a-4+3a+1$　　(2) $6x+5y-4x-7y$

(3) $3x^2-2x+6-2x^2+x-3$　　(4) $-xy^2+2y-5y^2-2y-4xy^2+y^2$

(5) $0.4x^2-2.4x-0.6x^2+1.4x$　　(6) $\frac{3}{4}x^2-\frac{1}{2}y^2-\frac{1}{3}x^2+\frac{4}{5}y^2$

例題 37 多項式の加法，減法

次の計算をしなさい。

(1) $(-4a+7b)+(a-9b)$　(2) $(3x^2-x+4)+(x^2+4x-3)$

(3) $(-4a+7b)-(a-9b)$　(4) $(3x^2-x+4)-(x^2+4x-3)$

多項式の加法，減法は，次の手順にしたがって計算する。

① **かっこをはずす** …… +(　) はそのままはずす
　　　　　　　　　　　　−(　) は符号を変えてはずす

② **同類項をまとめる** …… 係数の和の計算

特に，−(　) のかっこをはずす場合に，かっこの中の各項の **符号が変わる** ことに注意する。

ひき算は　符号を変えて　たし算にする

解答

(1) $(-4a+7b)+(a-9b)=-4a+7b+a-9b$　◀かっこをはずす。

$=(-4+1)a+(7-9)b$　◀同類項をまとめる。

$=\boldsymbol{-3a-2b}$ 答

(2) $(3x^2-x+4)+(x^2+4x-3)=3x^2-x+4+x^2+4x-3$

$=(3+1)x^2+(-1+4)x+4-3$

$=\boldsymbol{4x^2+3x+1}$ 答

(3) $(-4a+7b)-(a-9b)=-4a+7b-a+9b$　◀−(　) は符号を変えてかっこをはずす。

$=(-4-1)a+(7+9)b$

$=\boldsymbol{-5a+16b}$ 答

(4) $(3x^2-x+4)-(x^2+4x-3)=3x^2-x+4-x^2-4x+3$

$=(3-1)x^2+(-1-4)x+4+3$

$=\boldsymbol{2x^2-5x+7}$ 答

CHART
かっこをはずす　−(マイナス)は変わる，＋(プラス)はそのまま

練習 37 次の計算をしなさい。

(1) $(2x-7)+(3x+5)$　(2) $(3a+2b)+(a-2b)$

(3) $(x^2-4x+2)+(3x^2+2x-7)$　(4) $(3a^2-4a-6)+(5a^2+a)$

(5) $(3a+4)-(2a-5)$　(6) $(4x-5y)-(x+2y)$

(7) $(a^2-3a+1)-(2a^2+a-6)$　(8) $(2x^2-3x-5)-(4x^2-1)$

例題 38　2つの式の和と差

次の2つの式について，(1)，(2)の問いに答えなさい。

$$x^2-xy-y^2,\qquad 2x^2+3xy-4y^2$$

(1)　2つの式の和を求めなさい。

(2)　左の式から右の式をひいた差を求めなさい。

2つの式に(　)をつけて，加法なら＋，減法なら－でつなぐ。
あとは，前ページの例題の要領で計算すればよい。

CHART　かっこをはずす　－は変わる，＋はそのまま

解答

(1)　$(x^2-xy-y^2)+(2x^2+3xy-4y^2)$　◀(　)をつけて，＋でつなぐ。

$=x^2-xy-y^2+2x^2+3xy-4y^2$　◀(　)をはずす。＋はそのまま。

$=(1+2)x^2+(-1+3)xy+(-1-4)y^2$　◀同類項をまとめる。

$=\boldsymbol{3x^2+2xy-5y^2}$　答

(2)　$(x^2-xy-y^2)-(2x^2+3xy-4y^2)$　◀(　)をつけて，－でつなぐ。

$=x^2-xy-y^2-2x^2-3xy+4y^2$　◀(　)をはずす。－は変わる。

$=(1-2)x^2+(-1-3)xy+(-1+4)y^2$　◀同類項をまとめる。

$=\boldsymbol{-x^2-4xy+3y^2}$　答

解説

多項式の加法と減法は，右のように，同類項を縦に並べて計算する方法もある。

(1)
$$\begin{array}{rrrr} & x^2 & -\ xy & -\ y^2 \\ +) & 2x^2 & +3xy & -4y^2 \\ \hline & 3x^2 & +2xy & -5y^2 \end{array}$$

(2)
$$\begin{array}{rrrr} & x^2 & -\ xy & -\ y^2 \\ -) & 2x^2 & +3xy & -4y^2 \\ \hline & -x^2 & -4xy & +3y^2 \end{array}$$

練習 38A　次の2つの式の和と，左の式から右の式をひいた差を求めなさい。

(1)　$8x-7y$，$-x+5y$　　(2)　$10a+7b$，$-2a-3b$

(3)　$4x+7y-9$，$-x+2y-11$　　(4)　$10m^2-9m-2$，$7m-2-6m^2$

(5)　$-\dfrac{a}{3}+\dfrac{2}{5}b$，$\dfrac{a}{5}-\dfrac{b}{3}$　　(6)　$\dfrac{1}{4}x^2+\dfrac{2}{5}xy-y^2$，$\dfrac{1}{2}x^2+\dfrac{1}{3}y^2$

練習 38B　次の計算をしなさい。

(1)
$$\begin{array}{rrr} & 6a & +4b \\ +) & 7a & -2b \\ \hline \end{array}$$

(2)
$$\begin{array}{rrrr} & 3x^2 & +4x & -5 \\ +) & 2x^2 & -3x & +2 \\ \hline \end{array}$$

(3)
$$\begin{array}{rrrr} & a^2 & -2ab & +\ b^2 \\ -) & 4a^2 & +\ ab & -3b^2 \\ \hline \end{array}$$

(4)
$$\begin{array}{rrrr} & -9x^2 & & -4z \\ -) & 5x^2 & +6y & -8z \\ \hline \end{array}$$

例題 39　式と数の乗法，除法

次の計算をしなさい。

(1) $-4a\times3$　(2) $-5(3x-y)$　(3) $\dfrac{2a-5b}{3}\times12$

(4) $24a\div\left(-\dfrac{3}{4}\right)$　(5) $(6a-12b)\div(-3)$

(1) **(単項式)×(数)**　単項式の係数と数をかけて，それを積の係数とする。

(2), (3) **(数)×(多項式)**　分配法則 $a(x+y)=ax+ay$ を利用する。

(4), (5) 除法は乗法に直して計算する。　$\div\square \longrightarrow \times\dfrac{1}{\square}$

解答

(1) $-4a\times3=(-4)\times3\times a$

$=\mathbf{-12a}$ 答

(2) $-5(3x-y)=(-5)\times3x+(-5)\times(-y)$

$=\mathbf{-15x+5y}$ 答

分配法則

$-5\{3x+(-y)\}$

(3) $\dfrac{2a-5b}{3}\times12=\dfrac{(2a-5b)\times12}{3}$

$=(2a-5b)\times4$

$=2a\times4+(-5b)\times4$

$=\mathbf{8a-20b}$ 答

◀分子は(　)でくくる。

(4) $24a\div\left(-\dfrac{3}{4}\right)=24a\times\left(-\dfrac{4}{3}\right)$

$=\mathbf{-32a}$ 答

◀$\overset{8}{\cancel{24}}a\times\left(-\dfrac{4}{\cancel{3}}\right)=8a\times(-4)$

(5) $(6a-12b)\div(-3)=(6a-12b)\times\left(-\dfrac{1}{3}\right)$

$=-\dfrac{6a}{3}+\dfrac{12b}{3}$

$=\mathbf{-2a+4b}$ 答

練習 39　次の計算をしなさい。

(1) $7a\times(-4)$　(2) $6(a+2b)$　(3) $2(3p-5q+3)$

(4) $-4(2x^2-3x+1)$　(5) $-20\times\dfrac{-x+3y}{4}$　(6) $\dfrac{5x-3y+1}{7}\times21$

(7) $-8a\div(-2)$　(8) $(24x-12)\div3$　(9) $(14a-7b-21)\div7$

(10) $(2x-8y+4)\div(-2)$　(11) $(m-3n)\div\left(-\dfrac{1}{2}\right)$

例題 40 多項式の計算 (1)

次の計算をしなさい。

(1) $2(4a-3)+3(2-3a)$　　(2) $4(x^2-2x+3)-5(2x^2-x+2)$

まず，分配法則を利用して，(　)をはずす。

CHART かっこをはずす　−は変わる，＋はそのまま

−(　)の場合は，特に慎重に。あとは，同類項をまとめる。

解答

(1) $2(4a-3)+3(2-3a)=8a-6+6-9a$　◀かっこをはずす。

$=(8-9)a-6+6$　◀同類項をまとめる。

$=\boldsymbol{-a}$ 答

(2) $4(x^2-2x+3)-5(2x^2-x+2)=4x^2-8x+12-10x^2+5x-10$

$=(4-10)x^2+(-8+5)x+12-10$

$=\boldsymbol{-6x^2-3x+2}$ 答

練習 40 次の計算をしなさい。

(1) $3(a+2)+2(a-1)$　　(2) $4(2x-y)+3(x-2y)$

(3) $2(-x+y)+5(x+y-1)$　　(4) $7(4a-1)-3(9a-5)$

(5) $6(2a+4b)-8(a+3b)$　　(6) $3(x^2-2x-1)-5(-3x+1)$

例題 41 2重にかっこを含む式の計算

$5a-\{4b-2(3b-a)\}$ を計算しなさい。

数の計算と同じように，かっこは内側からはずしていく。

また **CHART かっこをはずす　−は変わる，＋はそのまま**

解答

$5a-\{4b-2(3b-a)\}=5a-(4b-6b+2a)$　◀かっこは内側からはずす。

$=5a-(-2b+2a)$

$=5a+2b-2a$　（−は変わる）

$=\boldsymbol{3a+2b}$ 答

練習 41 次の計算をしなさい。

(1) $3(a-b)+2\{b-(a-2b)\}$

(2) $8x+[3y-\{4x-(-2x+3y+5z)+3z\}]$

例題 42　多項式の計算 (2)

$\dfrac{4a-5b}{3}-\dfrac{a-3b}{2}$ を計算しなさい。

このような分数の式は，次の ① か ② の方針で計算する。

① 分母を同じにして，分子を計算する。 ⟶ 解答 1

② $\dfrac{■}{●}$ を $\dfrac{1}{●}\times■$ と考えて計算する。 ⟶ 解答 2

① において，式を通分するときには，分子にかっこをつけるのを忘れないように注意する。 …… **分数は注意**

解答

解答 1

$$\frac{4a-5b}{3}-\frac{a-3b}{2}=\frac{2(4a-5b)}{6}-\frac{3(a-3b)}{6}$$

◀分母の 3 と 2 の公倍数 6 を共通の分母として通分する。

$$=\frac{2(4a-5b)-3(a-3b)}{6}$$

$$=\frac{8a-10b-3a+9b}{6}$$

◀分子の同類項をまとめる。

$$=\boldsymbol{\frac{5a-b}{6}}$$ 答

解答 2

$$\frac{4a-5b}{3}-\frac{a-3b}{2}=\frac{1}{3}(4a-5b)-\frac{1}{2}(a-3b)$$

分配法則を利用して，かっこをはずす。－は変わる。

$$=\frac{4}{3}a-\frac{5}{3}b-\frac{1}{2}a+\frac{3}{2}b$$

同類項をまとめる。

$$=\left(\frac{4}{3}-\frac{1}{2}\right)a+\left(-\frac{5}{3}+\frac{3}{2}\right)b$$

$$=\left(\frac{8}{6}-\frac{3}{6}\right)a+\left(-\frac{10}{6}+\frac{9}{6}\right)b=\boldsymbol{\frac{5}{6}a-\frac{1}{6}b}$$ 答

◀$\dfrac{5a-b}{6}$ と同じ。

CHART

多項式の計算

1 同類項をまとめる

2 分数は注意　　分子にかっこをつける

練習 42 次の計算をしなさい。

(1) $\dfrac{x-2}{4}+\dfrac{x+1}{2}$

(2) $\dfrac{a-2b}{3}+\dfrac{3a+b}{4}$

(3) $\dfrac{7x-3}{5}-\dfrac{4x-2}{3}$

(4) $2x-y-\dfrac{x-2y}{3}$

(5) $\dfrac{2x-y}{6}-\dfrac{x-y}{8}$

(6) $\dfrac{4x-5y}{3}+\dfrac{x+y}{6}-\dfrac{9x-7y}{2}$

演習問題

□**36** 次の2つの式の和を求めなさい。また，左の式から右の式をひいた差を求めなさい。

(1) $5a+b$，$3a-4b$　　(2) $3x-4y+7z$，$2y-z-4x$

(3) $2x^2-4x+3$，$-x^2+3x-2$

(4) $3ab+6bc+8ca$，$cb-3ba-9ac$

(5) $\frac{4}{3}m-\frac{3}{2}n$，$\frac{4}{5}m-\frac{3}{5}n$　　(6) $\frac{1}{4}y-\frac{1}{3}x$，$\frac{3}{2}x+\frac{2}{3}y$

➔ 38

□**37** 次の計算をしなさい。

(1) $4a+3(2b-a)-8b$　　(2) $7a-4(a-2b)-3b$

(3) $2(2a-b)-(3a-b)$　　(4) $3(2x-5y)-2(3x-7y)$

(5) $y-\{4x-(3x-2y)\}$　　(6) $a-2b-\{2c-(b+c-a)\}$

(7) $2x-\{3x^2+1-2(x-x^2)\}$　　(8) $a-\{4b-2(4a-3b)\}$

(9) $11a-[3b-4\{-2a-(-2a-3b+4c)+3c\}]$

➔ 40, 41

□**38** (1) $A=3x-2$，$B=3x+5$，$C=-5x+4$ のとき，
$3A+[2B-\{3C+4B-2(A+3C)\}]$ を計算しなさい。

(2) $A=7x^2+x-1$，$B=x-2$，$C=-2x^2+x+1$ のとき，
$5B-3C-2\{A-2(B-C)\}$ を計算しなさい。

➔ 40, 41

□**39** 次の □ にあてはまる式を求めなさい。

(1) $4x^2-3xy+2y^2+(\square)=6x^2+3xy-y^2$

(2) $x^2-x-6y+y^2-(\square)=-4x^2+3x+2y-11y^2$

➔ 38

□**40** 次の計算をしなさい。

(1) $\frac{3}{2}x-6y-\frac{1}{4}(3x-8y)$　　(2) $4\left(\frac{x}{2}-\frac{y}{4}\right)-\frac{3x-2y}{4}$

(3) $\frac{1}{3}(2x-y)-\frac{3x-2y}{4}+\frac{x+y}{6}$　　(4) $\frac{y-2x}{6}-3\left(\frac{3x-y}{12}-\frac{x}{3}\right)$

(5) $2\left(\frac{a-b}{2}-\frac{a-3c}{6}\right)-3\left(\frac{b+4c}{2}-\frac{b-2a}{6}\right)+6\left(\frac{c+a}{2}-\frac{c-b}{3}\right)$

(6) $\frac{a^2+ab-2b^2}{6}-\frac{2a^2-7ab-4b^2}{3}+\frac{5a^2+3ab+4b^2}{2}$

➔ 42

37 (5)～(9) CHART かっこは内側からはずす

38 (1) まず，$3A+[2B-\{3C+4B-2(A+3C)\}]$ を簡単にする。

3 単項式の乗法と除法　4 式の値

基本事項

1 累乗の計算

同じ文字の乗法，除法は，次のように計算することができる。

乗法
(1) $a^2\times a^3=(a\times a)\times(a\times a\times a)=a^5 \longrightarrow a^2\times a^3=a^{2+3}=a^5$
(2) $(a^2)^3=(a\times a)\times(a\times a)\times(a\times a)=a^6 \longrightarrow (a^2)^3=a^{2\times 3}=a^6$
(3) $(ab)^2=(a\times b)\times(a\times b)=a^2b^2 \longrightarrow (ab)^2=a^2b^2$

除法
(4) $a^4\div a^2=\dfrac{a^4}{a^2}=\dfrac{a\times a\times a\times a}{a\times a}=a^2 \longrightarrow a^4\div a^2=a^{4-2}=a^2$
(5) $a^3\div a^3=\dfrac{a^3}{a^3}=\dfrac{a\times a\times a}{a\times a\times a}=1 \longrightarrow a^3\div a^3=1$
(6) $a^2\div a^3=\dfrac{a^2}{a^3}=\dfrac{a\times a}{a\times a\times a}=\dfrac{1}{a} \longrightarrow a^2\div a^3=\dfrac{1}{a^{3-2}}=\dfrac{1}{a}$

2 単項式の乗法と除法

(1) 単項式どうしの乗法は，係数の積に文字の積をかける。

単項式の積 { 係数 …………… 各単項式の係数の積
　　　　　　 文字の部分 …… 各単項式の文字の積

例　$2ab\times 3a^2=(2\times 3)\times(a\times b\times a\times a)=6a^3b$

(6)
$2ab \times 3a^2$
(a^3b)

(2) 単項式どうしの除法は，次の例のように，分数の形に直して，係数どうし，文字どうしを約分する。

例　$2a^3b^2\div 4ab^3=\dfrac{2a^3b^2}{4ab^3}=\dfrac{a^2}{2b}$

◀ $\dfrac{2\times(a\times a\times a)\times(b\times b)}{4\times a\times(b\times b\times b)}$

注意　上の例の「$\div 4ab^3$」の $4ab^3$ はひとかたまり，すなわち，$\div(4ab^3)$ として計算する。これを $2a^3b^2\div 4\times a\times b^3$ としてはいけない。

(3) **乗法と除法の混じった計算**

×，÷が混じった式は，分数の形に直し，約分する。

×□ ⟶ みんな分子に　　÷□ ⟶ みんな分母に　　書く。

$a\times b\div c=\dfrac{a\times b}{c}$，$a\div b\times c=\dfrac{a\times c}{b}$，$a\div b\div c=\dfrac{a}{b\times c}$

3 式の値

式の中の文字を数におきかえることを，文字にその数を **代入** するという。おきかえる数をその文字の **値** といい，代入して計算した結果をその **式の値** という。

例題 43 単項式の乗法，除法

次の計算をしなさい。

(1) $3a\times(-4a)$　(2) $3a^3\times2ab^2$　(3) $\left(\dfrac{1}{3}xy\right)^2\times\dfrac{3}{5}xy^2$

(4) $12a^2b^3\div(-3ab)$　(5) $\dfrac{2}{3}b^2c\div\dfrac{5}{6}bc^2$

(1)～(3) **(単項式)×(単項式)** は，積を

係数は係数どうし，文字は文字どうし

で別々に計算して，かけ合わせる。

(3) **累乗 ⟶ 乗法** の順に計算する。

(4), (5) **(単項式)÷(単項式)** は，分数の形に直して，係数どうし，文字どうしを約分する。

解答

(1) $3a\times(-4a)=\{3\times(-4)\}\times(a\times a)=\boldsymbol{-12a^2}$ 答

(2) $3a^3\times2ab^2=(3\times2)\times(a^3\times a\times b^2)$　◀ $a^3\times a=a^{3+1}$

$=\boldsymbol{6a^4b^2}$ 答

(3) $\left(\dfrac{1}{3}xy\right)^2\times\dfrac{3}{5}xy^2=\dfrac{1}{9}x^2y^2\times\dfrac{3}{5}xy^2$　◀まず，$\left(\dfrac{1}{3}xy\right)^2$ を計算する。

$=\left(\dfrac{1}{9}\times\dfrac{3}{5}\right)\times(x^2\times x\times y^2\times y^2)$

$=\boldsymbol{\dfrac{1}{15}x^3y^4}$ 答

(4) $12a^2b^3\div(-3ab)=\dfrac{12a^2b^3}{-3ab}$　◀ $\dfrac{\overset{4}{\cancel{12}}\times\cancel{a}\times a\times\cancel{b}\times b\times b}{-\cancel{3}\times\cancel{a}\times\cancel{b}}$

$=\boldsymbol{-4ab^2}$ 答

(5) $\dfrac{2}{3}b^2c\div\dfrac{5}{6}bc^2=\dfrac{2b^2c}{3}\times\dfrac{6}{5bc^2}$　◀ $\div\square\ \longrightarrow\ \times\dfrac{1}{\square}$

$=\dfrac{2\times6\times b^2c}{3\times5\times bc^2}=\boldsymbol{\dfrac{4b}{5c}}$ 答

練習 43 次の計算をしなさい。

(1) $2a^3b\times a^4b^2$　(2) $16ab^2\times\left(-\dfrac{1}{4}b\right)$　(3) $(-a)^2\times2a$

(4) $(-2x^2)^3\times(-3x^2)$　(5) $(-3a^2b)^2\times(2ab^2)^3$

(6) $18a^2b\div(-6ab)$　(7) $(-4x^3y^2)\div(-2x^2y^2)$

(8) $6a^3b\div\dfrac{2}{3}a^2$　(9) $(-3x^2y^3)\div\left(-\dfrac{3}{5}x^3y\right)$

例題 44 単項式の乗除の混じった計算

次の計算をしなさい。

(1) $10ab^2\times(-a^3)\div 2a^3b$　　(2) $5x^5y\div(-3x^3y^2)\times(-3y^2)^3$

(3) $36a^3b^2\div\left(-\frac{6}{5}a^2b\right)\div 2b$

×，÷の混じった式の計算は

●CHART　×□ はみんな分子に，÷□ はみんな分母に　書く

係数は係数どうし，文字は文字どうし，まとめて計算する。

解答

(1) $10ab^2\times(-a^3)\div 2a^3b=\frac{10ab^2\times(-a^3)}{2a^3b}$

$=-\frac{10ab^2\times a^3}{2a^3b}$　◀ $-\frac{\overset{5}{\cancel{10}}\times a\times b\times\cancel{b}\times\cancel{a}\times\cancel{a}\times\cancel{a}}{\cancel{2}\times\cancel{a}\times\cancel{a}\times\cancel{a}\times\cancel{b}}$

$=\mathbf{-5ab}$ 答

(2) $5x^5y\div(-3x^3y^2)\times(-3y^2)^3=5x^5y\div(-3x^3y^2)\times\underline{(-27y^6)}$　◀ $(y^2)^3=y^{2\times 3}$

└まず，$(-3y^2)^3$ を計算する。
累乗 ⟶ 乗除

$=\frac{5x^5y\times(-27y^6)}{-3x^3y^2}$

$=\frac{5\times(-27)\times x^5y\times y^6}{-3x^3y^2}$

$=\mathbf{45x^2y^5}$ 答

(3) $36a^3b^2\div\left(-\frac{6}{5}a^2b\right)\div 2b=36a^3b^2\times\left(-\frac{5}{6a^2b}\right)\times\frac{1}{2b}$

$=-\frac{36a^3b^2\times 5}{6a^2b\times 2b}$

$=-\frac{36a^3b^2\times 5}{6\times 2\times a^2b\times b}$

$=\mathbf{-15a}$ 答

> $a\div b\times c$ は $a\div bc$ とは違うよ！
>
> $a\div b\times c=a\times\frac{1}{b}\times c=\frac{ac}{b}$
>
> $a\div bc=\frac{a}{bc}$

練習 44 次の計算をしなさい。

(1) $2a\times a^2\div(-a)^3$　　(2) $4x^2y\times 3xy^2\div(-6xy)$

(3) $(xy^2)^3\times x^2y\div xy^2$　　(4) $4ab^2\times(-2ab)^3\div\left(-\frac{2}{3}ab^3\right)$

(5) $(-4xy^3z)^2\times x^2yz\div 16x^2yz^3$　　(6) $(-2x)^2\div 6x\times 3x^2$

(7) $-4a^2b\div 8ab\times(-6b^2)$　　(8) $-5xy^3\div 10x^3y^2\times 2x^2y^2$

(9) $(-2a^2b^3)^3\div(2a^2b)^2\times(-b)^3$　　(10) $4a^2\div\frac{6}{5}a^4b\times(-3ab)^2$

(11) $-28a^2b^3\div(-2ab)^2\div(-7b)$　　(12) $-21a^6\div\left\{(-3a)^3\div\frac{7}{2}a^2\right\}$

例題 45 式の値

次の (1) ～ (3) の値を求めなさい。

(1) $a=-2$ のとき，a^2-3a の値

(2) $a=-3$，$b=2$ のとき，$a^2-a(2a-b)$ の値

(3) $x=-2$，$y=3$ のとき，$8x^2y^3\div\left(-\frac{2}{3}x^4y^5\right)\times(-x^3y)$ の値

(1) 文字 a に，与えられた数を代入して計算する。
負の数を代入するときは，(　)をつけて書くこと。

(2)，(3) 与えられたままの式にそれぞれの文字の値を代入すると，計算が面倒。
まず 式は整理 が計算の基本。なるべく式を簡単にしてから代入する。

解答

(1) $a=-2$ を代入して $a^2-3a=(-2)^2-3\times(-2)$
$=4+6=\mathbf{10}$ 答

◀数の計算では，×や÷の記号を忘れないように！

(2) $a^2-a(2a-b)=a^2-2a^2+ab$
$=-a^2+ab$

これに $a=-3$，$b=2$ を代入して
$-a^2+ab=-(-3)^2+(-3)\times2$
$=-9-6=\mathbf{-15}$ 答

(3) $8x^2y^3\div\left(-\frac{2}{3}x^4y^5\right)\times(-x^3y)=8x^2y^3\times\left(-\frac{3}{2x^4y^5}\right)\times(-x^3y)$

$$=\frac{8x^2y^3\times3\times x^3y}{2x^4y^5}$$

$$=\frac{12x}{y}$$

これに $x=-2$，$y=3$ を代入して

$\frac{12x}{y}=\frac{12\times(-2)}{3}=\mathbf{-8}$ 答

CHART
式の取り扱い
まず 式は整理

練習 45 次の (1) ～ (5) の値を求めなさい。

(1) $a=-3$ のとき，a^2+5a-3 の値

(2) $a=-5$，$b=3$ のとき，a^2+ab の値

(3) $x=-4$，$y=-6$ のとき，$\frac{x^2}{y}$ の値

(4) $x=\frac{7}{8}$，$y=\frac{6}{7}$ のとき，$\frac{x+y-2}{3}-3x+2y-1$ の値

(5) $x=-\frac{1}{3}$，$y=-\frac{1}{2}$ のとき，$\frac{4}{3}x\times(-xy)^3\div\left(-\frac{2}{3}xy^2\right)^2$ の値

演習問題

□41 次の計算をしなさい。

(1) $(-4x^5y^4z)^2\times(2x^2y^2z)^2$　　(2) $(-2xy^2)^3\div4x^4y^5$

(3) $\left(-\dfrac{1}{3}a^2b^3\right)^3\div(-a^2b)^2$　　(4) $\dfrac{1}{3}x^2y\times(-2x^2y^3)^2\div\dfrac{1}{6}x^2y^2$

(5) $(a^3b^2)^3\div(2a^4b)^2\times(-2a^5b)$

(6) $\dfrac{3}{128}x^4y\div\left(-\dfrac{3}{2}x^2y\right)^3\times(-6xy^3)^2$

(7) $\left(-\dfrac{6}{5}xy^2\right)^3\div\left(-\dfrac{4}{25}x^4y^2\right)^2\times\left(\dfrac{x^3}{3y}\right)^2$

(8) $2a^3b\div(-7ab^2)\times\dfrac{1}{3}a^4b^3\div21a^2b^2$

➔ 43, 44

□42 次の計算をしなさい。

(1) $a^5\div a^2+(-3a)^3$　　(2) $2x^3-x^4\div x^2$

(3) $-7a^2b^3-2ab\times(-5ab^2)$

(4) $3xy^2\times4xy\div\left(-\dfrac{1}{2}y^2\right)+5xy^3\div(-2y)^2\times\dfrac{8}{5}x$

□43 次の $\square$ にあてはまる式を求めなさい。

(1) $(\square)\times3ab=-8a^2b$　　(2) $(-5x^3y^2z)\times(\square)=25x^3y^3z^5$

(3) $(\square)\div(-a^3b^2)=7a^4b^3$　　(4) $56x^3y^4z^5\div(\square)=-7x^2y^3z$

(5) $(\square)\times\left(-\dfrac{3}{2xy^2}\right)^2\div\left(-\dfrac{27}{16}x^2y\right)=\dfrac{12}{xy}$

□44 次の (1) ~ (4) の値を求めなさい。

➔ 45

(1) $a=3,\ b=-1$ のとき，$3(2a-b)-2(5a-3b)$ の値

(2) $a=-\dfrac{4}{7},\ b=-2$ のとき，$\dfrac{1}{a}-\dfrac{1}{b^2}$ の値

(3) $x=-\dfrac{1}{3},\ y=-\dfrac{3}{2}$ のとき，$\dfrac{3x-2y-3}{2}-\dfrac{3x-2y-2}{4}$ の値

(4) $a=\dfrac{2}{9},\ b=-\dfrac{4}{3}$ のとき，$\dfrac{3}{8}ab^2\div\left(-\dfrac{3}{2}a^2b\right)^3\times\left(\dfrac{1}{2}a^2b\right)^2$ の値

42 CHART **計算の順序** 累乗，かっこの中 ⟶ 乗除　加減はあとの計算

44 値を求める式を簡単にしてから，数を代入する。

5 文字式の利用

基本事項

1 文字を用いた整数の表し方

n は整数で，a，b，c は 0 から 9 までの整数とする。

(1) 偶数 ⟶ $2n$，奇数 ⟶ $2n+1$

(2) 連続する 3 つの整数 ① n，$n+1$，$n+2$ ② $n-1$，n，$n+1$

(3) 2 けたの整数 ⟶ $10a+b$ （a は 0 でない）

3 けたの整数 ⟶ $100a+10b+c$ （a は 0 でない）

2 数に関する問題への利用

数についての性質や，いろいろな量の関係などを説明するとき，具体的な数量の代わりに文字を用いると，すべての数について説明することができる。

例 連続する 3 つの奇数の和は 3 の倍数である。このわけを説明すると，次のようになる。

（説明） n を整数とする。連続する 3 つの奇数は

$2n-1$，$2n+1$，$2n+3$ と表される。

よって，連続する 3 つの奇数の和は

$$(2n-1)+(2n+1)+(2n+3)=6n+3$$
$$=3(2n+1)$$

$2n+1$ は整数であるから，$3(2n+1)$ は 3 の倍数である。

したがって，連続する 3 つの奇数の和は 3 の倍数である。 終

使う文字の選び方

数量を文字で表すとき，使う文字は何でもかまいません。しかし，面積を S，高さを h などのように，よく出てくる量にそれを表す英語の頭文字を使うと，見ただけで何を表しているのかがすぐわかり，便利です。

面積 (spread)	S	長さ (length)	ℓ	速さ (velocity)	v
体積 (volume)	V	半径 (radius)	r		
高さ (height)	h	時間 (time)	t		

例題 46 文字式の利用 (1)

正の整数Aを7でわったときの余りは4，正の整数Bを7でわったときの余りは5である。$2A+3B$を7でわったときの余りが2となることを説明しなさい。

正の整数Pを7でわったときの商をq，余りをrとすると

$$P=7q+r \quad (r は 0 から 6 までの整数)$$

と表される。A，Bを7でわったときの商は，一般には同じとは限らないから

$$A=7m+4,\ B=7n+5 \quad (m,\ n は 0 以上の整数)$$

このとき，$2A+3B$を計算し，$7\times$(整数)$+k$ （kは0から6までの整数）の形になることを導く。⟶ 余りはkとなる。

解答

m，nは整数とする。

Aを7でわったときの商をm，Bを7でわったときの商をnとすると，AとBは次のように表される。

$$A=7m+4, \quad B=7n+5$$

このとき

$$\begin{aligned}2A+3B&=2(7m+4)+3(7n+5)\\&=14m+8+21n+15\\&=14m+21n+23\\&=7(2m+3n+3)+2\end{aligned}$$

◀同じ文字mを用いて$A=7m+4$，$B=7m+5$と表してはいけないことに注意。

<u>$2m+3n+3$は整数であるから</u>，$2A+3B$を7でわったときの余りは2である。 終

◀**下線部分は必ず書くこと。**

上の例題で余りが2になるといえたのは，$2A+3B$が$7\times$(整数)$+2$の形の式になったからである。〜〜の部分が整数でなければ，7でわったときの余りが2になることはいえない。したがって，――の説明は答案に必ず書かなければならない。

練習 46A 5でわると2余る正の整数Aと，5でわると3余る正の整数Bがある。$A+2B$を5でわったときの余りが3となることを説明しなさい。

練習 46B 家からa m離れた駅へ，行きは毎分40 mの速さで歩き，駅で5分休んだあと，帰りは毎分60 mの速さで歩いた。家を出発してから再び家に戻るまでの時間は何分になるかを，aを用いた最も簡単な式で表しなさい。

例題 47 文字式の利用 (2)

底面の半径が r，高さが h の円柱がある。その底面の半径を 2 倍にし，高さを 3 倍にした円柱をつくると，その体積はもとの円柱の何倍になるかを答えなさい。

まず，**必要な量をすべて文字で表す** ことが解決への第一歩。もとの円柱の体積と，新しく作られた円柱の体積を，それぞれ文字式で表して考える。
新しくつくられた円柱の半径は $2r$，高さは $3h$ である。
もとの円柱の体積を V，新しくつくられた円柱の体積を U として，V と U を r，h で表し，V と U を比べる。
もとの円柱の体積は　$\boldsymbol{V=\pi r^2 h}$　である。

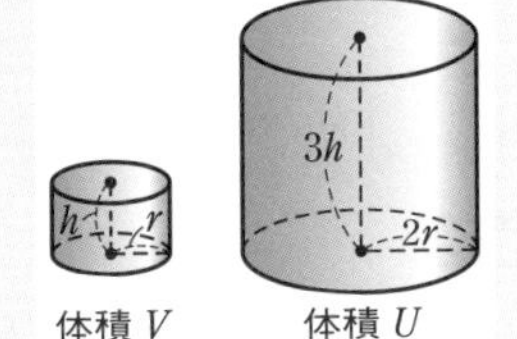

解答

もとの円柱の体積を V とすると

$$V=\pi r^2 h \quad \cdots\cdots ①$$

新しく作られた円柱の底面の半径を R，高さを H，体積を U とすると，$R=2r$，$H=3h$ であるから

$$U=\pi R^2 H=\pi\times(2r)^2\times 3h=12\pi r^2 h \quad \cdots\cdots ②$$

①，② より　$U=12V$

答　**体積は 12 倍になる**

練習 47A　地球を大きな球と考える。地球の赤道のまわりに，地上から 1 m だけ離して銅線を張ったとすると，その長さは，赤道の長さよりどのくらい長くなるかを答えなさい。

練習 47B　右の図において，点 A，B，C，D，E は直線上に等間隔に並んでいる。上側の半円の弧の長さの和と下側の半円の弧の長さの和の比を求めなさい。また，上側の半円の面積の和と下側の半円の面積の和の比を求めなさい。

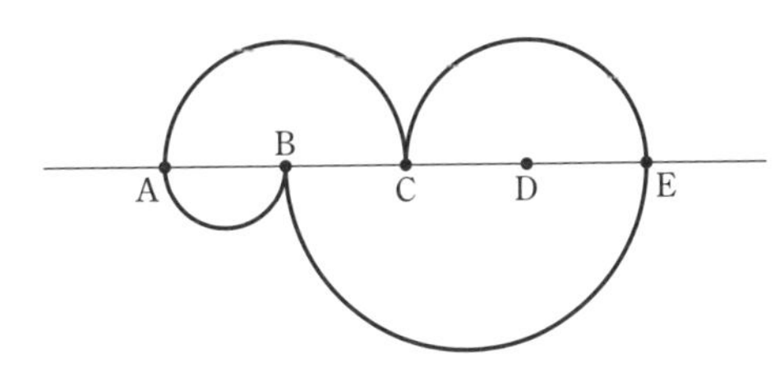

例題 48 文字を用いた説明 (1)

ある整数が 9 の倍数であるかどうかを調べるには，各位の数の和が 9 の倍数であるかどうかを調べるとよい。そのわけを 3 けたの整数で説明しなさい。

ここでは，**各位の数を文字で表す** ことを考える。
百の位の数を a，十の位の数を b，一の位の数を c とすると

3 けたの整数 ⟶ $100a+10b+c$

（a，b，c は 0 から 9 までの整数，a は 0 でない）

100，10 を 9 の倍数との関係でみると　$100=9\times11+1$，　$10=9\times1+1$

解答

3 けたの整数は，百の位の数を a，十の位の数を b，一の位の数を c（a は 0 でない）とすると，$100a+10b+c$ と表される。

$$100a+10b+c=(9\times11+1)a+(9\times1+1)b+c$$
$$=9(11a+b)+a+b+c$$

$11a+b$ は整数であるから，$9(11a+b)$ は 9 の倍数である。よって，$100a+10b+c$ が 9 の倍数であるかどうかは，$a+b+c$ が 9 の倍数であるかどうかで決まる。
したがって，各位の数の和が 9 の倍数であれば，その整数は 9 の倍数であり，和が 9 の倍数でなければ，その整数は 9 の倍数でない。 終

解説

倍数の見分け方 は，例題と同じように考えると，次のようになることがわかる。

2 の倍数 …… 一の位が偶数

$100a+10b+c=2(50a+5b)+c$　◀ c が一の位の数。

3 の倍数 …… 各位の数の和が 3 の倍数

$100a+10b+c=3(33a+3b)+a+b+c$

4 の倍数 …… 下 2 けたが 4 の倍数 (00 も含む)

$100a=4\times25a$ であるから，下 2 けたの数で決まる。

5 の倍数 …… 一の位が 0 か 5

$100a+10b+c=5(20a+2b)+c$

練習 48A 2662 のような，千の位の数と一の位の数が等しく，百の位の数と十の位の数が等しい 4 けたの自然数は 11 でわり切れる。そのわけを説明しなさい。

練習 48B 3 けたの自然数の，上位 2 けたの数から，一の位の数の 2 倍をひいた残りが 7 でわり切れるときは，もとの数も 7 でわり切れる。そのわけを説明しなさい。

例題 49 文字を用いた説明(2)

右の表は，1 から 25 までの自然数を正方形状に並べたものである。たとえば，この表で，□で囲んだ 4 つの数の和は 4 の倍数になっている。この表のどこの 4 つの数でも，例のように□で囲む場合，4 つの数の和が必ず 4 の倍数になることを説明しなさい。

1	2	3	4	5
6	7	8	9	10
11	12	13	14	15
16	17	18	19	20
21	22	23	24	25

□の中の一番小さい数を n（n は自然数）として，残りの 3 つの数を n で表す。
このとき，4 つの数の和が **4×(n の式)** で表されることを示す。
（n の式）← 自然数

解答

□の中の一番小さい数を n（n は自然数）とすると，残りの 3 つの数は $n+1$，$n+5$，$n+6$ と表される。

n	$n+1$
$n+5$	$n+6$

よって，この 4 つの数の和は

$$n+(n+1)+(n+5)+(n+6)=4n+12$$
$$=4(n+3)$$

$n+3$ は自然数であるから，$4(n+3)$ は 4 の倍数である。
したがって，□で囲んだ 4 つの数の和は，必ず 4 の倍数になる。 終

練習 49 右の表は，2 けたの自然数のうち，一の位の数が 1 から 5 の数を，11 から 55 まで順に，横に 5 つずつ書き並べたものである。

11	12	13	14	15
21	22	23	24	25
31	32	33	34	35
41	42	43	44	45
51	52	53	54	55

(1) この表の，上から m 番目で左から n 番目の数に，上から n 番目で左から m 番目の数を加えると，いずれの場合もある決まった自然数の倍数になる。どんな自然数の倍数になると考えられるか。1 以外の数を答えなさい。

(2) (1) で答えたことを説明したい。□の中に説明の続きを書きなさい。

> m，n は自然数である。
> 上から m 番目で左から n 番目の数は，$10m+n$ と表される。
> また，上から n 番目で左から m 番目の数は，

例題 50　規則性の発見

マッチ棒（ぼう）を使って，下の図のように1番目，2番目，3番目，……と図形をつくっていく。つくり方の規則は変えないものとして，n 番目で用いられるマッチ棒は何本になるか。n を用いた式で表しなさい。

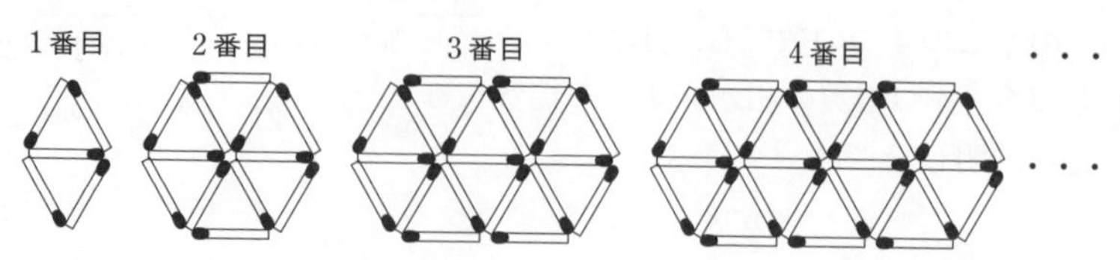

マッチ棒がどのような規則で増えていくかに注目する。
マッチ棒は，最初5本あって，順々に7本ずつ増えている。したがって，本数は

1番目	2番目	3番目	4番目
5	**5+7×1**	**5+7×2**	**5+7×3**

となる。このことから，n 番目がどうなるかを考える。

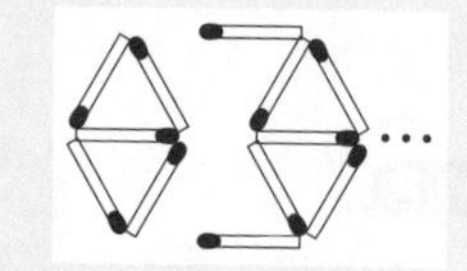

解答

マッチ棒が，1番目は5本，2番目は $(5+7\times1)$ 本，3番目は $(5+7\times2)$ 本，4番目は $(5+7\times3)$ 本である。
図形のつくり方は変わらないから，n 番目で用いられるマッチ棒は

$$5+7\times(n-1)=5+7n-7$$
$$=7n-2$$

答　$(7n-2)$ 本

参考　求めた式の n に1，2，3，4を代入すると

$7\times1-2=5$,　$7\times2-2=12$,　$7\times3-2=19$,　$7\times4-2=26$

となり，確かに上の図のマッチ棒の本数と一致していることがわかる。

練習 50　図のように，1番目，2番目，3番目，……の順序で，1辺に2個，3個，4個，……の石を並べて正方形の形をつくる。

1番目　2番目　3番目　…

(1)　4番目の正方形をつくるのに必要な石の個数を求めなさい。
(2)　n 番目の正方形をつくるのに必要な石の個数を求めなさい。

演習問題

□**45**　右の図は，1辺が8 cmの正三角形4個を，隣り合う正三角形の辺がa cmずつ重なるように並べてつくった図形である。太線で示した，この図形の周の長さを，aを用いて表しなさい。

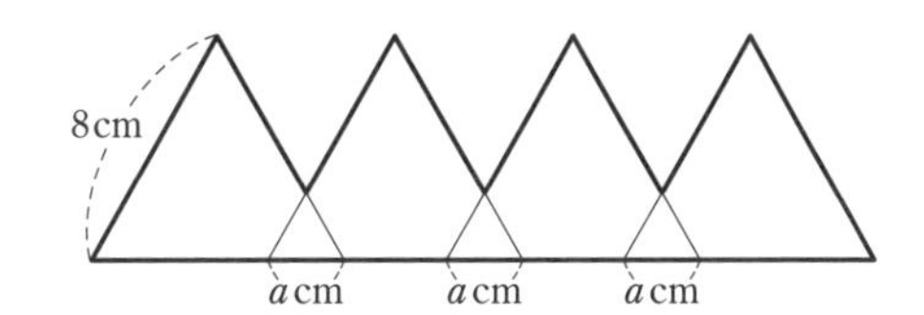

→ 46

□**46**　ある円錐の高さを3倍し，底面の半径を$\frac{1}{2}$倍すると，その体積はもとの円錐の何倍になるかを答えなさい。

→ 47

□**47**　あるクラスは，男子生徒数と女子生徒数の比が3：2で，偶数月生まれの生徒数と奇数月生まれの生徒数の比が8：7である。男子生徒だけに限ると，偶数月生まれの生徒数と奇数月生まれの生徒数の比が5：4である。

(1)　クラス全体の人数が45人のとき，偶数月生まれの男子の生徒数を求めなさい。

(2)　女子生徒だけに限った場合，偶数月生まれの生徒数と奇数月生まれの生徒数の比を最も簡単な整数比で答えなさい。

46　底面の円の半径がr，高さがhである円錐の体積Vは　$V=\frac{1}{3}\pi r^2 h$

47　(1)　男子生徒数は　$45\times\frac{3}{3+2}$(人)

□**48** 百の位の数が一の位の数より大きい3けたの自然数がある。はじめに，百の位の数と一の位の数を入れかえた数を考える。たとえば，340の場合，入れかえると043になる。ただし，043は43と考える。次に，もとの数から入れかえた数をひいた差をPとする。もとの数の百の位の数をa，十の位の数をb，一の位の数をcとする。

(1) 数Pの一の位の数をaとcを用いて表しなさい。

(2) 数Pの十の位の数を求めなさい。

(3) 数Pの各位の数の和が18になることを説明しなさい。

→ 48

□**49** AさんとBさんは，次のような日にち当てゲームをした。Aさんはどのようにして，Bさんがはじめに思い浮かべた日にちを当てたのか，式の考えを利用して説明しなさい。

Aさん：1年365日のうち，1日を選んでください。
Aさん：選んだ日を25倍して，5をたしてください。
Aさん：次に，その数を4倍して，1をたしてください。
Aさん：それに，選んだ月をたして，21をひいてください。
Aさん：いくつになりましたか。
Bさん：2303です。
Aさん：あなたの選んだ日は3月23日ですね。

→ 49

□**50** 右の図のように，白黒の碁石を，1段ずつ増えるごとに白は1個ずつ，黒は2個ずつ増やすように並べていくとき，次の問いに答えなさい。

○● …………………… 1段目
○○●●● ……………… 2段目
○○○●●●●● ……… 3段目
○○○○●●●●●●● … 4段目

(1) 7段目に並ぶ白と黒の碁石の数は，それぞれ何個か答えなさい。

(2) n段目に並ぶ白と黒の碁石の数の和を，nの式で表しなさい。

→ 50

48 (1) $c<a$ より，数Pの一の位を計算するときにくり下がりが発生する。

49 選んだ1日をx月y日とする。

50 (2) 黒の碁石の数は1段目が1，2段目が1+2，3段目が1+2+2，4段目が1+2+2+2である。

第3章 方程式

この章の学習のポイント

❶ 方程式とは文字を含んだ等式のことです。この章では方程式の性質や計算方法，さらに方程式を使って応用問題を解くことを学びます。
❷ 等式をつくるために必要となる基礎の知識を定着させ，等しい数量を見つけ出す練習をしましょう。

1 方程式とその解

Mathematics

基本事項

1 等式

(1) **等式**　等号を用いて数量が等しいという関係を表した式を **等式** という。

(2) 等式において，等号の左側の式を **左辺**，右側の式を **右辺**，左辺と右辺を合わせて **両辺** という。

等式
$2x+3y=3600$
左辺　右辺
両辺

2 方程式

(1) **方程式**　x の値によって，成り立ったり成り立たなかったりする等式を，x についての **方程式** という。

(2) **方程式の解**　方程式を成り立たせる文字の値。

例　方程式 $2x-3=7$ の左辺の x に，自然数を代入すると，$2x-3$ の値は右の表のようになる。

x	1	2	3	4	5	6	7	8	…
$2x-3$	-1	1	3	5	7	9	11	13	…

表から，$x=5$ のとき，$2x-3=7$ の左辺の値と右辺の値が等しくなり，等式は成り立つ。よって，5 は方程式 $2x-3=7$ の解である。

(3) **方程式を解く**　方程式の解をすべて求めること。

(4) **等式の性質**

[1]　等式の両辺に同じ数をたしても，等式は成り立つ。

$A=B$　**ならば**　$A+C=B+C$

[2]　等式の両辺から同じ数をひいても，等式は成り立つ。

$A=B$　**ならば**　$A-C=B-C$

[3]　等式の両辺に同じ数をかけても，等式は成り立つ。

$A=B$　**ならば**　$AC=BC$

[4]　等式の両辺を同じ数でわっても，等式は成り立つ。

$A=B$　**ならば**　$\dfrac{A}{C}=\dfrac{B}{C}$　　ただし　$C\neq0$　　◀0でわることは考えない。

また，等式の両辺を入れかえても，等式は成り立つ。

$A=B$　**ならば**　$B=A$

[4] の $C\neq0$ は，C が 0 に等しくないことを表す。[4] の場合，0 でわることは考えない。すなわち，上記の等式の性質は，[4] で $C=0$ の場合を除けば，A，B，C がどのような数であっても成り立つ。

例題 51 等式の作成

次の数量の関係を等式で表しなさい。

(1) ある数 x の 7 倍から 3 をひいたら，32 になった。

(2) x m のひもから y cm ずつ 5 本切り取ったら，z cm 残った。

考え方 数量の関係を等式で表すには，次のように考えるのが基本。

等しい数量を見つけて　＝で結ぶ。

解答

(1) $x\times7-3=32$　◀(ある数 x の 7 倍から 3 をひいたもの)＝32

よって　$\boldsymbol{7x-3=32}$　答

(2) x m は $100\times x$ cm であるから　◀単位を cm にそろえる。

$100\times x-y\times5=z$

よって　$\boldsymbol{100x-5y=z}$　答　◀等式では単位を書かない。

練習 51 次の数量の関係を等式で表しなさい。

(1) ある数 x の 3 倍に 21 をたしたら，48 になった。

(2) ある日の日照時間が a 時間，日が当たらない時間が b 時間であった。

(3) 100 g が x 円の小麦粉を y kg 買ったら z 円であった。

(4) 正の整数 a を 7 でわったときの商は b，余りは c であった。

(5) s は a の r% 増しである。　(6) v は a の u 割引きである。

例題 52 方程式とその解

方程式 $3x-2=-x+8$ について，$x=2$ が解かどうかを答えなさい。

考え方 文字に **代入すると成り立つ** 値が **方程式の解**。したがって，$x=2$ を方程式の左辺，右辺に代入してそれぞれ計算し，その値が等しいかどうかを調べる。

解答

$x=2$ のとき　(左辺)$=3\times2-2=4$

(右辺)$=-2+8=6$

方程式の左辺と右辺の値が等しくないから，

$x=2$ はこの方程式の **解ではない**。　答

> **CHART**
> **方程式の解**
> **代入すると成り立つ**

練習 52 次の方程式の解である数を，-2，-1，0，1，2 の中から選びなさい。

(1) $4x-5=-13$　(2) $6-x=3x+2$

例題 53 方程式の解き方（等式の性質を利用）

等式の性質を用いて，次の方程式を解きなさい。

(1) $x-3=5$　　(2) $x+8=2$　　(3) $3x-4=2+x$

等式の性質を用いて，$x=\square$ の形にすればよい。
まず，**$ax=b$ の形にする** ことを目標にする。
$ax=b$ の形になれば，両辺を a でわる（等式の性質 [4]）ことにより，解を求めることができる。

$$ax=b \xrightarrow[a\text{でわる}]{\text{両辺を}} x=\frac{b}{a}$$

等式の性質 $A=B$ ならば
[1] $A+C=B+C$
[2] $A-C=B-C$
[3] $AC=BC$
[4] $\frac{A}{C}=\frac{B}{C}$ $(C\neq0)$

解答

(1)　$x-3=5$
両辺に 3 をたすと　$x-3+3=5+3$　　性質 [1]　◀左辺の -3 を消す。
よって　$\boldsymbol{x=8}$　答

(2)　$x+8=2$
両辺から 8 をひくと　$x+8-8=2-8$　　性質 [2]　◀左辺の $+8$ を消す。
よって　$\boldsymbol{x=-6}$　答

(3)　$3x-4=2+x$
両辺から x をひくと　$3x-4-x=2+x-x$　　性質 [2]　◀右辺の $+x$ を消す。
よって　$2x-4=2$
両辺に 4 をたすと　$2x-4+4=2+4$　　性質 [1]　◀左辺の -4 を消す。
よって　$2x=6$
両辺を 2 でわると　$\boldsymbol{x=3}$　答　　性質 [4]　◀左辺の 2 を消す。

解説

方程式を解き終えたら，得られた解が正しいかどうかの **検算** をするとよい。
方程式の解を検算するには，もとの式に解を代入する。たとえば，(3) では
　　左辺 $3x-4$ は　$3\times3-4=5$，　右辺 $2+x$ は　$2+3=5$
で両辺が等しくなり，$x=3$ が解であることが確かめられる。
なお，検算は特に指示がなければ，答案には書かなくてよい。

練習 53 等式の性質を用いて，次の方程式を解きなさい。

(1) $x+4=3$　　(2) $x-7=-4$　　(3) $x-5=-8$

(4) $-7x=56$　　(5) $\frac{1}{6}x=-1$　　(6) $\frac{2}{7}x=4$

(7) $5x-1=4x-7$　　(8) $7x+18=2x-3$　　(9) $5x-3=18-2x$

演習問題

□**51** 卵を1個20円でa個仕入れ，それを1個25円で売った。そのうち20個はわれたので売れなかったが，他は全部売れて，利益が3500円あった。これを等式で表すと $25(a-20)-20a=3500$ となった。この等式において，次の式はそれぞれ何を表しているか答えなさい。 ➔ 51

(1) $20a$　　(2) $a-20$　　(3) $25(a-20)$　　(4) $25(a-20)-20a$

□**52** 次の数量の関係を等式で表しなさい。

(1) テニス部員6人の身長を調べた結果，Aさんより8cm高い人が2人，Aさんより4cm低い人が1人，残りの人はAさんと同じ$a$cmで，全員の平均は$b$cmであった。

(2) 5km離れた目的地に行くのに，はじめの30分は時速$x$kmで進んだが，まだ，目的地までは$y$km残っている。 ➔ 51

□**53** 1枚の長さがℓcmの紙のテープがn枚ある。これを右の図のように，のりしろ（斜線部分）を5mmずつとって貼り合わせていく。 ➔ 51

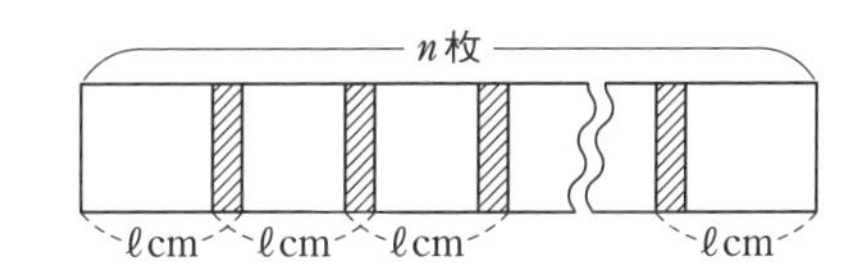

(1) 全体の長さをLcmとするとき，Lをℓ，nで表しなさい。

(2) $\ell=5$，$n=15$ のとき，全体の長さLは何cmになるか答えなさい。

□**54** 次の等式の変形(ア)～(カ)は，等式の性質

$A=B$ ならば　[1]　$A+C=B+C$　　[2]　$A-C=B-C$

[3]　$AC=BC$　　[4]　$\dfrac{A}{C}=\dfrac{B}{C}$　　ただし　$C\neq0$

のどれを用いているか番号で答えなさい。また，□にはそのときのCにあたる文字式や数を書き入れなさい。 ➔ 53

(1) $4x-6=x+3$
(ア) □
$3x-6=3$
(イ) □
$3x=9$
(ウ) □
$x=3$

(2) $2x+8=-5x+1$
(エ) □
$7x+8=1$
(オ) □
$7x=-7$
(カ) □
$x=-1$

52 (1) （平均）＝（全体の和）÷（全体の人数）
(2) （距離）＝（速さ）×（時間）　CHART 単位をそろえる

2 1次方程式の解き方

基本事項

1 1次方程式

(1) 等式では，一方の辺の項を，符号を変えて他方の辺に移すことができる。このことを **移項** するという。

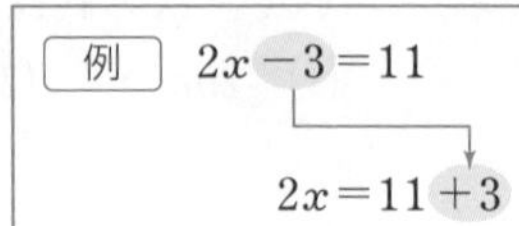

(2) x を含んだ等式で，すべての項を左辺に移項して整理すると　$ax+b=0$ $(a \neq 0)$　◀(1次式)=0
の形になる方程式を，x についての **1次方程式** という。

2 1次方程式の解き方

[1] x を含む項を左辺に，数の項を右辺に移項する。
[2] $ax=b$ の形に整理する。
[3] $ax=b$ の両辺を，x の係数 a でわる。$(a \neq 0)$

$$\longrightarrow x=\frac{b}{a}$$

例 $6x-9=2x+7$
[1] $6x\underline{-2x}=7\underline{+9}$
[2] $4x=16$
[3] $x=\frac{16}{4} \longrightarrow x=4$

3 いろいろな形の1次方程式の解き方

まず，次のように変形してから，$ax=b$ の形にして解く。

(1) **かっこを含む方程式**　かっこをはずす。

例 $3(x+2)=5(2x-3)$
かっこをはずすと　$3x+6=10x-15 \longrightarrow -7x=-21$

(2) **係数に分数を含む方程式**
両辺に分母の公倍数をかけて，分数を含まない式になおして解く。
このように変形することを **分母をはらう** という。

例 $\frac{7}{3}x+3=\frac{x-4}{2}$

両辺に6をかけると　$\left(\frac{7}{3}x+3\right)\times 6=\frac{x-4}{2}\times 6$

よって　$14x+18=3(x-4)$
$14x+18=3x-12 \longrightarrow 11x=-30$

(3) **係数に小数を含む方程式**
両辺に10，100，1000などをかけて，係数を整数になおして解く。

例 $5.7x+0.25=3.4-1.05x$
両辺に100をかけると　$570x+25=340-105x \longrightarrow 675x=315$

例題 54　1次方程式の解き方

次の方程式を解きなさい。

(1)　$3x-6=15$　　(2)　$4x-8=7x+1$　　(3)　$3-8t=39-4t$

1次方程式の解き方 のポイントは

CHART　$ax=b$ の形を導く　　ことである。

それには，x を含む項を左辺に，数の項を右辺に **移項** する。

移項するには，項の **符号を変えて**，一方の辺から他方の辺に移せばよい。

(3)　方程式の文字は，x とは限らず，何でもよい。t なら t についての1次方程式ということ。文字が t になっても **解き方は同じ**。

解答

(1)　$3x-6=15$

-6 を移項すると

$3x=15+6$

よって　$3x=21$　◀$ax=b$ の形。

両辺を 3 でわると　$\boldsymbol{x=7}$　答

(2)　$4x-8=7x+1$

-8 と $7x$ をそれぞれ移項すると

$4x-7x=1+8$

よって　$-3x=9$　◀$ax=b$ の形。

両辺を -3 でわると　$\boldsymbol{x=-3}$　答

(3)　$3-8t=39-4t$

3 と $-4t$ をそれぞれ移項すると

$-8t+4t=39-3$

よって　$-4t=36$　◀$at=b$ の形。

両辺を -4 でわると　$\boldsymbol{t=-9}$　答

CHART

1次方程式の解き方

$ax=b$ の形を導く

「移項する」とは，次の等式の性質の使い方を要約したことばである。

$A=B$ ならば　[1]　$A+C=B+C$　　[2]　$A-C=B-C$

たとえば，(2) は　$4x-8=7x+1$

両辺から $7x$ をひくと

$4x-8-7x=1$

◀$+7x$ の符号が変わって $-7x$ となり，右辺から左辺に移る。

両辺に 8 をたすと

$4x-7x=1+8$

◀-8 の符号が変わって $+8$ となり，左辺から右辺に移る。

練習 54　次の方程式を解きなさい。

(1)　$2x-4=10$　　(2)　$5x+2=-13$　　(3)　$7x-8=3x$

(4)　$3x+5=x+9$　　(5)　$6x+9=8x-5$　　(6)　$5x-7=2x+5$

(7)　$2x-3=4x+9$　　(8)　$4x-1=-2x+5$　　(9)　$5x+13=6-2x$

例題 55 かっこを含む1次方程式

次の方程式を解きなさい。

(1) $3(2x-5)=4x+1$　　(2) $4(3x+5)-2(3+x)=-6$

●CHART **1次方程式の解き方　$ax=b$ の形を導く**

かっこを含んでいるときは，まず，かっこをはずすのが原則。
かっこのはずし方は，$p.56$ で学んだように

●CHART **かっこをはずす　－は変わる，＋はそのまま**

解答

(1)
$$3(2x-5)=4x+1$$
かっこをはずすと
$$6x-15=4x+1$$
$$6x-4x=1+15$$
$$2x=16$$
$$\boldsymbol{x=8}$$ 答

◀かっこのはずし方

$m(ax+b)=max+mb$

$-n(ax+b)=-nax-nb$

(2)
$$4(3x+5)-2(3+x)=-6$$
かっこをはずすと
$$12x+20-6-2x=-6$$
$$10x+14=-6$$
$$10x=-6-14$$
$$10x=-20$$
$$\boldsymbol{x=-2}$$ 答

◀左辺を整理する。

解説

1次方程式を解くとき，x を含む項を左辺に，数の項を右辺にということに必ずしもこだわる必要はない。
右の 例 では，数の項が左辺にしかないから，左辺の文字の項を右辺に移項して，$b=ax$ の形にしている。各辺を整理したら，最後に右辺と左辺を入れかえて（$p.76$ 等式の性質），$ax=b$ の形にする。

例
$$-4x+20=x$$
$$20=x+4x$$
$$20=5x$$
$$5x=20$$
$$x=4$$

1次方程式の解き方の基本は，とにかく，x を含む項どうし，数の項どうしを同じ辺に集めて，(**x を含む項**)=(**数の項**) の形を導くことである。

練習 55　次の方程式を解きなさい。

(1) $-(6x-3)=2$　　(2) $4-3x=2(5-x)$

(3) $2x-5(x-4)=14$　　(4) $x-5-3(x-2)=7$

(5) $2(7x-1)-7(x+3)=-2$　　(6) $2(x-1)+3=3(x-2)$

例題 56 分数，小数を含む方程式

次の方程式を解きなさい。

(1) $2x-1=\frac{5x-3}{4}-\frac{2}{3}$　　(2) $0.4(3-2x)-0.25=0.2(x-3)$

方程式は **係数を整数にして解く** 方が **計算はらく** で速く，ミスも少ない。

(1) 係数に分数を含む方程式は，両辺に分母の公倍数をかける。このとき，多項式の計算で考えたように

CHART 分数は注意　分子にかっこをつける

(2) 係数に小数を含む方程式は，10，100，1000 などを両辺にかける。

解答

(1)
$$2x-1=\frac{5x-3}{4}-\frac{2}{3}$$

両辺に 12 をかけると $(2x-1)\times12=\left(\frac{5x-3}{4}-\frac{2}{3}\right)\times12$　◀12 は 4 と 3 の公倍数。

$$12(2x-1)=3(5x-3)-8$$
$$24x-12=15x-9-8$$
$$24x-15x=-9-8+12$$
$$9x=-5$$ ◀$ax=b$ の形。
$$\boldsymbol{x=-\frac{5}{9}}$$ 答

(2)
$$0.4(3-2x)-0.25=0.2(x-3)$$

両辺に 100 をかけると $\{0.4(3-2x)-0.25\}\times100=0.2(x-3)\times100$

$$120-80x-25=20x-60$$
$$-80x-20x=-60-120+25$$
$$-100x=-155$$ ◀$ax=b$ の形。
$$\boldsymbol{x=1.55}$$ 答

CHART

いろいろな形の方程式

計算は　くふうしてらくに　　かっこや分数，小数をなくす

練習 56 次の方程式を解きなさい。

(1) $\frac{x-1}{2}-\frac{2x-3}{3}=-1$　　(2) $x-\frac{x-1}{5}=1+\frac{x-1}{3}$

(3) $0.2(x-8)=2-x$　　(4) $1.3x-0.8(x-1.5)=1.5$

演習問題

□55 次の方程式を解きなさい。

(1) $2x-7=5$　　(2) $5x+3=8x-6$

(3) $x-8=4x+7$　　(4) $3x-5=5x+3$

➔ 54

□56 次の方程式を解きなさい。

(1) $3-(x-2)=1$　　(2) $4(y+3)=y+6$

(3) $6x-5(x-1)=8$　　(4) $3(x-5)+x=7x+9$

(5) $4(x-8)-7(2x+5)=5-x$　　(6) $2+9x-\{x-2(4x-3)\}=6x$

➔ 55

□57 次の方程式を解きなさい。

(1) $\dfrac{x+1}{2}+1=2(3x+1)$　　(2) $\dfrac{1}{2}(x-6)=-3(x-7)+\dfrac{1}{2}$

(3) $\dfrac{x}{2}+\dfrac{1}{3}=\dfrac{x}{3}-1$　　(4) $\dfrac{x-8}{4}+2=\dfrac{2}{3}x$

(5) $\dfrac{2x-1}{3}-\dfrac{3(x-2)}{2}=1$　　(6) $\dfrac{4}{7}(x-3)-\dfrac{3}{4}(x-1)+1=0$

(7) $\dfrac{x}{12}-\dfrac{3x-1}{8}=1$　　(8) $\dfrac{x+2}{3}+\dfrac{2x-3}{4}=\dfrac{5x-4}{12}$

(9) $\dfrac{3x+1}{4}-\dfrac{x-3}{3}=\dfrac{1}{6}$　　(10) $\dfrac{x-1}{2}-\dfrac{x+2}{3}=-\dfrac{5}{4}$

(11) $\dfrac{x-3}{2}+\dfrac{x-5}{3}+\dfrac{x-2}{5}=1$

(12) $\dfrac{5}{12}(x-2)=\dfrac{1}{4}\left\{2(x+1)+\dfrac{x-2}{3}-x\right\}$

➔ 56

□58 次の方程式を解きなさい。

(1) $0.36x-0.59=0.04x+0.05$　　(2) $4(2x-1.6)=20.6-x$

(3) $0.4(3t-8)=-(6-4t)$　　(4) $1.3-1.2(x-1.5)=1.5$

(5) $1.5x+\dfrac{2x-1}{3}=-2.5$　　(6) $2-\dfrac{3x-2}{5}=0.6(1+x)$

(7) $\dfrac{2x+1}{5}-0.2(6x-5)=\dfrac{x-2}{2}-0.7(x-2)$

➔ 56

57 両辺に分母の公倍数をかけて，分数をなくす。そして

CHART 分数は注意　　分子にかっこをつける

3 1次方程式の利用

基本事項

1 応用問題の解き方

方程式を利用して応用問題（文章題）を解くには，次のような手順で進める。

① **文字を決める**　普通は，求める数量を x などの文字で表す。しかし，問題によっては，求める数量以外のものを文字で表した方が簡単になることもある。

② **方程式をつくる**　次の要領で，問題の示す関係を方程式で表す。

[1] **数量を取り出す**　問題の中に含まれている数量を取り出す。

[2] **数量の関係をつかむ**

[1] の数量の間の関係を調べ，等しい関係にある 2 つの数量や，1 つの数量を 2 通りの式で表せるものを見つけて，方程式をつくる。

③ **方程式を解く**　つくった方程式を解いて，解を求める。

④ **解を検討する**　求めた方程式の解が，問題に適さないことがあるから，実際の問題に適しているか **必ず確かめる**。

2 比例式

(1) **比例式**

比 $a:b$ と $c:d$ が等しいことを表す式 $a:b=c:d$ を **比例式** という。

(2) 比が等しいとき，それぞれの比の値も等しく，$a:b=c:d$ は $\dfrac{a}{b}=\dfrac{c}{d}$ と同じことを表している。　◀●：■の比の値は $\dfrac{●}{■}$

(3) **比の性質**

$\dfrac{a}{b}=\dfrac{c}{d}$ の両辺に bd をかけると　　$ad=bc$

よって，次のことが成り立つ。

$\boldsymbol{a:b=c:d}$ のとき　　$\boldsymbol{ad=bc}$

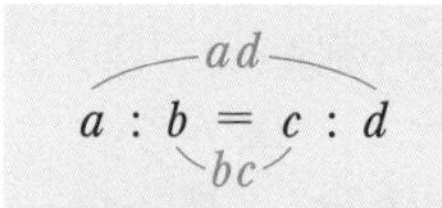

外項の積と内項の積は等しい。

参考　$a:b=c:d$ において，a と d を **外項**，b と c を **内項** という。

3 等式の変形

いくつかの文字を含む等式を変形して，その中の 1 つの文字を他の文字で表すことを，その **文字について解く** という。

例　$S=\dfrac{1}{2}ah$ を文字 h について解くと　　$h=\dfrac{2S}{a}$

例題 57 過不足に関する問題

音楽部の生徒が何脚かある長いすに座る。1 脚に 2 人ずつ座ると 7 人が座れなくなり，1 脚に 3 人ずつ座ると長いすが 5 脚余って，2 人で座る長いすが 1 脚できる。長いすの数と音楽部の生徒の人数を求めなさい。

考え方 文章題を解くには，求める数量を x として方程式をつくり，それを解く。

CHART 等式のつくり方　等しい数量を見つけて　＝で結ぶ

本問は，求める量が 2 つあるが，**長いすの数を x 脚** として，生徒の人数を **2 通りに表して**，方程式をつくる。（↑生徒の人数を x 人としてもよいが面倒。）

解が求められたら，**その解が問題に適しているか** 検討を忘れないこと。

解答

長いすの数を x 脚とすると，音楽部の生徒の人数について

$$2x+7=3(x-6)+2$$
$$2x+7=3x-18+2$$
$$-x=-23$$
$$x=23$$

◀長いすが 5 脚余り，2 人で座る長いすが 1 脚できるから，3 人ずつ座る長いすの数は $x-5$ ではなく $x-6$ となる。

◀$x=23$ は長いすの数として適している。

これは問題に適している。

生徒の人数は，$2\times23+7=53$ より 53 人となる。

答　**長いすの数 23 脚，生徒の人数 53 人**

解説

生徒の人数を x 人 とすると，方程式は長いすの数について $\frac{x-7}{2}=\frac{x-2}{3}+6$ となって，少し計算が面倒になる。一般に，過不足の問題では，わからない量が 2 つある（例題では，長いすの数と生徒の人数）が，**数の少ない方を x で表す** とわかりやすく，計算がらくになる場合が多い。上の例題では，明らかに長いすの数の方が少ないから，長いすの数を x 脚とした方がよい。

練習 57A ある数に 5 を加えて 4 でわり，3 をひいて 2 倍したらもとの数になった。ある数を求めなさい。

練習 57B (1) 何本かの鉛筆がある。この鉛筆をあるクラスの生徒に 3 本ずつ配ると 28 本余り，4 本ずつ配るには 6 本不足する。生徒の人数と鉛筆の本数を求めなさい。

(2) 何人かの子どもにみかんを配る。1 人に 5 個ずつ配ると 9 個余り，1 人に 7 個ずつ配ると 21 個たりない。みかんの個数を求めなさい。

例題 58 整数の問題

千の位が 5 であるような 4 けたの自然数がある。千の位の数を一の位に移し，残りの位の数をそのまま 1 けたずつ左にずらしてできる自然数は，もとの自然数の 4 分の 1 より 1134 大きいという。もとの自然数を求めなさい。

考え方 もとの 4 けたの自然数の千の位は 5 とわかっているから，もとの自然数の下 3 けたの数を N とすると，もとの自然数は $5000+N$ と表される。千の位の数を一の位に移し，残りの位の数をそのまま 1 けた左へずらしてできる自然数は

$$N\times10+5=10N+5$$

あとは，問題文の通りにすなおに方程式をつくるだけ。

解答

もとの自然数の下 3 けたの数を N とすると

もとの自然数は　$5000+N$

千の位の数を一の位に移し，残りの位の数を 1 けた左へずらしてできる自然数は

$$10N+5$$

と表されるから　$10N+5=\frac{1}{4}(5000+N)+1134$

両辺に 4 をかけると　$40N+20=5000+N+4536$

$$40N-N=5000+4536-20$$

$$39N=9516$$

$$N=244$$

よって，もとの自然数は 5244 となる。

これは問題に適している。　**答** **5244**

練習 58A 一の位の数が 2 である 2 けたの自然数を A とし，A の十の位の数と一の位の数を入れかえてできる数を B とする。

$A-B=36$ であるとき，A の十の位の数を求めなさい。

練習 58B 2，3，4 や 10，11，12 などを，3 つの連続する整数という。

3 つの連続する整数の和が 48 であるとき，その 3 つの数を求めなさい。

練習 58C (1) 2004 を 3 つの連続する整数の和として表しなさい。

(たとえば，15 は $15=4+5+6$ のように表すことができる)

(2) 2004 は 4 つの連続する整数の和として表すことができないことを説明しなさい。

ヒント **58C** (2) 表すことができない ⟶ 2004 は 4 つの連続する整数の和として表すことができるとして方程式をつくり，それを解いてみる。

例題 59 速さの問題 (1)

姉はある朝，弟といっしょに7時45分に家を出て，学校の前を通り過ぎ，幼稚園に弟を送るとすぐ折り返して，8時12分に学校に到着した。家から学校までの道のりは1 km で，弟といっしょのときは毎時3 km，1人のときは毎時4 km の速さで歩く。幼稚園から学校までの道のりを求めなさい。

幼稚園から学校までの道のり (距離) を x km とし，**距離＝速さ×時間** を用いて，方程式をつくる。⟶ 等しい数量を見つけて ＝で結ぶ

等しい数量は何か。⟶ **かかった時間** に注目すると，これを2通りに表せばよいことに気づく。なお，**単位は必ずそろえる。**

解答

幼稚園から学校までの道のりを x km とすると，家から幼稚園までは $(1+x)$ km である。また，7時45分に家を出て，学校に8時12分に着いたから，かかった時間は27分間，すなわち $\frac{27}{60}$ 時間である。

問題文を距離，速さ，時間に分けて整理すると，下の図のようになる。

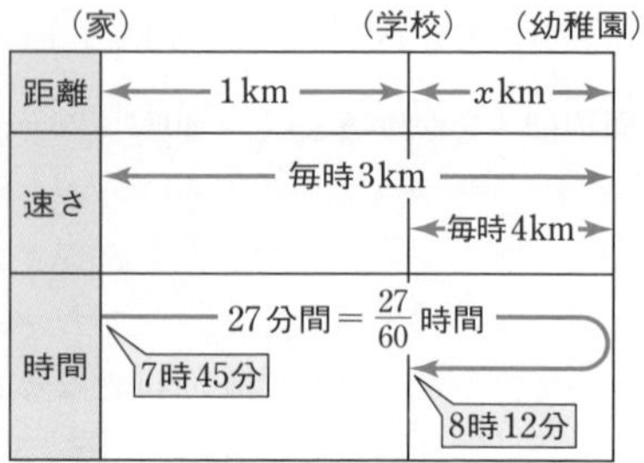

家から幼稚園まで $\frac{1+x}{3}$ 時間かかり，幼稚園から学校まで $\frac{x}{4}$ 時間かかるから

$$\frac{1+x}{3}+\frac{x}{4}=\frac{27}{60}$$

両辺に60をかけると

$$20(1+x)+15x=27$$

$$35x+20=27$$

$$x=\frac{1}{5}$$ ◀ $\frac{1}{5}$ km は 200 m

よって，求める道のりは 200 m で，問題に適している。　答　**200 m**

CHART

等式のつくり方

等しい数量を見つけて　＝で結ぶ

① 等しい関係にある2つの数量をさがす

② 1つの数量を2通りに表す

A町から50 km 離れたB町へ行くのに，初めは時速4 km の速さで30分歩き，その後，自動車に乗って時速40 km の速さで進み，B町に到着した。このとき，自動車に乗っていた時間は何時間何分か答えなさい。ただし，歩く速さ，自動車の速さは一定の速さとする。

例題 60 速さの問題 (2)

Aさんの歩く速さは毎分 65 m，Bさんの歩く速さはAさんよりも速い。ある池のまわりを1まわりする道があり，AさんとBさんが同じ地点から反対向きに出発すると，6分ごとに出会い，同じ地点から同じ向きに出発すると30分に1回追いこされるという。Bさんの歩く速さを求めなさい。

考え方 Bさんの速さを毎分 x m として，池の1周を表す距離から方程式をつくる。池の1周は
(出会い)　Aさんの歩いた距離＋Bさんの歩いた距離
(追いこし)　Bさんの歩いた距離－Aさんの歩いた距離

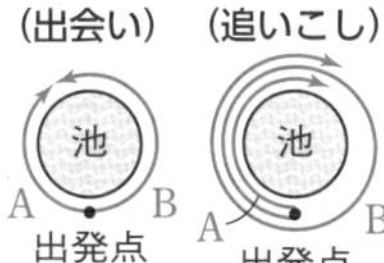

解答

Bさんの歩く速さを毎分 x m とすると，AさんとBさんが同じ地点から反対向きに出発するとき，出会うまでにAさんが歩いた距離は

出会い

	A	B
距離 (m)	65×6	$x\times6$
速さ (m/分)	65	x
時間 (分)	6	6

追いこし

	A	B
距離 (m)	65×30	$x\times30$
速さ (m/分)	65	x
時間 (分)	30	30

$$65\times6=390\ (\text{m})$$

で，Bさんが歩いた距離は $6x$ m である。
また，同じ向きに出発したとき，追いこされるまでにAさんが歩いた距離は

$$65\times30=1950\ (\text{m})$$

で，Bさんが歩いた距離は $30x$ m である。

よって　$390+6x=30x-1950$　◀池の1周を表す距離から方程式をつくる。

$$-24x=-2340$$

$$x=97.5$$

これは問題に適している。　答　**毎分 97.5 m**

CHART
速さの問題
[1] 問題を　距離，速さ，時間　に分けて整理
[2] 距離＝速さ×時間　を　自在　に使う

練習 60 湖を1周する道路を，自転車でAさんは時速 10 km，Bさんは時速 15 km で1周したら，Bさんの方が15分早く着いた。この道路は1周何 km か答えなさい。

例題 61 方程式の解と問題の解

家から 1500 m 離れた駅を 8 時 30 分に出発する電車に乗るために，弟は 8 時に家を出た。兄は自転車で 8 時 18 分に家を出て弟を追いかけた。弟の歩く速さは毎分 75 m，兄の自転車の速さは毎分 300 m とするとき，兄はいつ弟に追いつくか求めなさい。

考え方 兄が弟に追いつくときを 8 時 x 分として**問題を距離，速さ，時間に分けて整理**すると，右の表のようになる。家から追いつくまでの距離について，方程式をつくる。

	弟	兄
距離 (m)	$75x$	$300(x-18)$
速さ (m/分)	75	300
時間 (分)	x	$x-18$

解答

8 時 x 分に追いつくとすると，弟と兄の道のりについて

$$75x=300(x-18)$$

両辺を 75 でわると　$x=4(x-18)$

$$-3x=-72$$

$$x=24$$

◀ $x=24$ とすると，道のりは $75\times24=1800$ (m) となり，駅までの距離 1500 m をこえる。

ところが，$\dfrac{1500}{75}=20$，$18+\dfrac{1500}{300}=18+5=23$ であるから，

弟は 8 時 20 分に，兄は 8 時 23 分に駅に着く。

また，電車は 8 時 30 分に出発する。　答　**8 時 23 分に駅で追いつく**

解説

上の解答からわかるように，方程式を解いて求めた 8 時 24 分には，すでに 2 人とも駅に着いてしまっている。また，電車が出発するのは 8 時 30 分であるから，8 時 24 分には，まだ駅にいる。このようなことがあるから，応用問題では，方程式の解が問題に適するかどうかを必ず調べる必要がある。

CHART

応用問題では

はじめに戻って　解を検討　　解が答になるとは限らない

練習 61 弟が 2 km 離れた駅に向かって家を出発した。それから 20 分たって兄が自転車で同じ道を追いかけた。弟の歩く速さは毎分 80 m，兄の自転車の速さは毎分 240 m とするとき，兄が追いかけ始めてから何分後に弟に追いつくか求めなさい。

例題 62 濃度の問題 (1)

5 % の食塩水がある。これに 3 % の食塩水 400 g を混ぜてから，水を 60 g 蒸発させたら，4 % の食塩水になった。5 % の食塩水は何 g あったか求めなさい。

考え方 5 % の食塩水とは，食塩水 100 g の中に食塩が 5 g あるということ。

	5 % の食塩水	3 % の食塩水	4 % の食塩水
食塩水の重さ (g)	x	400	$x+340$
食塩の重さ (g)	$x\times\frac{5}{100}$	$400\times\frac{3}{100}$	$(x+340)\times\frac{4}{100}$

5 % の食塩水が x g あるとして，**問題を食塩水と食塩の重さに分けて整理** すると，4 % の食塩水の重さは $x+400-60=x+340$ (g) であるから，上の表のようになる。そして **食塩の重さに注目** して，方程式をつくる。

解答

5 % の食塩水が x g あったとすると，4 % の食塩水の重さは　$(x+340)$ g

5 %，3 %，4 % の食塩水に含まれる食塩の重さは，それぞれ

$$x\times\frac{5}{100}\ (\text{g}),\ 400\times\frac{3}{100}\ (\text{g}),\ (x+340)\times\frac{4}{100}\ (\text{g})$$

であるから

$$x\times\frac{5}{100}+400\times\frac{3}{100}=(x+340)\times\frac{4}{100}$$

両辺に 100 をかけると

$$5x+1200=4x+1360$$

これを解いて　$x=160$

これは問題に適している。　答　**160 g**

> **食塩水の濃度 (%)**
> $=\frac{\text{食塩の重さ}}{\text{食塩水の重さ}}\times100$
> **食塩の重さ**
> ＝食塩水の重さ×濃度
> **食塩水の重さ**
> ＝食塩の重さ＋水の重さ

CHART

食塩水の問題

1 問題を　食塩水と食塩の重さ　に分けて整理

2 食塩の重さに注目

練習 62 次の □ にあてはまる数を求めなさい。

(1) 5 % の食塩水 200 g に，水を □ g 加えて 2 % の食塩水を作った。

(2) 4 % の食塩水 100 g に，10 % の食塩水 □ g と水を加えて，よく混ぜ合わせると 6 % の食塩水が 230 g できる。

(3) 4 % の食塩水が 200 g ある。この中から □ g の水を蒸発させたあと，食塩を 10 g 入れて混ぜると，濃度は 10 % になった。

例題 63 濃度の問題 (2)

Aの容器には濃度 a% の食塩水が 200 g，B の容器には濃度 b% の食塩水が 300 g ある。容器 A，B からそれぞれ同じ重さの食塩水を取り出して互いに入れかえて混ぜ合わせたところ，容器 A，B の食塩水の濃度は同じになった。$a \neq b$ として，取り出した食塩水の重さを求めなさい。

取り出した食塩水の重さを x g として **食塩の重さに注目** して，方程式をつくる。入れかえる前と後で，容器 A，B の食塩水の重さは変わらないことに着目。

解答

容器AとBからそれぞれ x g ずつ取り出して入れかえたとする。
入れかえた後の容器Aの食塩水に含まれる食塩の重さは

$$200\times\frac{a}{100}-x\times\frac{a}{100}+x\times\frac{b}{100}=2a-\frac{(a-b)x}{100}\ (\mathrm{g})$$

入れかえた後の容器Bの食塩水に含まれる食塩の重さは

$$300\times\frac{b}{100}-x\times\frac{b}{100}+x\times\frac{a}{100}=3b+\frac{(a-b)x}{100}\ (\mathrm{g})$$

容器 A，B の食塩水の重さは最初と変わらず，濃度が同じになったから

$$\left\{2a-\frac{(a-b)x}{100}\right\}\div200\times100=\left\{3b+\frac{(a-b)x}{100}\right\}\div300\times100$$

すなわち　$6a-\frac{3(a-b)x}{100}=6b+\frac{2(a-b)x}{100}$　◀両辺に 6 をかけた。

分母を払って整理すると　$5(a-b)x=600(a-b)$　◀両辺に 100 をかけて整理した。

$a-b\neq0$ であるから　$x=\frac{600}{5}=120\ (\mathrm{g})$　◀両辺を $a-b$ でわった。

$0<x\leqq200$ であるから，これは問題に適している。　答 **120 g**

解説

上の解答からわかるように，取り出した食塩水の重さには，文字 a，b が含まれていない。すなわち，濃度が等しくなる場合，取り出す食塩水の重さは最初の食塩水の濃度には関係せず，最初のそれぞれの食塩水の重さだけで決まるのである。

練習 63　Aの容器に 10% の食塩水が 400 g，B の容器に 5% の食塩水が 600 g 入っている。いま，A，B の容器から同量の食塩水を同時にくみ出して，A の分をBに，B の分をAに移してよくかき混ぜたところ，A，B の両方の濃度が等しくなった。このとき，次の問いに答えなさい。

(1) A，B の容器からくみ出した食塩水の重さを求めなさい。

(2) この操作によって得られる食塩水の濃度を求めなさい。

例題 64　方程式の解から係数の決定

x についての方程式 $-\frac{a+2x}{5}+\frac{ax+3}{4}=1$ の解が 2 であるとき，a の値を求めなさい。

CHART　方程式の解　代入すると成り立つ

したがって，$x=2$ を方程式に代入すると

$$-\frac{a+4}{5}+\frac{2a+3}{4}=1 \quad \longleftarrow a \text{ についての 1 次方程式}$$

が成り立つ。これを解いて，a の値を求める。

解答

2 が解であるから，$x=2$ を方程式に代入すると

$$-\frac{a+4}{5}+\frac{2a+3}{4}=1$$

両辺に 20 をかけると　$-4(a+4)+5(2a+3)=20$

かっこをはずすと　$-4a-16+10a+15=20$

$$6a-1=20$$

$$6a=21$$

したがって　$a=\frac{7}{2}$　答

◀ 分母の公倍数 20 を両辺にかけて分数をなくす。分子にかっこをつけるのを忘れずに。

別解 1　x についての方程式を解くと　$x=\frac{4a+5}{5a-8}$　ただし　$a\neq\frac{8}{5}$

これが $x=2$ と一致することから　$\frac{4a+5}{5a-8}=2$　これを解くと　$a=\frac{7}{2}$

別解 2　与えられた方程式を a について解くと，$x=2$ のとき $5x-4\neq0$ であるから

$a=\frac{8x+5}{5x-4}$　これに $x=2$ を代入すると　$a=\frac{7}{2}$

別解 1，別解 2 のようにしても解けるが，上の 解答 の方が計算がらくである。

(1)　x についての 1 次方程式 $2x-a=4(a-x)-7$ の解が 3 であるとき，a の値を求めなさい。

(2)　$\frac{3x-1}{4}-\frac{x-a}{2}=1$ の解が $x=3$ であるとき，a の値を求めなさい。

x についての 2 つの方程式 $a(x-1)-a=x-6$，$3(x-2)+15=x+2$ の解が等しいとき，a の値を求めなさい。

例題 65　比の問題

姉と妹がもっているビー玉の個数の比は 9：5 である。姉が妹に 24 個のビー玉を渡したところ，姉と妹のビー玉の個数の比は 3：4 になった。
最初に姉がもっていたビー玉の個数を求めなさい。

個数の比が 9：5 であるから，姉の個数は x 個，妹の個数は $\frac{5}{9}x$ 個とおける。

問題文から個数の比の等式をつくることができるから，それを解く。
このとき，**$a:b=c:d$ のとき $ad=bc$** を利用。

解答

姉がもっているビー玉の個数を x 個とすると，妹の個数は $\frac{5}{9}x$ 個である。
姉が妹に 24 個のビー玉を渡したあとは

$$(x-24):\left(\frac{5}{9}x+24\right)=3:4$$

$$(x-24)\times 4=\left(\frac{5}{9}x+24\right)\times 3$$

◀$a:b=c:d$ のとき $ad=bc$

これを解くと　　$x=72$

これは問題に適している。　　答　**72 個**

参考　自然数 n を用いて，姉の個数を $9n$ 個，妹の個数を $5n$ 個とおいてもよい。

解説

比には，次のような性質もある。

$a:b=c:d$ のとき　　$a:c=b:d$

証明　$a:b=c:d$ より　　$ad=bc$

両辺を cd でわると　　$\frac{a}{c}=\frac{b}{d}$

したがって　　$a:c=b:d$　終

$a:b=c:d$ のとき

$$\frac{a}{b}=\frac{c}{d} \Longleftrightarrow ad=bc \Longleftrightarrow \frac{a}{c}=\frac{b}{d} \Longleftrightarrow a:c=b:d$$

練習 65A　次の比例式を満たす x の値を求めなさい。

(1)　$x:18=5:3$　　(2)　$(2x+1):6=7:2$

(3)　$(x-4):x=5:4$　　(4)　$3x:(2x-3)=11:6$

練習 65B　あるマラソン大会の参加人数を調べたところ，男子の参加者のうち，大人と子どもの人数の比は 2：5 であった。また，大人の女子の人数は 14 人で，子どもの女子の人数は大人の総人数より 4 人多く，大人の総人数と子どもの総人数の比は 1：3 であった。参加者の総人数を求めなさい。

例題 66 等式の変形

底面が1辺 a cm の正方形で，高さが b cm の直方体の体積を V cm³，表面積を S cm² とする。

(1) V を a，b を用いて表しなさい。

(2) S を a，b を用いて表しなさい。

(3) 上の2つの等式を，b について解きなさい。

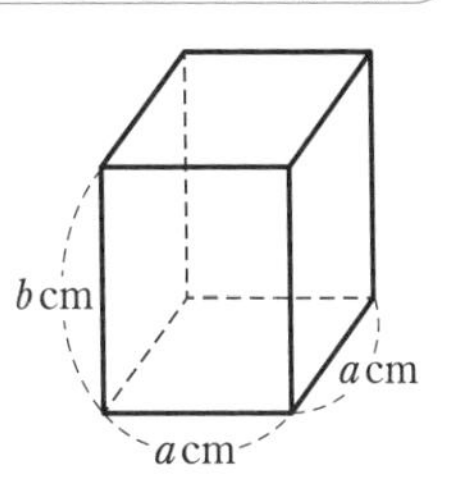

考え方 (3) a，b を用いて表された V，S を

$b=(a$ と V の式$)$，　　$b=(a$ と S の式$)$

の形に変形する。そのためには，b 以外の文字 a，V，S は数と思って，b についての1次方程式を解くと考える。

CHART **1次方程式の解き方　$Ab=B$ の形を導く**

解答

(1) 縦 a cm，横 a cm，高さ b cm の直方体であるから，

体積 V cm³ は　$V=a\times a\times b$

すなわち　$\boldsymbol{V=a^2b}$ 答

◀(直方体の体積)＝(縦)×(横)×(高さ)

(2) 底面積は a^2 cm²，側面積は $(4a\times b)$ cm² であるから，

表面積 S cm² は　$\boldsymbol{S=2a^2+4ab}$ 答

◀(直方体の表面積)＝(底面積)×2＋(側面積)

(3) (1) から　$a^2b=V$

両辺を a^2 でわると　$\boldsymbol{b=\dfrac{V}{a^2}}$

(2) から　$4ab=S-2a^2$

両辺を $4a$ でわると　$\boldsymbol{b=\dfrac{S-2a^2}{4a}}$ 答

◀a，V を数と考えると $Ab=B$ の形になる。$A\neq0$ すなわち $a^2\neq0$ は問題の内容から明らか。
0ではわれない

練習 66A 次の等式を［　］の中の文字について解きなさい。

(1) $2x-4y=3$　［y］

(2) $a-1=2(b+3c)$　［c］

(3) $a=\dfrac{b+c}{b+1}$ $(a\neq1)$　［b］

(4) $S=\dfrac{(a+b)h}{2}$ $(h\neq0)$　［a］

練習 66B (1) x 円を兄と弟の2人で分けるのに，兄は弟より500円多くなるようにしたい。弟が受け取る金額を y 円として，y を x の式で表しなさい。

(2) Aさんは，国語，数学，英語のテストを受けた。国語の点数は数学の点数より x 点高く，英語の点数は国語の点数より y 点高く，3教科の平均点は数学の点数より2点高かった。y を x の式で表しなさい。

例題 67 利益の問題

原価の 2 割 5 分増しの定価がつけてある商品を 30 円割り引きして売ったところ，180 円の利益があった。定価を求めなさい。

考え方 (売価)＝(定価)−30 であるから，数量の関係を表すと

$$\{(定価)-30\}-(原価)=180 \quad \leftarrow 利益$$

求めるものを x とする方針で， 定価を x 円とすると

原価の 2 割 5 分増しが定価 ⟶ $原価=\dfrac{x}{1+0.25}$ (円)

で，分数になって計算が大変そうである。

そこで，**求めるもの以外の原価を x 円として，** 解答することにしよう。

1 割 …… 0.1
1 分(ぶ) …… 0.01
1 厘(りん) …… 0.001

解答

原価を x 円とすると，定価は　$(1+0.25)x$ (円)

よって，利益について

$$(1.25x-30)-x=180$$
$$0.25x=210$$
$$x=840$$

したがって，原価が 840 円となり

定価は　$1.25\times840=1050$ (円)

売価は　$1050-30=1020$ (円)

よって，問題に適している。　答　**1050 円**

◀原価 …… 仕入れた値段
定価 …… 原価に利益を見込んでつけた値段
売価 …… 実際に売った値段

求めた x の値が答えではないことに注意！

解説

解の検討 において，「利益は 1020−840＝180 (円)」の確かめは不要である。x は，つくった方程式の解であって，計算にミスがなければ，もとの利益についての方程式を満たすことはいうまでもないからである。

この例題では，売価，定価，原価に意味があるかどうかを調べれば十分である。

練習 67A
(1) 定価の 2 割引きで売っている商品を買い，2500 円支払ったらおつりが 100 円返ってきた。この商品の定価を求めなさい。

(2) 原価に 400 円の利益を見込んで定価をつけた商品を，定価の 1 割引きで売ったところ，利益は 50 円になった。この商品の原価を求めなさい。

練習 67B ある品物 50 個を 1 個 200 円で仕入れた。10 個は定価で，残り 40 個は定価の 3 割引きで売って 3680 円の利益があるようにするためには，1 個の定価を何円にすればよいか答えなさい。

演習問題

□**59** 体育館に生徒が集合し，長いすに座る。1脚につき4人ずつ座るとちょうど7脚たりない。また，1脚につき5人ずつ座っていくと，残りのちょうど12脚にはすべて4人ずつ座ることができた。体育館に集合した生徒の人数を求めなさい。

➔ 57

□**60** 右の図のように，1辺が x cm の正方形ABCDとその正方形より横が3cm長く，縦が2cm短い長方形AEFGがある。長方形AEFGの周囲を26cmにするには，正方形の1辺の長さを何cmにしたらよいか答えなさい。

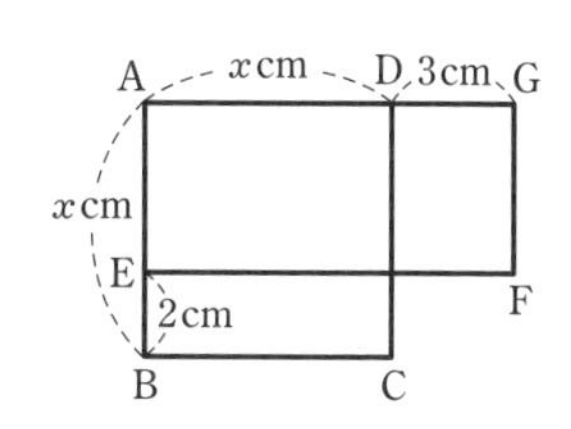

□**61** Aさんは自転車に乗って毎分150mの速さで，Bさんは歩いて毎分90mの速さで，それぞれP地からQ地に行くことにした。AさんはP地を出発して，Q地までの道のりのちょうど半分の地点で忘れ物に気づき，P地に引き返し，忘れ物を持って，すぐにQ地に向かった。Bさんは，Aさんがはじめに出発してから9分後にP地を出発して，一度Aさんとすれ違い，Aさんと同時にQ地に着いた。

(1) P地からQ地までの道のりを求めなさい。

(2) BさんがP地を出発してからAさんとすれ違うまでに何分かかったか答えなさい。

➔ 59, 60

□**62** 濃度がわかっていない食塩水300gに，食塩50gを入れて混ぜたところ，何gかの食塩が溶けずに容器の底に残った。これに真水を250gと15%の食塩水を160g加えたところ，食塩はすべて溶けて20%の食塩水になった。このとき，はじめの食塩水の濃度を求めなさい。

➔ 62

□**63** xについての方程式 $\dfrac{3x-a}{4}=x-\dfrac{2ax-9}{6}$ の解が，方程式 $2x-\dfrac{x-3}{4}=6$ の解と等しいとき，aの値を求めなさい。

➔ 64

□**64** 次の問いに答えなさい。 ➔ 66

(1) 明さん，正さん，強さんの3人の身長を測ると，それぞれ a cm，b cm，c cm であった。3人の身長の平均と，明さんと正さんの身長の平均が一致した。c を a と b を用いて表しなさい。

(2) (1)のとき，1年後の明さんは8 cm，正さんは6 cm 身長が伸びた。強さんも伸びたが，明さんと正さんの身長の平均は強さんの身長よりも2 cm 高くなった。強さんは1年間に何 cm 伸びたかを求めなさい。

□**65** A高校とB高校の受験者数の比は13：25である。この受験者のうちで，A，B両校の合格者の人数比は3：5，不合格者の人数比は7：15である。各高校における合格者数と不合格者数の比を求めなさい。 ➔ 65

□**66** 右の表は，x 行 y 列のマス目に $3x+4y$ の値を入れたものである。この表の（図形）の3つの値を加えると49になる。このように加えたとき，1000となるような3つの値の中で，最も小さい値を求めなさい。

x \ y	1	2	3	4	5	…
1	7	11	15	19		
2	10	14	18			
3	13	17	21			
4	16					
⋮						

□**67** 1時から2時の間に，時計の長針と短針が重なるときがある。1時から x 分後にはじめて重なるものとして

(1) x の方程式をつくりなさい。

(2) 何分後に重なるかを求めなさい。

□**68** 空(から)の水そうに給水管Aを開いて毎分20 L の割合で水を入れる。水が水そう全体の $\frac{7}{12}$ までたまったときに排水管Bを開き，毎分12 L の割合で水を抜き始めた。水そうが満水になったら給水管Aを閉じて，排水管Bから x 分間水を抜いていったところ，給水管Aで水を入れ始めてから79分後に水そうが空になった。このとき，x を求めなさい。

ヒント **68** まず，給水管Aだけを開いていた時間を求める。

4 連立方程式

基本事項

1 2元1次方程式

2つの文字(2元)を含み，それぞれの文字について1次の方程式であるものを **2元1次方程式** という。2元1次方程式を成り立たせる文字の値は，x，y の方程式なら **xとyの値の組** であり，普通，無数にある。

例　$10x+5y=80$ は2元1次方程式。これを成り立たせる x，y の値の組は，右の表のようになる。　◀無数にある。

x	0	1	2	3	4	5	6
y	16	14	12	10	8	6	4

2 連立方程式とその解

(1) 方程式をいくつか組にしたものを **連立方程式** という。

(2) 連立方程式のどの方程式も成り立たせる文字の値の組を，連立方程式の **解** といい，その解を求めることを連立方程式を **解く** という。

例　$\begin{cases} 2x+3y=12 & \cdots\cdots ① \\ x+y=5 & \cdots\cdots ② \end{cases}$ は連立方程式であり，$x=3$，$y=2$ は解である。

$x=3$，$y=2$ を代入すると　$2x+3y=2\times3+3\times2=6+6=12$

$x+y=3+2=5$　①，② が成り立つ。

3 連立方程式の解き方

(1) **文字の消去**　2つの方程式から，1つの文字を含まない方程式を導くことを，その文字を **消去** するという。

(2) **連立方程式の解き方**

[1] まず，ある文字を消去して，1つの文字だけの方程式 Ⓐ を導く。

[2] Ⓐ を解いて，1つの文字の値を求める。

[3] さらに，他の文字(最初に消去した文字)の値を求める。

[4] 解が得られたら，念のため，もとの方程式にあてはめて，成り立つことを確かめる(**検算**)。　◀検算は念のための計算。答案には書かなくてよい。

(3) **文字消去の方法**

次の2つの方法がある。消去する文字は，計算が簡単になるものを選ぶ。

① **代入法**　一方の方程式を1つの文字について解き，他の方程式に代入することによって，文字を消去して解く方法。

② **加減法**　方程式の両辺を何倍かして，1つの文字の係数の絶対値をそろえ，両辺をたしたりひいたりして，文字を消去して解く方法。

例題 68 連立方程式の解き方（代入法）

次の連立方程式を代入法によって解きなさい。

(1) $\begin{cases} 2x+y=-2 \\ y=1-x \end{cases}$　　(2) $\begin{cases} x+2y=7 \\ 5x-y=13 \end{cases}$

代入法 は，一方の方程式を 1 つの文字について解き，他方の方程式に代入して 1 つの文字を消去して解く方法である。代入するのにどちらの方程式を選ぶと簡単か，また，x，y のどちらについて解くと簡単かを考える。

(1) 第 2 式が $y=\cdots\cdots$ の形で与えられているから，第 2 式を第 1 式に代入して，y を消去する。

(2) 第 1 式を x について解いて第 2 式に代入する（x を消去）か，第 2 式を y について解いて第 1 式に代入する（y を消去）。　◀どちらでもよい。

解答

(1) $\begin{cases} 2x+y=-2 & \cdots\cdots ① \\ y=1-x & \cdots\cdots ② \end{cases}$

② を ① に代入すると　$2x+(1-x)=-2$　◀ y を消去。

これを解くと　$x=-3$

$x=-3$ を ② に代入すると　$y=1-(-3)=4$　答 $\boldsymbol{x=-3,\ y=4}$

(検算) ① について，　左辺は $2\times(-3)+4=-2$，右辺は -2

② について，　左辺は 4，右辺は $1-(-3)=4$　となり，O.K.

(2) $\begin{cases} x+2y=7 & \cdots\cdots ① \\ 5x-y=13 & \cdots\cdots ② \end{cases}$

① から　$x=-2y+7$　$\cdots\cdots$ ①′

①′ を ② に代入すると　$5(-2y+7)-y=13$　◀ x を消去。

これを解くと　$-10y+35-y=13$

$-11y=-22$

$y=2$

$y=2$ を ①′ に代入すると　$x=-2\times2+7=3$　答 $\boldsymbol{x=3,\ y=2}$

解 $x=3$，$y=2$ を，$(x,\ y)=(3,\ 2)$ や $\begin{cases} x=3 \\ y=2 \end{cases}$ と書く場合もある。

練習 68 次の連立方程式を代入法によって解きなさい。

(1) $\begin{cases} x=2y+5 \\ y=x-3 \end{cases}$　(2) $\begin{cases} x=5-2y \\ 2x-3y=-4 \end{cases}$　(3) $\begin{cases} 3x+2y=-7 \\ y=x+9 \end{cases}$

(4) $\begin{cases} x+2y=1 \\ 3x-4y=-7 \end{cases}$　(5) $\begin{cases} 2a+3b=3 \\ 4a-b=-8 \end{cases}$　(6) $\begin{cases} 2x+3y=5 \\ x-2y=-8 \end{cases}$

例題 69 連立方程式の解き方（加減法）

次の連立方程式を加減法によって解きなさい。

(1) $\begin{cases} x+6y=-4 \\ 2x-3y=7 \end{cases}$　　(2) $\begin{cases} 3x-2y=13 \\ 4x+5y=2 \end{cases}$

考え方

加減法 は，次の等式の性質を用いて連立方程式を解く方法である。

[1]　$A=B$，$C=D$ ならば　$A+C=B+D$，$A-C=B-D$

[2]　$A=B$ ならば　$AC=BC$

方程式のそれぞれの両辺に適切な数をかけて，1つの文字の係数の絶対値をそろえ，その2式をたしたりひいたりして1つの文字を消去する。

解答

(1) $\begin{cases} x+6y=-4 & \cdots\cdots ① \\ 2x-3y=7 & \cdots\cdots ② \end{cases}$

$$\begin{array}{lr} ①\times2 & 2x+12y=-8 \\ ② & -)\ 2x-\ \ 3y=7 \\ \hline & 15y=-15 \\ & y=-1 \end{array}$$

$y=-1$ を ① に代入すると

$x+6\times(-1)=-4$

これを解くと　$x=2$

答　$\boldsymbol{x=2,\ y=-1}$

(2) $\begin{cases} 3x-2y=13 & \cdots\cdots ① \\ 4x+5y=2 & \cdots\cdots ② \end{cases}$

$$\begin{array}{lr} ①\times5 & 15x-10y=65 \\ ②\times2 & +)\ \ 8x+10y=4 \\ \hline & 23x\qquad=69 \\ & x=3 \end{array}$$

$x=3$ を ① に代入すると

$3\times3-2y=13$

これを解くと　$y=-2$

答　$\boldsymbol{x=3,\ y=-2}$

● 連立方程式の解き方のポイント ●

代入法，加減法で連立方程式を解いたが，これらの方法に共通するのは

文字を消去する（文字を減らす）方針

で x か y だけの方程式を導いていることである。1元1次方程式なら解けるから，そこを目指して方程式を変形しているのである。

CHART

連立方程式の解き方

文字を減らす方針でやる　代入，加減

[1]　連立方程式は，文字を減らして，x か y だけの方程式を導く。

[2]　文字を減らすには，

代入法 または **加減法**

で計算がらくにやれるように考える。

練習 69　次の連立方程式を加減法によって解きなさい。

(1) $\begin{cases} 2x+y=2 \\ x-5y=23 \end{cases}$　　(2) $\begin{cases} 3x+2y=4 \\ 2x+3y=1 \end{cases}$　　(3) $\begin{cases} 3a-4b=17 \\ 4a+7b=-2 \end{cases}$

(4) $\begin{cases} 3x-2y=4 \\ 7x-3y=1 \end{cases}$　　(5) $\begin{cases} 5m+3n=27 \\ 3m-4n=-7 \end{cases}$　　(6) $\begin{cases} 2x+5y=8 \\ 3x-2y=-7 \end{cases}$

例題 70 かっこを含む連立方程式

連立方程式 $\begin{cases} 2x+3(y+5)=1 \\ -4(x+y)+x=16 \end{cases}$ を解きなさい。

まず，かっこをはずして，式を整理する。

●CHART かっこをはずす −は変わる，＋はそのまま

すると，今までに出てきた形の連立方程式になるから

●CHART 文字を減らす方針でやる　代入，加減

解答

$$\begin{cases} 2x+3(y+5)=1 & \cdots\cdots ① \\ -4(x+y)+x=16 & \cdots\cdots ② \end{cases}$$

① から　$2x+3y+15=1$

$2x+3y=-14$ ……①′

② から　$-4x-4y+x=16$

$-3x-4y=16$ ……②′　　◀②′ と ①′ の連立方程式とみて解く。

◀加減法。x を消去する方針。

$$\begin{array}{lrl} ①'\times 3 & & 6x+9y=-42 \\ ②'\times 2 & +) & -6x-8y=32 \\ \hline & & y=-10 \end{array}$$

$y=-10$ を ①′ に代入すると　$2x-30=-14$

$2x=16$

$x=8$　　答　$\boldsymbol{x=8,\ y=-10}$

解説

①′，②′ から y を消去すると以下のようになる。

◀加減法。y を消去する方針。

$$\begin{array}{lrl} ①'\times 4 & & 8x+12y=-56 \\ ②'\times 3 & +) & -9x-12y=48 \\ \hline & & -x \qquad =-8 \end{array}$$

$x=8$

$x=8$ を ①′ に代入すると　$16+3y=-14$

$3y=-30$

$y=-10$

練習 70　次の連立方程式を解きなさい。

(1) $\begin{cases} 2(x+y)=x+y+5 \\ 3x+y-2=1+2y \end{cases}$　　(2) $\begin{cases} 2(x+1)+(y-3)=-2 \\ 3(x+2)-(y+2)=0 \end{cases}$

例題 71 分数，小数を含む連立方程式

次の連立方程式を解きなさい。

(1) $\begin{cases} 3x-5y=3 & \cdots\cdots ① \\ y+2-\dfrac{3x-1}{4}=0 & \cdots\cdots ② \end{cases}$　　(2) $\begin{cases} 0.1x+0.2y=1.6 & \cdots\cdots ① \\ 2y=3x & \cdots\cdots ② \end{cases}$

分数や小数を含む連立方程式は，1 次方程式でも学んだように

CHART **計算は　くふうしてらくに　分数，小数をなくす**

分数 ⟶ 両辺に分母の公倍数をかけて分母をはらう
小数 ⟶ 両辺に 10 の累乗 $(10,\ 10^2,\ \cdots\cdots)$ をかける
} ⟶ **係数を整数に**

解答

(1)　② の両辺に 4 をかけて　　$4(y+2)-(3x-1)=0$　　◀分数は注意。分子にかっこをつける。

$4y+8-3x+1=0$

$-3x+4y=-9$　$\cdots\cdots$ ②′

$$\begin{array}{lr} ① & 3x-5y=3 \\ ②' & +)\ -3x+4y=-9 \\ \hline & -y=-6 \end{array}$$

よって　$y=6$

$y=6$ を ① に代入して　　$3x-30=3$　　◀計算が簡単な方に代入する。

これを解くと　　$x=11$　　**答** $\boldsymbol{x=11,\ y=6}$

(2)　① の両辺に 10 をかけて　　$x+2y=16$　$\cdots\cdots$ ①′

② を ①′ に代入して　　$x+3x=16$　　◀代入法。y を消去。

これを解くと　　$x=4$

$x=4$ を ② に代入して　　$2y=12$

よって　　$y=6$　　**答** $\boldsymbol{x=4,\ y=6}$

(2)　上の解答では，①′ と ② の両方に $2y$ があるから，② をそのまま ①′ に代入した。
② を $y=\sim$ の形にして代入しなくてもよい。

練習 71A 次の連立方程式を解きなさい。

(1) $\begin{cases} 2x-3y=1 \\ \dfrac{x+1}{3}-\dfrac{3y+1}{2}=1 \end{cases}$　　(2) $\begin{cases} \dfrac{1-3x}{4}=3y-\dfrac{1}{8} \\ \dfrac{x-y}{3}-\dfrac{x-5}{5}=1 \end{cases}$

練習 71B 次の連立方程式を解きなさい。

(1) $\begin{cases} 0.6x-1.5y=3.9 \\ 0.4x-0.3y=2.1 \end{cases}$　　(2) $\begin{cases} 0.7x-0.2y=4.8 \\ \dfrac{x}{7}-\dfrac{y}{5}=-3 \end{cases}$

例題 72 方程式 $A=B=C$ の解き方

次の方程式を解きなさい。

$$x+y-1=2x+3y-8=3x+2y-9$$

考え方 与えられた式から，次の 3 つの方程式をつくることができる。

$$x+y-1=2x+3y-8, \quad x+y-1=3x+2y-9,$$
$$2x+3y-8=3x+2y-9$$

この中から 2 つの方程式を選んで組にすると，これまでに学んできた連立方程式と同じ形が得られる。それを解く。

解答

$$x+y-1=2x+3y-8=3x+2y-9$$

◀$A=B=C$ の形。

は，次のように書ける。

$$\begin{cases} x+y-1=2x+3y-8 & \cdots\cdots ① \\ 2x+3y-8=3x+2y-9 & \cdots\cdots ② \end{cases}$$

◀$\begin{cases} A=B \\ B=C \end{cases}$

① から　$x+2y=7$　$\cdots\cdots ①'$

② から　$-)\ x-\ y=1$　$\cdots\cdots ②'$

$3y=6$

◀$\begin{cases} ① \\ ② \end{cases}$ と $\begin{cases} ①' \\ ②' \end{cases}$ は同じ。

◀加減法

よって　$y=2$

$y=2$ を $②'$ に代入して　$x-2=1$　よって　$x=3$

答　$x=3$，$y=2$

解説

$A=B=C$ からつくられる方程式は $A=B$，$B=C$，$A=C$ の 3 つ。ところが，そのうちの 2 つがあれば，残りの 1 つを導くことができる。たとえば，$A=B$ と $B=C$ から第 3 の方程式 $A=C$ が導かれる。

したがって，次の 4 つは同じ事柄を表しているといえる。

$$A=B=C \qquad \begin{cases} A=B \\ B=C \end{cases} \qquad \begin{cases} A=B \\ A=C \end{cases} \qquad \begin{cases} A=C \\ B=C \end{cases}$$

つまり，$A=B=C$ は，$A=B$，$B=C$，$A=C$ のうちの 2 つを組にしたものと同じで，2 つの組にしたもののどれを使って解いてもよい。

練習 72 次の方程式を解きなさい。

(1) $5x-7y=2x-3y+5=7$

(2) $\dfrac{1}{2}x-y=x-\dfrac{1}{2}y-2=\dfrac{1}{2}$

(3) $\dfrac{x+y}{2}=\dfrac{3x-y}{3}=x-y-2$

(4) $\dfrac{x-y+4}{3}=\dfrac{2x+3y}{5}=\dfrac{y}{2}$

例題 73　いろいろな連立方程式

次の連立方程式を解きなさい。

(1) $\begin{cases} \dfrac{1}{x}+\dfrac{1}{y}=3 \\ \dfrac{2}{x}-\dfrac{1}{y}=1 \end{cases}$　　(2) $\begin{cases} (x-1):(y-1)=4:3 \\ 2x+3y=22 \end{cases}$

考え方　(1) 分母に文字 x, y があるから，連立2元1次方程式ではない。しかし，よくみると $\dfrac{1}{x}$, $\dfrac{1}{y}$ が両方の式にあるから，$\dfrac{1}{x}=X$, $\dfrac{1}{y}=Y$ とおくと，X, Y についての連立2元1次方程式となる。

(2) **比 $a:b=c:d$** は，次のどちらかで処理する。

[1] $ad=bc$ と変形する。　**[2] $a=ck$, $b=dk$ $(k\neq0)$ とおく。**

本問はどちらでも解けるが，ここでは [2] でやってみよう。

解答

(1) $\dfrac{1}{x}=X$, $\dfrac{1}{y}=Y$ とおくと $\begin{cases} X+Y=3 & \cdots\cdots ① \\ 2X-Y=1 & \cdots\cdots ② \end{cases}$

①＋② から　$3X=4$　　よって　$X=\dfrac{4}{3}$　……③

◀①＋② とは，① と ② の各辺をたすということ。

③ を ① に代入して　$\dfrac{4}{3}+Y=3$　　よって　$Y=\dfrac{5}{3}$　……④

③，④ から　$\dfrac{1}{x}=\dfrac{4}{3}$，$\dfrac{1}{y}=\dfrac{5}{3}$　　よって　$\boldsymbol{x=\dfrac{3}{4}}$，$\boldsymbol{y=\dfrac{3}{5}}$　答

◀$\dfrac{1}{x}$ は x の逆数。

(2) $\begin{cases} (x-1):(y-1)=4:3 & \cdots\cdots ① \\ 2x+3y=22 & \cdots\cdots ② \end{cases}$

① から，$x-1=4k$，$y-1=3k$ $(k\neq0)$ とおける。

よって　$x=4k+1$，$y=3k+1$　……③

③ を ② に代入して　$2(4k+1)+3(3k+1)=22$　　これを解くと　$k=1$

$k=1$ を ③ に代入して　$\boldsymbol{x=5}$，$\boldsymbol{y=4}$　答

(**[1] による解答**)　① から　$3(x-1)=4(y-1)$　　よって　$3x-4y=-1$　……③

②×4＋③×3 から　$17x=85$　　よって　$x=5$

$x=5$ を ② に代入すると　$10+3y=22$　　よって　$y-4$

練習 73　次の連立方程式を解きなさい。

(1) $\begin{cases} \dfrac{3}{x}+\dfrac{4}{y-5}=10 \\ \dfrac{2}{x}-\dfrac{3}{y-5}=1 \end{cases}$　　(2) $\begin{cases} (x+2):(y-1)=4:5 \\ 3x+2y=18 \end{cases}$

例題 74　連立3元1次方程式

右の連立3元1次方程式を解きなさい。

$$\begin{cases} 3x+2y-z=-4 & \cdots\cdots ① \\ x+y+z=2 & \cdots\cdots ② \\ x-3y-2z=1 & \cdots\cdots ③ \end{cases}$$

連立2元1次方程式を解くときの基本的な考え方は

1つの文字を消去して，1文字だけの方程式をつくる

ことであった。3元（3文字）になっても，2元の場合と同様に文字を消去することを考える。つまり，文字を1つずつ消去して

3元 ⟶ 2元 ⟶ 1元

と進めていく。これが連立方程式の解法の原則である。

CHART
文字を減らす方針

解答

まず，z を消去する。

①+② より　$4x+3y=-2$　……④

②×2　$2x+2y+2z=4$
③　$+)\ x-3y-2z=1$
　　$3x-y=5$　……⑤

◀加減法で z を消去。

次に，④，⑤ から y を消去する。

④　$4x+3y=-2$
⑤×3　$+)\ 9x-3y=15$
　　$13x=13$

◀加減法で y を消去。

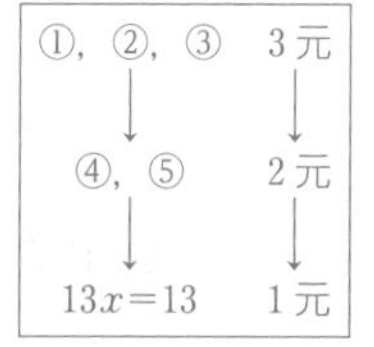

よって　$x=1$

$x=1$ を ⑤ に代入して　$3-y=5$

よって　$y=-2$

$x=1,\ y=-2$ を ② に代入して　$1-2+z=2$　よって　$z=3$

答　$\boldsymbol{x=1,\ y=-2,\ z=3}$

注意　文字を消去するのに，**代入法** を利用してもよい。

② から　$z=2-x-y$　……②′

②′ を ① に代入して　$3x+2y-(2-x-y)=-4$
$4x+3y=-2$　……④

②′ を ③ に代入して　$x-3y-2(2-x-y)=1$
$3x-y=5$　……⑤

◀加減法，代入法のどちらを利用してもよい。

◀④，⑤ は上の解答と同じ。$x=1,\ y=-2$ を求めたら，z は ②′ に代入して求める。

練習 74　次の連立方程式を解きなさい。

(1) $\begin{cases} 2x-2y+z=22 \\ 3x+y-3z=12 \\ x-3y-z=14 \end{cases}$　(2) $\begin{cases} 2x+y+5z=5 \\ 3x+4y-2z=11 \\ 4x+3y+3z=5 \end{cases}$　(3) $\begin{cases} x+y=4 \\ y+z=5 \\ z+x=7 \end{cases}$

演習問題

□69 次の連立方程式を解きなさい。 ➔ 68〜70

(1) $\begin{cases} 3x-2y+23=0 \\ y=-3x+\dfrac{5}{2} \end{cases}$ (2) $\begin{cases} 4x-2y=3x+5 \\ 2x-3y=12 \end{cases}$

(3) $\begin{cases} 2x+y=3x+2 \\ 2x-y=3y+2 \end{cases}$ (4) $\begin{cases} 4(x-y)-3x=-9 \\ -2x+5(x+y)=41 \end{cases}$

□70 次の連立方程式，方程式を解きなさい。

(1) $\begin{cases} \dfrac{x+2}{4}-\dfrac{y-3}{3}=\dfrac{1}{2} \\ 3x+2y-15=0 \end{cases}$ (2) $\begin{cases} 0.1(0.3x-0.2y)=-0.02 \\ \dfrac{1}{5}(2x+1)-\dfrac{1}{6}(y-2)=\dfrac{2}{3} \end{cases}$

(3) $\begin{cases} \dfrac{3}{2}x+\dfrac{2}{3}y=\dfrac{25}{12} \\ \dfrac{4}{3}x-\dfrac{3}{4}y=-\dfrac{5}{6} \end{cases}$ (4) $\begin{cases} \dfrac{2}{3}x-\dfrac{y-5}{15}=\dfrac{4x+1}{5} \\ \dfrac{x-3}{2}+y=\dfrac{y-2}{3} \end{cases}$

(5) $\dfrac{4x+5y-6}{2}=\dfrac{2x+7y-4}{3}=\dfrac{27-3x-4y}{4}$ ➔ 71, 72

□71 次の連立方程式を解きなさい。

(1) $\begin{cases} 0.5x+1.2y=8.2 \\ (x+4):(y-3)=2:1 \end{cases}$ (2) $\begin{cases} \dfrac{15}{x-y}+\dfrac{12}{4x+3y}=11 \\ \dfrac{3}{x-y}+\dfrac{2}{4x+3y}=2 \end{cases}$ ➔ 73

□72 右の連立方程式がある。 $\begin{cases} \dfrac{x+1}{2}=\dfrac{y-2}{3}=\dfrac{a+1}{4} & \cdots\cdots ① \\ x+y+a-3=0 & \cdots\cdots ② \end{cases}$

① より x と y を a の式で表しなさい。次に，a の値を求めなさい。

➔ 72

□73 (1) $2x+y=4$，$x-y=5$ のとき，x^2-2y の値を求めなさい。

(2) $\begin{cases} (2x-y):(x+y)=1:5 \\ x-\dfrac{1-3y}{2}=\dfrac{7}{12} \end{cases}$ のとき，x^2+y^2-xy の値を求めなさい。

71 (2) $\dfrac{3}{x-y}=X$，$\dfrac{2}{4x+3y}=Y$ とおき，X と Y の連立方程式を解く。

72 a を数と考えて，① の連立方程式を解く。

5 連立方程式の利用

基本事項

1 応用問題の解き方

考え方は1元1次方程式（$p.85$）の場合と同様である。

① **文字を決める**　求める数量を x, y などの文字で表す。しかし，問題によっては，求める数量以外のものを文字で表した方が簡単になることもある。

② **方程式をつくる**

[1] **数量を取り出す**　問題の中に含まれている数量を取り出す。

[2] **数量の関係をつかむ**

[1] の数量の間の関係を調べ，等しい関係にある2つの数量や，1つの数量を2通りの式で表すことができるものを見つけて，方程式をつくる。

なお，問題の内容から，x, y についての条件（たとえば，x, y は自然数）があれば，方程式に書きそえておくとよい。

③ **方程式を解く**　つくった連立方程式を解いて，解を求める。

④ **解を検討する**　求めた解が，実際の問題に適しているか確かめる。すなわち，得られた解（数量）を問題文にあてはめて，成り立つかどうかを調べる。

2 代表的な応用問題の考え方

(1) **整数の問題**　それぞれの位の数を文字で表す。

2けたの整数 $10a+b$，3けたの整数 $100a+10b+c$

（a は1から9までの整数，b，c は0から9までの整数）

(2) **速さの問題**　距離＝速さ×時間，速さ＝距離÷時間，時間＝距離÷速さ

(3) **濃度の問題**　食塩水の濃度(%)$=\dfrac{\text{食塩の重さ}}{\text{食塩水の重さ}}\times 100$

a % の食塩水 x g 中に含まれる食塩の重さは　$x\times\dfrac{a}{100}$ (g)

3 連立方程式と解

x, y の連立方程式について，解が $x=p$, $y=q$ であるとき，これらをもとの連立方程式に代入した式が成り立つ。

例　x, y の連立方程式 $\begin{cases} ax+by=3 \\ bx-ay=10 \end{cases}$ について，$x=3$, $y=2$ が解であるとき，$\begin{cases} 3a+2b=3 \\ 3b-2a=10 \end{cases}$ が成り立つ。

例題 75　人数と代金の問題

ある美術館に子どもと大人合わせて 9 人で入ったところ，入館料は全部で 8400 円であった。1 人あたりの入館料は，子どもが 800 円，大人が 1100 円である。子どもと大人の人数をそれぞれ求めなさい。

考え方

文字を決める —— 子どもの人数を x 人，大人の人数を y 人とする。

方程式をつくる —— 人数の合計，入館料の合計に注目して連立方程式をつくる。

CHART　**等しい数量を見つけて　＝で結ぶ**

あとは，方程式を解いて解を求める。解の検討を忘れないようにする。

解答

子どもの人数を x 人，大人の人数を y 人とする。　◀人数から，x と y は 9 より小さい自然数。

人数の合計について　$x+y=9$　……①

入館料の合計について　$800x+1100y=8400$

両辺を 100 でわると　$8x+11y=84$　……②

$$
\begin{array}{lr}
② & 8x+11y=84 \\
①\times 8 & -)\ 8x+\ 8y=72 \\ \hline
 & 3y=12
\end{array}
$$

◀代入法で解いてもよい。① から　$y=9-x$　これを ② に代入して解く。

よって　$y=4$

$y=4$ を ① に代入して　$x+4=9$　よって　$x=5$

これらは問題に適している。　答　**子ども 5 人，大人 4 人**

解説

上の例題は，1 元 1 次方程式の問題としても解くことができる。

子どもの人数を x 人とすると，大人の人数は $(9-x)$ 人である。

よって，入館料の合計について　$800x+1100(9-x)=8400$

これを解くと　$x=5$

したがって，子どもの人数は 5 人，大人の人数は 4 人となる。　◀上の結果と一致。

練習 75A　2 種類のケーキ A，B がある。A が 3 個と B が 2 個の代金の合計は 1100 円，A が 4 個と B が 6 個の代金の合計は 2300 円であった。A，B それぞれの 1 個の値段を求めなさい。

練習 75B　何枚かのコインが机の上にあり，表向きのコインの枚数は裏向きのコインの枚数の $\frac{7}{3}$ 倍であった。表向きのコインを 4 枚だけ裏返すと，表向きのコインの枚数は裏向きのコインの枚数の 2 倍より 6 枚少なくなった。このとき，コインは全部で何枚あるか求めなさい。

例題 76 整数の問題

2 けたの自然数がある。この自然数の各位の数の和を 5 倍すると，もとの数より 5 だけ大きくなり，十の位の数と一の位の数を入れかえてできる数は，もとの数より 18 だけ大きくなる。このとき，もとの自然数を求めなさい。

問題文に，2 けたの自然数，各位の数などとあるから，もとの 2 けたの自然数の十の位の数を x，一の位の数を y とする。

CHART　等しい数量を見つけて　＝で結ぶ

もとの自然数は $10x+y$，十の位と一の位を入れかえてできる数は $10y+x$
このとき，x，y は 1 から 9 までの自然数で，求めるものは $10x+y$ である。

解答

もとの自然数の十の位の数を x，一の位の数を y とする。

◀ x，y は 1 から 9 までの自然数

もとの自然数は $10x+y$ であるから

$$5(x+y)=(10x+y)+5$$

整理して　$5x-4y=-5$　…… ①

十の位の数と一の位の数を入れかえてできる数は $10y+x$ であるから

$$10y+x=(10x+y)+18$$

整理して　$x-y=-2$　…… ②

$$\begin{array}{lr} ① & 5x-4y=-5 \\ ②\times4 & -)\ 4x-4y=-8 \\ \hline & x\qquad=3 \end{array}$$

$x=3$ を ② に代入して　$3-y=-2$

よって　$y=5$

◀ $x=3$，$y=5$ はどちらも 1 から 9 までの自然数で，問題に適している。

したがって，もとの自然数は　35

これは問題に適している。　答　**35**

2 けたの自然数 N がある。N の十の位の数と一の位の数を入れかえてできる自然数は，N の 2 倍より 2 大きい。また，N の一の位の数から 1 をひいた数を 2 でわると，N の十の位の数に等しい。このとき，自然数 N を求めなさい。

3 けたの自然数 A があり，十の位の数は 8 である。また，A の百の位の数と一の位の数を入れかえた自然数を B とする。A，B はともに 9 でわり切れ，A は B より 396 大きい。このとき，自然数 A を求めなさい。

76B 各位の数の和が 9 でわり切れる整数は，9 でわり切れる。

例題 77 濃度の問題

6％と10％の食塩水があり，これらの食塩水をいくらかずつ混ぜ合わせて，さらに水を20 g加えて，8％の食塩水を200 g作りたい。それぞれの食塩水を何gずつ混ぜ合わせるとよいか答えなさい。

考え方 6％の食塩水をx g，10％の食塩水を y g混ぜ合わせるとして

CHART 食塩の重さに注目

して，連立方程式をつくる。

a％の食塩水 b g中の食塩の重さは　$b\times\frac{a}{100}$ (g)

	6％の食塩水	10％の食塩水	水	8％の食塩水
全体の重さ (g)	x	y	20	200
食塩の重さ (g)	$0.06x$	$0.1y$	0	200×0.08

解答

混ぜ合わせる6％の食塩水の重さをx g，10％の食塩水の重さをy gとすると

$$\begin{cases} x+y+20=200 & \cdots\cdots ① \\ 0.06x+0.1y=200\times0.08 & \cdots\cdots ② \end{cases}$$

①　　$x+y=180$　……①′

②×10　$-)\ 0.6x+y=160$

　　　$0.4x\quad=20$

よって　$x=50$

$x=50$ を①′に代入して　$50+y=180$

よって　$y=130$

これらは問題に適している。

答　**6％の食塩水50 g，10％の食塩水130 g**

6％の食塩水 とは
100 g中に食塩6 g
（水94 g，食塩6 g）
これを水100 g，食塩6 g
と間違えないように！

練習 77A 銅を90％含む合金と，銅を50％含む合金がある。この2種類の合金をとかして混ぜ，銅を60％含む合金を100 g作りたい。銅を90％含む合金と，銅を50％含む合金を，それぞれ何gとかして混ぜればよいか答えなさい。

練習 77B 異なる濃度の食塩水があり，容器Aには400 g，容器Bには300 g入っている。A，Bからそれぞれ100 gずつ取り出して，よく混ぜ合わせると，5％の食塩水になった。次に，A，Bに残っている食塩水をすべて混ぜ合わせ，100 gだけ水を蒸発させると，5.5％の食塩水になった。
容器A，Bに入っていた最初の食塩水の濃度は，それぞれ何％であるか答えなさい。

例題 78 比較（昨年比）の問題

ある中学校の昨年の入学者数は，男女合わせて 145 人であった。今年は男子が 4％減り，女子が 10％増えたため，全体で 4 人増えた。このとき，今年の男子，女子それぞれの入学者数を求めなさい。

比較の問題 は，**基準になっている量をはっきりつかむ** ことが大切である。

数量の関係は　(今年の男子の人数)＝(昨年の男子の人数)×(1−0.04)

(今年の女子の人数)＝(昨年の女子の人数)×(1＋0.1)

(今年の全体の人数)＝(昨年の全体の人数)＋4

したがって，昨年の男子の人数を x 人，女子の人数を y 人として，連立方程式をつくる。

⟶ 今年の男子を x 人，女子を y 人とすると計算が大変になる。（解説参照）

解答

昨年の入学者のうち，男子を x 人，女子を y 人とすると

$$\begin{cases} x+y=145 \\ (1-0.04)x+(1+0.1)y=145+4 \end{cases}$$

よって $\begin{cases} x+y=145 & \cdots\cdots ① \\ 0.96x+1.1y=149 & \cdots\cdots ② \end{cases}$

4％減 ⟶ 1−0.04

10％増 ⟶ 1＋0.1

	男子	女子	合計
昨年の入学者数	x	y	145
今年の入学者数	$0.96x$	$1.1y$	149

①×96　　$96x+96y=13920$

②×100　$-)\ 96x+110y=14900$

$-14y=-980$

よって　$y=70$

$y=70$ を ① に代入して　$x+70=145$

よって　$x=75$

昨年の男子が 75 人であるから，今年の男子は　$75\times0.96=72$（人）

昨年の女子が 70 人であるから，今年の女子は　$70\times1.1=77$（人）

これは問題に適している。　答 **男子 72 人，女子 77 人**

● 割合の問題の解き方 ●

基準となるもの（■）に以下の割合をかける。

■の x％　⟶ $■\times\dfrac{x}{100}$，$■\times0.01x$

■の x 割　⟶ $■\times\dfrac{x}{10}$，$■\times0.1x$

■の x％増 ⟶ $■\times\left(1+\dfrac{x}{100}\right)$，$■\times(1+0.01x)$

■の x％減 ⟶ $■\times\left(1-\dfrac{x}{100}\right)$，$■\times(1-0.01x)$

例題 78 において，求めるものを文字でおいた場合の解答は以下のようになる。

今年の入学者のうち，男子を x 人，女子を y 人とすると

$$\begin{cases} x+y=145+4 \\ \dfrac{x}{1-0.04}+\dfrac{y}{1+0.1}=145 \end{cases}$$

> 昨年の男子の人数 $=\dfrac{\text{今年の男子の人数}}{1-0.04}$
>
> 昨年の女子の人数 $=\dfrac{\text{今年の女子の人数}}{1+0.1}$

よって

$$\begin{cases} x+y=149 & \cdots\cdots ① \\ \dfrac{x}{0.96}+\dfrac{y}{1.1}=145 & \cdots\cdots ② \end{cases}$$

	男子	女子	合計
今年の入学者数	x	y	149
昨年の入学者数	$\dfrac{x}{0.96}$	$\dfrac{y}{1.1}$	145

② の両辺に 0.96×1.1 をかけると

$1.1x+0.96y=145\times0.96\times1.1$

$1.1x+0.96y=153.12$ $\cdots\cdots$ ②′

①×96 $\qquad 96x+96y=14304$

②′×100 $\quad -)\ 110x+96y=15312$

$\qquad -14x=-1008$

$\qquad x=72$

$x=72$ を ① に代入して $\quad 72+y=149$

よって $\quad y=77$

これは問題に適している。

答 **男子 72 人，女子 77 人**

昨年の人数を文字でおいた前ページの解答に比べて計算が大変である。
この例題のように，求めるもの以外の数量を文字でおいた方が，計算がらくになる場合がある。

CHART

比較の問題

比較（%，割）は　基準をもとに考える

練習 78 ある学校のテニス部の部員は，昨年は全員で 35 人であった。今年は男子が 20％ 増え，逆に女子が 20％ 減ったので，全体で 1 人減った。今年の男子，女子それぞれの部員の人数を求めなさい。

例題 79 連立方程式と解 (1)

連立方程式 $\begin{cases} ax+3by=1 \\ 2bx+ay=8 \end{cases}$ の解が $x=-2$, $y=3$ であるとき, a, b の値を求めなさい。

考え方 連立方程式の解が $x=-2$, $y=3$ ということは

CHART 方程式の解　代入すると成り立つ

そこで, $x=-2$, $y=3$ を代入すると, a, b についての連立方程式となるから, それを解く。

解答

$x=-2$, $y=3$ が解であるから, これらを連立方程式に代入すると

$\begin{cases} -2a+9b=1 \\ -4b+3a=8 \end{cases}$ すなわち $\begin{cases} -2a+9b=1 & \cdots\cdots ① \\ 3a-4b=8 & \cdots\cdots ② \end{cases}$

$$\begin{array}{lrr} ①\times 3 & & -6a+27b=3 \\ ②\times 2 & +) & 6a-\ 8b=16 \\ \hline & & 19b=19 \end{array}$$

よって $b=1$

$b=1$ を ② に代入して　$3a-4=8$

これを解いて　$a=4$　　答 $\boldsymbol{a=4}$, $\boldsymbol{b=1}$

解説

これまで学んできたように, 普通, 連立方程式の解はただ1組である。しかし, 連立方程式の中には, 解がないものや, 解が無数にあるものもある。

例　(1) $\begin{cases} 2x-4y=10 & \cdots\cdots ① \\ 2x-4y=7 & \cdots\cdots ② \end{cases}$　　(2) $\begin{cases} x+y=8 & \cdots\cdots ③ \\ 2x+2y=16 & \cdots\cdots ④ \end{cases}$

これらの解について考えてみよう。方程式の解は **代入すると成り立つ値** である。

(1)　①−② から $0\times x=3$ となり, これを成り立たせる x の値はない。
したがって, (1) の連立方程式の解はない。

(2)　④÷2 は ③ と一致する。つまり, (2) の連立方程式は1つの方程式 $x+y=8$ と同じである。この方程式を成り立たせる x, y の値の組が解であるが, それは

$x=0$ と $y=8$, $x=1$ と $y=7$, $x=2$ と $y=6$, $x=3$ と $y=5$, ……

のように無数にある。したがって, (2) の解は無数にある。

練習 79　x, y の連立方程式 $\begin{cases} 3(a-1)x-(b-2)y=6 \\ bx+4=(a+1)y+3b \end{cases}$ の解が $x=-1$, $y=3$ であるとき, a, b の値を求めなさい。

例題 80 連立方程式と解 (2)

x, y についての 2 つの連立方程式

$$\begin{cases} 2x+y=4 \\ ax+by=16 \end{cases} \quad と \quad \begin{cases} 3x+4y=1 \\ bx+ay=-19 \end{cases}$$

が同じ解をもつとき，a, b の値を求めなさい。

解を $x=p$, $y=q$ とすると，次の等式が成り立つ。

$$\begin{cases} 2p+q=4 & \cdots\cdots ① \\ ap+bq=16 & \cdots\cdots ② \end{cases} \qquad \begin{cases} 3p+4q=1 & \cdots\cdots ③ \\ bp+aq=-19 & \cdots\cdots ④ \end{cases}$$

したがって，①，③ を組にすると，連立方程式の解 p, q が求められる。その p, q の値を ②，④ に代入すると，a, b についての連立方程式が得られるから，それを解く。

解答

$$\begin{cases} 2x+y=4 & \cdots\cdots ① \\ ax+by=16 & \cdots\cdots ② \end{cases} \qquad \begin{cases} 3x+4y=1 & \cdots\cdots ③ \\ bx+ay=-19 & \cdots\cdots ④ \end{cases}$$

これらが同じ解をもつから，その解は ① と ③ を連立させることで求められる。

①×4　　$8x+4y=16$

③　　$-)\ 3x+4y=1$

　　$5x\qquad =15$　　よって　$x=3$

$x=3$ を ① に代入して　$6+y=4$　　よって　$y=-2$

$x=3$, $y=-2$ を ②，④ に代入すると

$$\begin{cases} 3a-2b=16 & \cdots\cdots ⑤ \\ 3b-2a=-19 & \cdots\cdots ⑥ \end{cases}$$ ← a, b についての連立方程式。

⑤×2　　$6a-4b=32$

⑥×3　　$+)\ -6a+9b=-57$

　　$5b=-25$　　よって　$b=-5$

$b=-5$ を ⑤ に代入して　$3a+10=16$

これを解くと　$a=2$　　**答** $\boldsymbol{a=2,\ b=-5}$

① と ② を連立させて解を求める方針で進めると，①×b−② から，$a \neq 2b$ のとき $x=\dfrac{4b-16}{2b-a}$ などとなって，とても大変な計算になる。

練習 80 x, y についての 2 つの連立方程式

$$\begin{cases} x+y+1=0 & \cdots\cdots ① \\ ax+by+1=0 & \cdots\cdots ② \end{cases} \quad と \quad \begin{cases} 2ax-by+11=0 & \cdots\cdots ③ \\ 3x+y=3 & \cdots\cdots ④ \end{cases}$$

が同じ解をもつとき，a, b の値を求めなさい。

例題 81　速さの問題

長さ 318 m の貨物列車がある鉄橋を渡り始めてから，渡り終わるまで 67 秒かかった。また，長さ 162 m の急行が貨物列車の 2 倍の速さでこの鉄橋を渡り始めてから，渡り終わるまで 27 秒かかった。
貨物列車の速さと，鉄橋の長さを求めなさい。

速さの問題は，次のチャートで解決できる。

CHART　**速さの問題**　距離＝速さ×時間 を自在に使う
速さ＝距離÷時間，時間＝距離÷速さ

また，**問題の内容は図解してみる** とわかりやすい。

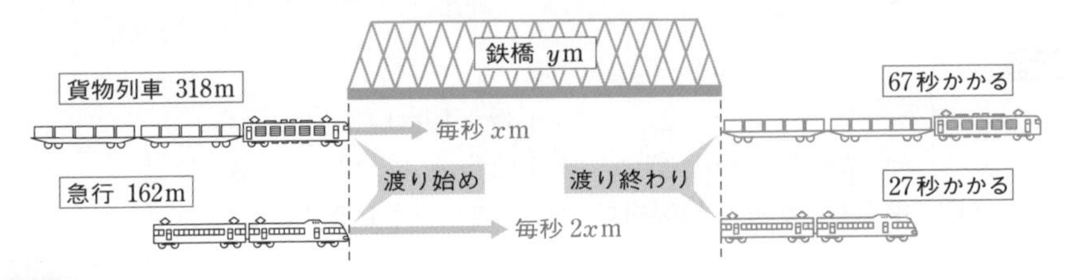

解答

貨物列車の速さを毎秒 x m，鉄橋の長さを y m とする。
渡り始めてから，渡り終わるまでに列車が走る距離について

$$\begin{cases} y+318=x\times67 & \cdots\cdots ① \\ y+162=2x\times27 & \cdots\cdots ② \end{cases}$$

◀走った距離に列車の長さが含まれる。下の注意参照。

①−② から　$156=13x$　　よって　$x=12$

$x=12$ を ② に代入して　$y+162=648$　　よって　$y=486$

したがって，貨物列車の速さは毎秒 12 m，鉄橋の長さは 486 m であり，これらは問題に適している。

答 **貨物列車の速さは　毎秒 12 m**
鉄橋の長さは　486 m

渡り終わりは，列車の後尾が橋を離れるときである。これを列車の先頭が橋を離れるときと考えて，$\begin{cases} y=x\times67 \\ y=2x\times27 \end{cases}$ とすると誤りである。

練習 81　長さ 160 m の列車が，鉄橋を渡り始めてから渡り終わるまでに 39 秒かかった。また，同じ速さで，鉄橋の 2 倍の長さのトンネルに入り始めてから出てしまうまでに 70 秒かかった。列車の速さと鉄橋の長さを求めなさい。

演習問題

□**74**　A中学校のある学級では，B幼稚園を訪問して交流会を行う予定である。交流会に参加する生徒は37名，園児は70名である。生徒3名と園児6名の班，生徒4名と園児7名の班を何班かずつつくったら，ちょうど全員を班に分けることができた。それぞれ何班ずつつくったか求めなさい。

➔ 75

□**75**　3けたの自然数がある。この数は，十の位の数が2で，各位の数の和は9の倍数である。また，百の位の数と一の位の数を入れかえると，もとの数より198大きくなった。この自然数を求めなさい。

➔ 76

□**76**　容器Aにはx%の食塩水100gが，容器Bにはy%の食塩水100gが入っている。Aの食塩水50gをBに移し，よくかき混ぜ，50gをAに戻してよくかき混ぜる。これを1回とし，この操作を2回行う。このとき，次の問いに答えなさい。

(1)　1回目の操作を行ったとき，A，Bの食塩の重さをx，yで表しなさい。

(2)　Aの濃度は1回目の操作を行ったときは16%で，2回目の操作を行ったときは14%であった。x，yの値を求めなさい。

➔ 77

□**77**

$$3x+5y=k+2 \quad \cdots\cdots ① \qquad 2x+3y=k \quad \cdots\cdots ②$$

とする。①と②がともに成り立ち，x，yの値の和が2になるようなkの値を求めなさい。

➔ 79

□**78**　x，yの連立方程式 $\begin{cases} x+ay=13 \\ 2x-y=5 \end{cases}$ の解からそれぞれ1をひいた数が，連立方程式 $\begin{cases} 2x+3y=12 \\ bx+4y=17 \end{cases}$ の解となるとき，a，bの値を求めなさい。

➔ 80

□**79**　xとyの連立方程式 $\begin{cases} ax+by=13 \\ bx+y=9 \end{cases}$ を解くところを，$\begin{cases} bx+ay=13 \\ bx+y=9 \end{cases}$ を解いてしまったため，解は $x=\frac{5}{3}$，$y=4$ となってしまった。このとき，正しい解を求めなさい。

➔ 80

□**80**　ある水筒に水を入れるのに，Aのコップで3杯，Bのコップで4杯入れるといっぱいになる。また，Aのコップで2杯，Bのコップで6杯入れてもいっぱいになる。A，Bそれぞれのコップだけで入れると何杯でいっぱいになるか答えなさい。

□**81**　ある学校の文化祭の企画でTシャツを売った。いくらかの利益を見込んで，1枚の値段を350円にした。文化祭の時間がちょうど半分過ぎたときに売れた枚数を調べてみると，この売れ行きのままでは，売り上げ金が仕入れにかかった金額より400円少なくなることがわかった。そこで，1枚の値段を1割引きにしたところ，残りの時間に売れた枚数は，前半の2割増しになった。文化祭が終わったとき，1枚が売れ残ったが，売り上げ金は，仕入れにかかった金額より160円多くなった。このとき，次の問いに答えなさい。

(1)　前半に売れた枚数をx枚とおいて，後半の売り上げ金をxの式で表しなさい。

(2)　1枚あたりの原価と仕入れた枚数を求めなさい。 ➔ **78**

□**82**　電車の線路沿いの道を毎時9kmの速さで進んでいる人が15分ごとに電車に追い越され，9分ごとに向こうから来る電車とすれちがった。電車の速さは一定であり，電車は等間隔に運転されているとして，その速さを求めなさい。 ➔ **81**

□**83**　右の図において，四角形ABCDはAB＝300cm，AD＝200cmの長方形である。点Pは，Aを出発し毎秒$a$cmの速さで長方形ABCDの周上をB，C，Dの順に通って移動する。点Qは，点PがAを出発するのと同時にDを出発し，毎秒$b$cmの速さで長方形ABCDの周上を移動する。a，bは$a<b$を満たす正の数である。点QがDを出発してから初めて点Pと重なるまでにかかる時間は，点Qが周上をA，B，Cの順に移動する場合は25秒，点Qが周上をC，B，Aの順に移動する場合は20秒である。a，bの値をそれぞれ求めなさい。 ➔ **81**

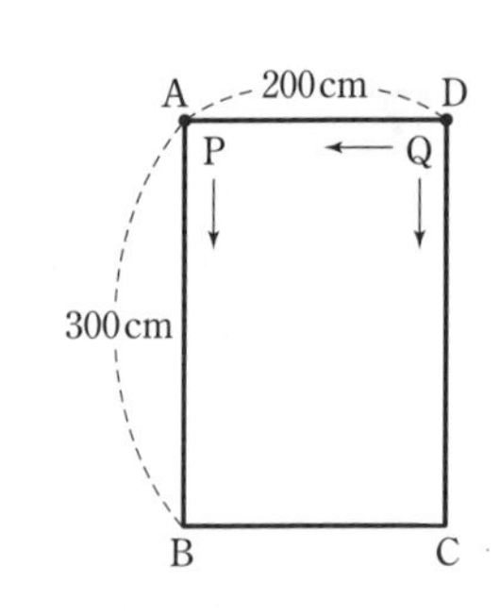

□**84**　A，B 2人が協力して行えば6日で仕上がる仕事を，まずAが1人で2日行い，その後残りをBが1人で12日行って仕上げた。この仕事をAが1人で仕上げるには何日かかるか答えなさい。

ヒント　**80** 水筒の容積がいくらかわからないが，これをVとして考える。

第4章 不等式

この章の学習のポイント

❶ 不等式の計算では，不等号の向きに注意が必要です。両辺に負の数をかけたり，両辺を負の数でわったりすると，不等号の向きが変わることが方程式との大きな違いです。
❷ 連立不等式の解をまとめるときは，数直線を利用しましょう。文章問題では，最後に解の検討を忘れないように。

例題一覧		レベル
1	82 不等式の作成	①
	83 不等式とその解	①
	84 大小関係	④
2	85 不等式の性質による解き方	①
	86 移項による解き方	①
	87 1次不等式の解き方	②
	88 いろいろな1次不等式	③
3	89 不等式の整数解 (1)	③
	90 1次不等式の利用 (1)	③
	91 1次不等式の利用 (2)	③
	92 食塩水に食塩を加える問題	④
	93 和・積の符号と3数の符号	⑤
4	94 連立不等式の解き方	③
	95 $A<B<C$ の形の不等式	②
	96 連立不等式の利用	③
	97 式の値の範囲 (1)	④
	98 式の値の範囲 (2)	④
	99 不等式の整数解 (2)	④
	100 不等式が解をもつ，3個の整数値を解に含む条件	⑤

1 不等式の性質

基本事項

1 不等式

(1) **不等式**　数量の大小関係を，不等号を用いて表した式を **不等式** という。不等式でも，等式の場合と同じく，**左辺**，**右辺**，**両辺** という用語を使う。

不等式
$3x-1 > 8$
左辺　右辺
└ 両辺 ┘

(2) **変数**　不等式や等式で，いろいろな値をとる文字。

(3) **不等式の表し方**

表し方	意味
$x>a$	x が a **より大きい**（a は含まない）
$x \geqq a$	x が a **以上**（$x>a$ または $x=a$）
$x<a$	x が a **より小さい**（a は含まない），x が a **未満**
$x \leqq a$	x が a **以下**（$x<a$ または $x=a$）

2 不等式の性質

[1]　不等式の両辺に同じ数をたしたり，両辺から同じ数をひいたりしても，大小関係は変わらない。

$$A<B \quad \text{ならば} \quad \begin{cases} A+C<B+C \\ A-C<B-C \end{cases}$$

[2]　不等式の両辺に同じ正の数をかけたり，両辺を同じ正の数でわったりしても，大小関係は変わらない。

$$A<B,\ C>0 \quad \text{ならば} \quad \begin{cases} AC<BC \\ \dfrac{A}{C}<\dfrac{B}{C} \end{cases}$$

[3]　不等式の両辺に同じ負の数をかけたり，両辺を同じ負の数でわったりすると，大小関係が変わる。

$$A<B,\ C<0 \quad \text{ならば} \quad \begin{cases} AC>BC \\ \dfrac{A}{C}>\dfrac{B}{C} \end{cases}$$

不等式の両辺に同じ負の数をかけたり，両辺を同じ負の数でわったりすると，不等号の向きが変わるんだね。

3 不等式の解

(1) 不等式を成り立たせる文字の値を，その不等式の **解** という。

(2) 不等式のすべての解を求める，つまり不等式を成り立たせる文字の値の範囲を求めることを，その不等式を **解く** という。

例題 82　不等式の作成

次の数量の関係を不等式で表しなさい。

(1)　x 人に，1 人 2 本ずつ鉛筆を与えると，鉛筆 y 本ではたりない。

(2)　姉は a 円，妹は b 円持っている。2 人のお金を合わせると c 円の品物を 10 個買うことができる。

(3)　ある数 x の小数第 1 位を四捨五入すると 8 になる。

(1)　A は B ではたりない ⟶ A が B より大きい ⟶ $A>B$

(2)　A 円で B 円の品物を買うことができる ⟶ $A \geqq B$

(3)　小数第 1 位を四捨五入すると 8 になる ⟶ 7.5 以上 8.5 より小さい

解答

(1)　$\boldsymbol{2x>y}$　答　　(2)　$\boldsymbol{a+b \geqq 10c}$　答　　(3)　$\boldsymbol{7.5 \leqq x<8.5}$　答

練習 82　次の数量の関係を不等式で表しなさい。

(1)　a 円では，1 個 b 円のケーキ x 個を買うことができなかった。

(2)　1 本 70 円の鉛筆 a 本と 1 冊 90 円のノート b 冊を買うと，500 円でおつりが出る。

(3)　a は 13 より小さく，8 以上の数である。

4章　1 不等式の性質

例題 83　不等式とその解

次の値は，不等式 $7x-20<3x$ の解であるかどうかを答えなさい。

(1)　$x=-1$　　(2)　$x=8$　　(3)　$x=5$

不等式の解は，不等式を成り立たせる文字の値 である。したがって，左辺と右辺にそれぞれ x の値を代入して，不等式が成り立つかどうかを調べる。

解答

(1)　$x=-1$ のとき　　(左辺)$=7x-20=-27$，　(右辺)$=3x=-3$

$-27<-3$ であるから，$x=-1$ は **解である。**　答　　◀不等式は成り立つ。

(2)　$x=8$ のとき　　(左辺)$=7x-20=36$，　(右辺)$=3x=24$

$36>24$ であるから，$x=8$ は **解ではない。**　答　　◀不等式は成り立たない。

(3)　$x=5$ のとき　　(左辺)$=7x-20=15$，　(右辺)$=3x=15$

$15=15$ であるから，$x=5$ は **解ではない。**　答　　◀不等式は成り立たない。

練習 83　次の値は，不等式 $5x-8 \geqq 2x+4$ の解であるかどうかを答えなさい。

(1)　$x=1$　　(2)　$x=4$　　(3)　$x=-2$　　(4)　$x=7$

例題 84 大小関係

$0<a<b$ のとき，$\square$ にあてはまる不等号（<，>）を入れなさい。

(1) $2a \square a+b$　　(2) $-a^2 \square -ab$

(3) $\dfrac{1}{a} \square \dfrac{1}{b}$　　(4) $a^2 \square b^2$

考え方 不等式の性質（$p.120$）を利用する。

$0<a<b$ を分解すると　$a>0$，$b>0$，$a<b$

$a<b$ に対して，左辺と右辺の 2 数をつくることを考える。

(4) $a<b \xrightarrow{a\text{をかけて}} a^2<ab$　　$ab<b^2 \xleftarrow{b\text{をかけて}} a<b$

$a^2<b^2$

解答

(1) $a<b$ の両辺に a をたすと　$2a \boxed{<} a+b$ 答

(2) $a<b$ の両辺に負の数 $-a$ をかけると　$-a^2 \boxed{>} -ab$ 答

◀不等号の向き　－は変わる。

(3) $0<a<b$ であるから　$ab>0$

$a<b$ の両辺を正の数 ab でわると

$$\frac{1}{b}<\frac{1}{a} \quad \text{すなわち} \quad \frac{1}{a} \boxed{>} \frac{1}{b}$$ 答

(4) $a<b$ の両辺に正の数 a をかけると　$a^2<ab$

$a<b$ の両辺に正の数 b をかけると　$ab<b^2$

したがって，$a^2<ab<b^2$ から　$a^2 \boxed{<} b^2$ 答

◀下記 [5] を参照。

CHART

不等号の向き

加減はそのまま

乗除は　－は変わる，＋はそのまま

次の [4]，[5] も，不等式の性質として，基本的な事柄ではあるが重要である。

[4] **$A<B$，$A=B$，$A>B$ のどれか 1 つが成り立つ。**

[5] **$A<B$ と $B<C$ が成り立つならば　$A<C$**

◀上の例題 (4) で使っている。

練習 84A $a<b$ のとき，$\square$ にあてはまる不等号（<，>）を入れなさい。

(1) $a+3 \square b+3$　　(2) $a-5 \square b-5$

(3) $5a \square 5b$　　(4) $-7a \square -7b$

練習 84B $0<a<b$ のとき，$\square$ にあてはまる不等号（<，>）を入れなさい。

(1) $2a+b \square a+2b$　　(2) $\dfrac{b}{a} \square \dfrac{a}{b}$　　(3) $-\dfrac{1}{a} \square -\dfrac{1}{b}$

演習問題

□**85** 次の数量の関係を不等式で表しなさい。

(1) a の 3 倍から 8 をひいた数は負の数である。

(2) ある数 x の小数第 2 位を四捨五入した値は 1.2 である。

(3) 講堂に長いすが x 脚ある。生徒全員が 1 脚に 5 人ずつ座ると 34 人が座れない。1 脚に 6 人ずつ座っていくと 1 人も座っていない長いすが 14 脚になる。

➔ 82

□**86** 不等式の性質を用いて，次の事柄が成り立つことを示しなさい。

(1) $a>b$ ならば $a-b>0$　　(2) $a-b>0$ ならば $a>b$

(3) m が正の数のとき　$a+m>a$，$a-m<a$

(4) $a<b$，$x<y$ ならば $a+x<b+y$

➔ 84

□**87** $a<b$ のとき，□ にあてはまる不等号 ($<$，$>$) を入れなさい。

(1) $a-3$ □ $b-3$　　(2) $4a-3b$ □ $4b-3a$

(3) $\frac{a}{2}+\frac{b}{3}$ □ $\frac{a}{3}+\frac{b}{2}$　　(4) $\frac{b}{5}-\frac{a}{3}$ □ $\frac{a}{5}-\frac{b}{3}$

➔ 84

□**88** $a>b$，$c>d$ のとき，□ にあてはまる不等号 ($<$，$>$) を入れなさい。

(1) $a-d$ □ $b-c$　　(2) $a<0$，$c<0$ のとき　ac □ bd

(3) $ab<0$，$d>0$ のとき　ad □ bc

➔ 84

□**89** 次の事柄がつねに成り立つように，(1) と (2) は (ア) ～ (オ)，(3) は (カ) ～ (ク) の中から □ にあてはまるものを 1 つ選び，記号で答えなさい。

(1) $a>b$ ならば □ である。　　(2) $a<b<0$ ならば □ である。

(3) $a+b>4$ ならば □ である。

(ア) $a^2>b^2$　(イ) $a^2<b^2$　(ウ) $a+b>0$　(エ) $b-a<0$

(オ) $\frac{b}{a}>1$　(カ) $a>2$，$b>2$　(キ) $a+b>5$　(ク) $a+b>3$

□**90** $a>0$，$b<0$，$a+b>0$ のとき，4 つの数 a，b，$-a$，$-b$ の大小を不等号を用いて表しなさい。

2 不等式の解き方

基本事項

1 1次不等式

(1) 文字 x を含んだ不等式で，整理すると

$ax+b>0$,　$ax+b<0$,　$ax+b\geqq 0$,　$ax+b\leqq 0$　(ただし，$a\neq 0$)

の形になる不等式を，x についての **1次不等式** という。

(2) **不等式の解と数直線**

不等式の解は，次のように数直線を用いて表すことができる。

例　$x>-2$　　　　$x\leqq 3$

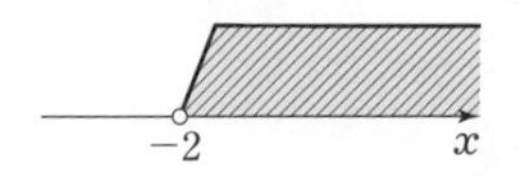
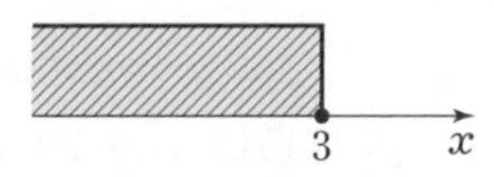

−2は含まない
3は含む

注意 不等式を満たす数を数直線に表すとき，本書では端の数を含まないときは◦印で ⌐ のように表し，含むときは•印で 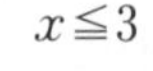 のように表すことにする。

2 不等式の解き方

(1) **移項** 不等式でも，方程式の場合と同じように移項することができる。

移項は，不等式の性質 [1] ($p.120$) を使った結果のことである。

例　$5x+3>2$

↓ $(5x+3)-3>2-3$

$5x>2-3$

$2x<12+4x$

↓ $2x-4x<(12+4x)-4x$

$2x-4x<12$

(2) **1次不等式の解き方**

[1] x を含む項を左辺に，数の項を右辺に移項する。

[2] $ax>b$, $ax\leqq b$ などの形に整理する。

[3] [2] の両辺を x の係数 a でわる。(不等号の向きに注意する)

$a>0$ のとき　$x>\dfrac{b}{a}$, $x\leqq\dfrac{b}{a}$　など。

$a<0$ のとき　$x<\dfrac{b}{a}$, $x\geqq\dfrac{b}{a}$　など。

例　$3x-4>5$

[1]　$3x>5+4$

[2]　$3x>9$

[3]　$x>3$

3 いろいろな1次不等式の解き方

次のように変形して，$ax>b$, $ax\leqq b$ などの形にして解く。

(1) **かっこを含む不等式**　かっこをはずす。

(2) **分数を含む不等式**　両辺に分母の公倍数をかけて，分数をなくす。

(3) **小数を含む不等式**　両辺に 10, 100, 1000 などをかけて，小数をなくす。

例題 85 不等式の性質による解き方

不等式の性質を用いて，次の不等式を解きなさい。

(1)　$3x-5>28$　　(2)　$-3x<2x-30$

不等式の性質 [1] (*p*.120) を用いて，**$ax>b$，$ax<b$ の形を導く。**
そして，両辺を a でわる。　◀不等式の性質 [2]，[3] を利用。

解答

(1)　$3x-5>28$

両辺に 5 をたすと　◀性質 [1]

$3x-5+5>28+5$

よって　$3x>33$　　性質 [2]

両辺を 3 でわると　$\boldsymbol{x>11}$　答

(2)　$-3x<2x-30$

両辺から $2x$ をひくと　◀性質 [1]

$-3x-2x<2x-30-2x$

よって　$-5x<-30$　　性質 [3]

両辺を -5 でわると　$\boldsymbol{x>6}$　答

練習 85　不等式の性質を用いて，次の不等式を解きなさい。

(1)　$2x+11<17$　　(2)　$4x>6x-28$　　(3)　$12x+11>5x-3$

例題 86 移項による解き方

移項を用いて，次の不等式を解きなさい。

(1)　$2x-5>3$　　(2)　$4x\leqq 6x+10$

移項 …… 等式では，項の符号を変えて，他方の辺に移すことができる。
不等式でも，項の符号を変えて，他方の辺に移すことができる。

解答

(1)　$2x-5>3$

-5 を移項すると　$2x>3+5$　◀両辺に同じ数 5 をたす。

よって　$2x>8$

両辺を 2 でわると　$\boldsymbol{x>4}$　答　◀不等号の向き　+はそのまま。

(2)　$4x\leqq 6x+10$

$6x$ を移項すると　$4x-6x\leqq 10$　◀両辺から同じ数 $6x$ をひく。

よって　$-2x\leqq 10$

両辺を -2 でわると　$\boldsymbol{x\geqq -5}$　答　◀不等号の向き　−は変わる。

練習 86　移項を用いて，次の不等式を解きなさい。

(1)　$3x+4\geqq 22$　　(2)　$-4-3x<2$　　(3)　$10-6x\leqq 5x$

例題 87　1次不等式の解き方

次の不等式を解きなさい。

(1)　$3x-8<5x+4$　　(2)　$5x-2>-3x+4$　　(3)　$2x-5\geqq 4x+3$

1次不等式の解き方の第1のポイントは

x を含む項を左辺に，数の項を右辺に移項する

ことである。そして，x の係数で両辺をわる。このとき，次のことに注意。

CHART　不等号の向き

乗除は　$-$ は変わる，$+$ はそのまま

解答

(1)　$3x-8<5x+4$

-8 と $5x$ をそれぞれ移項すると　$3x-5x<4+8$

$-2x<12$

両辺を -2 でわると　$\boldsymbol{x>-6}$　答

◀不等号の向き　$-$ は変わる。

(2)　$5x-2>-3x+4$

-2 と $-3x$ をそれぞれ移項すると　$5x+3x>4+2$

$8x>6$

両辺を 8 でわると　$\boldsymbol{x>\frac{3}{4}}$　答

◀不等号の向き　$+$ はそのまま。

(3)　$2x-5\geqq 4x+3$

-5 と $4x$ をそれぞれ移項すると　$2x-4x\geqq 3+5$

$-2x\geqq 8$

両辺を -2 でわると　$\boldsymbol{x\leqq -4}$　答

◀不等号の向き　$-$ は変わる。

CHART

1次不等式の解き方

1　$ax>b$，$ax\leqq b$ などの形に整理する

2　a の符号に注意してわる

練習 87　次の不等式を解きなさい。

(1)　$2x>12+4x$　　(2)　$10-2x>4$　　(3)　$5x-2>4+3x$

(4)　$3x+5<x-5$　　(5)　$2x-3<3x-2$　　(6)　$x-1>5x-17$

(7)　$2x-15\geqq 5x+6$　　(8)　$5x+2\geqq 8x-5$　　(9)　$2x-4>5x+11$

例題 88 いろいろな1次不等式

次の不等式を解きなさい。

(1) $3x-5(x-1)\geqq 13$ (2) $\dfrac{2x-3}{5}>1-\dfrac{x-4}{3}$ (3) $0.3x-0.5\leqq 0.6x+1$

考え方

●CHART 計算は くふうしてらくに
かっこや分数，小数をなくす

そして ●CHART $ax>b$，$ax\leqq b$ などの形に整理する
a の符号に注意してわる

(2) 分数係数では，まず，両辺に分母の公倍数をかけて，整数の係数に直す。

●CHART 分数は注意 分子にかっこをつける

(3) 小数係数では，両辺に 10 の累乗 (10，10^2，10^3，……) をかける。

解答

(1) $3x-5(x-1)\geqq 13$

かっこをはずすと $3x-5x+5\geqq 13$ ◀( ) をはずす。－は変わる。

移項すると $3x-5x\geqq 13-5$

$-2x\geqq 8$

両辺を -2 でわると $\boldsymbol{x\leqq -4}$ 答 ◀不等号の向き －は変わる。

(2) $\dfrac{2x-3}{5}>1-\dfrac{x-4}{3}$

両辺に 15 をかけると $3(2x-3)>15-5(x-4)$ ◀不等号の向き ＋はそのまま。

かっこをはずすと $6x-9>15-5x+20$

移項すると $6x+5x>15+20+9$

$11x>44$

両辺を 11 でわると $\boldsymbol{x>4}$ 答 ◀不等号の向き ＋はそのまま。

(3) $0.3x-0.5\leqq 0.6x+1$

両辺に 10 をかけると $3x-5\leqq 6x+10$ ◀不等号の向き ＋はそのまま。

移項すると $3x-6x\leqq 10+5$

$-3x\leqq 15$

両辺を -3 でわると $\boldsymbol{x\geqq -5}$ 答 ◀不等号の向き －は変わる。

練習 88 次の不等式を解きなさい。

(1) $3(x-1)\geqq 4x-9$ (2) $6(x+3)-8x\geqq x+1$

(3) $\dfrac{1}{3}x<x+2$ (4) $\dfrac{x}{7}-2<\dfrac{x}{3}-6$ (5) $1-\dfrac{5-x}{2}\geqq\dfrac{3-x}{8}$

(6) $0.3x+0.2>0.7x+1.4$ (7) $1.2-0.5(x-2)>2x-5.3$

演習問題

□**91** 次の不等式を解きなさい。 → 88

(1) $2(x-1)>4$　(2) $3(x-1)<7+5x$

(3) $2(3-x)-5>x+7$　(4) $4x-3(2x-1)<13$

(5) $3(5-x)+4>2x-1$　(6) $-6(x-3)+3(2-3x)\geqq 0$

□**92** 次の不等式を解きなさい。

(1) $\dfrac{2x-1}{3}-\dfrac{4x+5}{5}+2<0$　(2) $x-\dfrac{5x-1}{2}\leqq\dfrac{1}{3}x+6$

(3) $\dfrac{1-3x}{12}>\dfrac{x+2}{6}-\dfrac{2x-3}{9}$　(4) $\dfrac{2}{3}x-\dfrac{x-1}{2}<\dfrac{x-7}{4}+\dfrac{5}{6}$

(5) $-3(4x-3)<5\left(2-\dfrac{11}{5}x\right)$　(6) $\dfrac{1}{2}(3x-7)+(4-2x)\leqq\dfrac{1-x}{5}+3$

(7) $\dfrac{1}{10}-2\left\{x-\left(\dfrac{1}{4}x-\dfrac{1}{5}\right)\right\}>\dfrac{3}{2}-\dfrac{3}{5}x$ → 88

□**93** 次の不等式を解きなさい。

(1) $0.2x-7.1>-0.5(x+3)$

(2) $0.4(2x-1)-0.3(x+0.2)\leqq -5.16$

(3) $\dfrac{3x+6}{8}-(1.2x-1)\geqq\dfrac{5}{6}$ → 88

□**94** 不等式 $9(2x+1)<1+10x$ の解が，x についての不等式

$2x-\dfrac{11}{3}<\dfrac{2}{3}x+a$ の解と等しくなるような a の値を求めなさい。

参考 1次不等式の解の検算

次の(1), (2)の2つを確かめることにより，1次不等式の解の検算ができる。

(1) **解の端の数**　不等式の両辺に解の端の値を代入して，左辺と右辺の値が一致するかどうかを調べる。

(2) **不等号の向き**　x に適当な数を代入して，その数が解であるかどうかを調べる。

例　$3x-8<5x+4$ ……① の解 $x>-6$ ……②　[例題87(1)]

(1) ①の左辺は　$3\times(-6)-8=-26$　①の右辺は　$5\times(-6)+4=-26$

左辺と右辺の値が一致する。 ⟶ O.K.

(2) ①に $x=0$ を代入すると　$-8<4$　これは成り立つから，$x=0$ は解の1つ。

②に $x=0$ を代入すると　$0>-6$　これは成り立つから，O.K.

(1), (2)より，①の解は②であることが確かめられた。

3 不等式の利用

例題 89 不等式の整数解 (1)

(1) 不等式 $2(x-4)<6-3x$ を満たす自然数をすべて求めなさい。

(2) 不等式 $\frac{3}{5}x+2>\frac{4}{3}x-1$ を満たす数のうち，最大の整数を求めなさい。

まず，与えられた不等式を解く。次に，その解の中から条件 ── (1) 自然数，(2) 最大の整数 ── に適するものを選ぶ方針で進める。ここで

不等式の解を考えるときは　数直線を利用する

とわかりやすい。

解答

(1)
$$2(x-4)<6-3x$$

かっこをはずすと
$$2x-8<6-3x$$
$$5x<14$$

よって
$$x<\frac{14}{5}$$

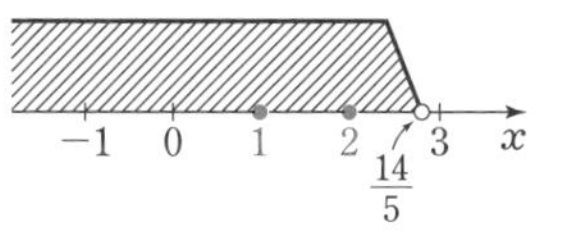

$\frac{14}{5}=2.8$ であるから，$x<\frac{14}{5}$ を満たす自然数は　**1，2**　答

(2)
$$\frac{3}{5}x+2>\frac{4}{3}x-1$$

両辺に 15 をかけると
$$9x+30>20x-15$$
$$-11x>-45$$

よって
$$x<\frac{45}{11}$$

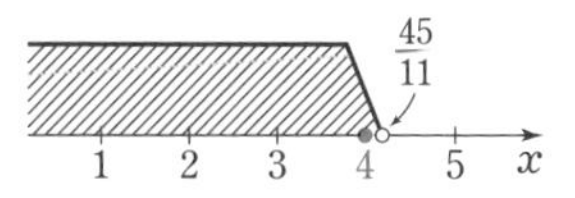

$\frac{45}{11}=4.09\cdots$ であるから，$x<\frac{45}{11}$ を満たす数のうち，最大の整数は　**4**　答

練習 89A　(1) 不等式 $-\frac{1}{2}x+1>-x-\frac{1}{2}$ を満たす負の整数をすべて求めなさい。

(2) 不等式 $\frac{2x-3}{4}-\frac{x-1}{6}\leqq 1$ を満たす数のうち，自然数は何個あるか答えなさい。

練習 89B　ある自然数を 4 倍して 7 をたした数は，もとの自然数を 5 倍して 3 をひいた数より大きくなる。このような自然数のうち，最も大きいものを求めなさい。

例題 90　1次不等式の利用 (1)

3000円以内で，1冊150円のノートと，1冊60円のノートを合わせて24冊買いたい。1冊150円のノートをできるだけ多く買うには，それぞれ何冊買うとよいか答えなさい。

1次方程式の応用問題と同じ手順（次の①～④）で考えればよい。

① **文字を決める　求めるものを x とおくのが普通** である。
150円のノートを x 冊買うとすると，60円のノートは $(24-x)$ 冊買うことになる。

② **不等式をつくる**　③ **不等式を解く**　④ **解を検討する**

不等式の問題でも次のことが重要であるから，忘れないように。

CHART 応用問題では　はじめに戻って　解を検討

解答

150円のノートを x 冊買うとすると，60円のノートは $(24-x)$ 冊買うことになる。ただし，$0 \leqq x \leqq 24$ である。　◀文字を決める。

この2種類のノートを24冊買った代金が3000円以内であるから

$$150x+60(24-x) \leqq 3000$$　◀不等式をつくる。

$$150x+1440-60x \leqq 3000$$　◀不等式を解く。

$$150x-60x \leqq 3000-1440$$

$$90x \leqq 1560$$

よって　$x \leqq \dfrac{52}{3}$ ……①

$\dfrac{52}{3}=17.33\cdots$ であるから，① を満たす数のうち，最も大きい整数は17である。

17は $0 \leqq x \leqq 24$ を満たす整数であるから，問題に適している。　◀解を検討する。

答　**150円のノート17冊，60円のノート7冊**　◀$24-17=7$（冊）

練習 90A　100円硬貨で，兄は3000円，弟は1000円持っている。兄は持っている硬貨のうち何枚かを弟に与えたが，それでもなお，兄の所持金は弟の所持金の2倍より多いという。兄が弟に与えたのは最大何円か答えなさい。

練習 90B　3000円以内で，1個300円の桃と1個80円のみかんを合わせて20個買いたい。このとき，桃を最大何個買えるか答えなさい。

練習 90C　パンフレットを印刷するのに，100枚までは2000円で，100枚をこえる分は1枚につき12円かかる。1枚あたりの印刷代を15円以下にするには，パンフレットを何枚以上印刷すればよいか答えなさい。

例題 91　1次不等式の利用 (2)

自動車で会社へ通うのに，通勤時間を 30 分以内にしたい。自動車は，会社から 6 km 以内では平均時速 30 km，その他では平均時速 50 km で走れるものとする。住居を会社から何 km 以内の所に定めればよいか答えなさい。

考え方　会社から 6 km 以内とその他では速さが違うから，住居は会社から $(6+x)$ km 以内の所とする。「30 分以内」とあるから，時間に注目して大小関係を見つけて不等式をつくる。

CHART　**速さの問題**

1　問題を 距離，速さ，時間 に分けて整理

2　距離＝速さ×時間　を自在に使う

また　CHART　**式の作成では　必ず単位をそろえる**

解答

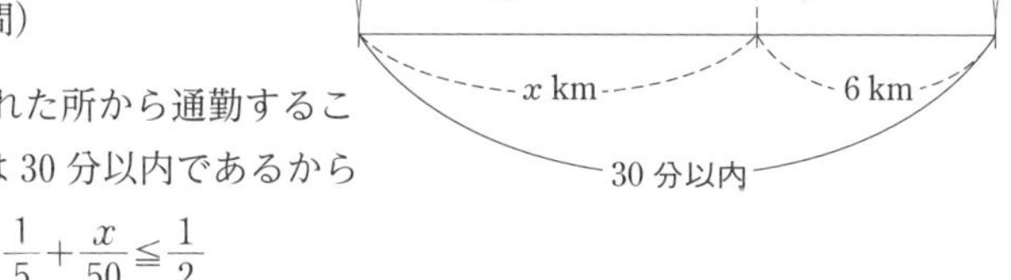

会社から 6 km の所までの通勤時間は

$$\frac{6}{30}=\frac{1}{5}\text{ (時間)}$$

会社から $(6+x)$ km 離れた所から通勤することにすると，通勤時間は 30 分以内であるから

$$\frac{1}{5}+\frac{x}{50}\leqq\frac{1}{2}$$

両辺に 50 をかけると　$10+x\leqq 25$　◀不等号の向き　+はそのまま。

よって　$x\leqq 15$

したがって，住居を会社から $6+15=21$ (km) 以内の所に定めればよい。

これは問題に適している。　答　**21 km 以内**

練習 91A　家から駅までの距離は 2.7 km である。この道のりを，はじめ毎分 60 m で歩き，途中から毎分 180 m で走った。家を出発してから 20 分以内で駅に着いたとき，毎分 60 m で歩いた道のりは何m以下であったか答えなさい。

練習 91B　右の表は，ある美術館の 1 人あたりの観覧料を示したものである。大人だけでも子どもだけでも，あるいは大人と子どもがまじっていても，20 人以上になると団体料金で計算される。

〈1 人あたりの観覧料〉

	大人	子ども
一般料金	600 円	300 円
団体料金（20 人以上）	450 円	200 円

このとき，2 万円以内で，子ども 40 人と大人が団体で入場するとき，大人は何人まで入場できるか答えなさい。

例題 92　食塩水に食塩を加える問題

10% の食塩水が 660 g ある。これに食塩を加えて，12% 以上の食塩水を作りたい。食塩を何 g 以上加えればよいか答えなさい。

食塩水の問題 であるから，まず **食塩の重さに注目** すると

10% の食塩水 660 g 中の食塩の重さは　$660\times\frac{10}{100}=66$ (g)

食塩を x g 加えるとして

CHART 問題を **食塩水と食塩の重さ** に分けて整理する

と，加える前後の食塩水と食塩の重さは次のようになる。

食塩水の重さ　660 g $\longrightarrow$ $(660+x)$ g

食塩の重さ　66 g $\longrightarrow$ $(66+x)$ g

これから濃度についての不等式をつくり，それを解く。

解答

10%の食塩水 660 g に含まれる食塩の重さは　$660\times\frac{10}{100}=66$ (g)　◀重さに注目。

よって，食塩を x g 加えたときの濃度は $\frac{66+x}{660+x}\times100$ (%) となる。　◀濃度に注目。

(濃度)$=\frac{食塩の重さ}{食塩水の重さ}\times100$ (%)

これが 12% 以上となればよいから

$$\frac{66+x}{660+x}\times100\geqq12$$

$660+x>0$ であるから，両辺に $660+x$ をかけると　◀食塩水の重さは正の数。

$$100(66+x)\geqq12(660+x)$$

◀不等号の向き　+はそのまま。

これを解くと　$6600+100x\geqq7920+12x$

$$88x\geqq1320$$

$$x\geqq15$$

したがって，食塩を 15 g 以上加えればよい。これは問題に適している。

答　**15 g 以上**

練習 92

(1)　8 % の食塩水 350 g に水を加えて，5 % 以下の食塩水を作りたい。水を何 g 以上加えればよいか答えなさい。

(2)　12% と 7 % の食塩水を混ぜて 450 g の食塩水を作ったところ，その濃度が 10% 以上になった。混ぜた 7 % の食塩水は何 g 以下であったか答えなさい。

(3)　8 % の食塩水が 300 g ある。これに食塩を加えて，20% 以上の食塩水を作りたい。食塩を何 g 以上加えればよいか答えなさい。

例題 93 和・積の符号と3数の符号

3つの数 x, y, z がある。$yz>0$, $xyz<0$, $y+z<0$ のとき，x, y, z の符号を＋，－で表しなさい。

考え方

2数の和と積の符号の関係は，第1章で学んだように右のようになる。
このことから，$yz>0$ に注目すると

$y>0$, $z>0$ または $y<0$, $z<0$

このうち，$y+z<0$ を満たすのはどの場合かを考える。
また，x の符号は $yz>0$, $xyz<0$ からわかる。

(＋)＋(＋)＝(＋)
(－)＋(－)＝(－)
(＋)×(＋)＝(＋)
(＋)×(－)＝(－)
(－)×(＋)＝(－)
(－)×(－)＝(＋)

解答

$yz>0$ と $xyz<0$ から　$x<0$
$yz>0$ から　$y>0$, $z>0$ または $y<0$, $z<0$
ここで $y+z<0$ であるから　$y<0$, $z<0$

◀$y>0$, $z>0$ なら $y+z>0$ となってしまう。

答　**x は－，y は－，z は－**

解説

一般に，次のことが成り立つ。

① **$ab>0$ ならば　$a>0$, $b>0$ または $a<0$, $b<0$**

……ab が正なら，a と b は「ともに正」または「ともに負」

これから次のことが成り立つ。

$ab>0$, $a+b>0$ ならば　$a>0$, $b>0$
$ab>0$, $a+b<0$ ならば　$a<0$, $b<0$

② **$ab=0$ ならば　$a=0$ または $b=0$**

……ab が0なら，a, b の少なくとも一方は0

③ **$ab<0$ ならば　$a>0$, $b<0$ または $a<0$, $b>0$**

……ab が負なら，a と b は符号が異なる。

練習 93　次の事柄を，下の(ア)～(カ)の式をなるべく少なく用いて表しなさい。

(1)　a は b より小さい。
(2)　a は b より大きい。
(3)　a, b はともに正の数である。
(4)　a, b はともに負の数である。
(5)　a, b は異符号で，正の数の絶対値は負の数の絶対値より小さい。
(6)　a, b は異符号で，正の数の絶対値は負の数の絶対値より大きい。

(ア)　$a+b>0$　(イ)　$a+b<0$　(ウ)　$a-b>0$
(エ)　$a-b<0$　(オ)　$ab>0$　(カ)　$ab<0$

演習問題

□95 不等式 $6x+8(4-x)>5$ の解のうち，2けたの自然数であるものをすべて求めなさい。 ➔ 89

□96 不等式 $-\frac{2}{5}x+a \geqq \frac{3}{4}$ を満たす x の最大の値が $-\frac{25}{24}$ のとき，a の値を求めなさい。

□97 x についての不等式 $x-\frac{3a-x}{2}>\frac{5x-9a}{4}-2$ の解が $x>-20$ に含まれるように a の値の範囲を定めなさい。

□98 学校の生徒会で文集を作ることになった。費用は30冊まで8000円であるが，それをこえる分については，1冊あたり120円かかる。この文集を何冊以上作れば，1冊あたりの費用が150円以下ですむか答えなさい。 ➔ 90

□99 5％の食塩水800gと8％の食塩水を何gか混ぜ合わせて6％以上の食塩水を作りたい。8％の食塩水を何g以上混ぜればよいか答えなさい。 ➔ 92

□100 a，b，c は -5 以上3以下のすべて異なる整数である。
次の(ア)～(ウ)が同時に成り立つとき，b の値を求め，答えを下の①～⑤の中から1つ選びなさい。 ➔ 93

(ア) $a \times c>0$　　(イ) $a+b+c=0$　　(ウ) $a \times b \times c>0$

① $b=-5$　② $b=-3$　③ $b=1$　④ $b=2$　⑤ $b=3$

□101 仕入れ値100円の商品を定価の20％引きで売ったとき，仕入れた個数の10％が売れ残っても，仕入れ総額の8％以上の利益が出るようにしたい。定価を仕入れ値の何％増し以上にすればよいか答えなさい。

96 $x \leqq A$ を満たす x の最大の値は A である。

100 (ア)～(ウ)から，まず a，b，c が正の数か負の数かを考える。

101 **文字の決め方は，求めるものを x とおくのが普通** であるから，定価が仕入れ値の x％増しであるとして考える。また，定価や仕入れ総額を式で表すには，仕入れた商品の個数が必要 ⟶ 適当に文字を決めて表す。

4 連立不等式

基本事項

1 連立不等式とその解

(1) いくつかの不等式を組み合わせたものを **連立不等式** という。

(2) 連立不等式のそれぞれの不等式の解に共通する範囲を，連立不等式の **解** といい，解を求めることを，連立不等式を **解く** という。

2 連立不等式の解き方

連立不等式の解は，連立不等式の1つ1つの不等式を解き，それらの解の共通範囲をまとめて求める。解をまとめるときは，**数直線を利用** するとよい。

例 $\begin{cases} 2x-3>7 & \cdots\cdots ① \\ 4-2x \geqq x-20 & \cdots\cdots ② \end{cases}$

① の解は　$x>5$　…… ③

② の解は　$x \leqq 8$　…… ④

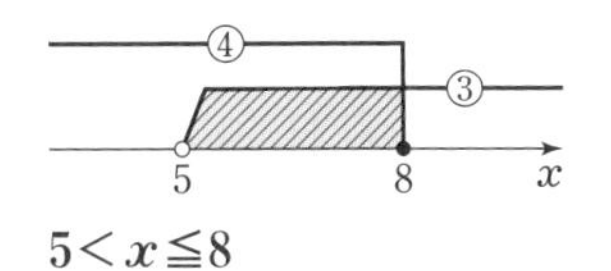

連立不等式の解は，③ と ④ の共通範囲で　$\boldsymbol{5<x \leqq 8}$

3 連立不等式の応用問題

応用問題を解く手順は，1次方程式（$p.85$）で述べたものと同様である。

① **文字を決める**　② **連立不等式をつくる**

③ **連立不等式を解く**　④ **解を検討する**

参考 日常の言葉と数学の言葉

日常なにげなく使っている「言葉」も，数学の世界では意味がはっきりしていなければならない。数学で使われるときの「言葉の意味」を正確につかんでおこう。

か　つ …… 日常の使い方と同じで，「**どちらも**」の意味がある。

例 「予習をし，かつ，復習をする」⟶ 予習も復習もする。

または …… 日常語と数学とでは，違う使い方をする。
日常では，どちらか一方だけを表すのに使われることが多いが，数学では「**少なくとも一方**」の意味で使う。

例 「予習または復習をする」
日常語では次の ① か ② の意味であるが，数学では，さらに ③ を含む3つの場合を表す意味で使う。
① 予習だけをする。 ② 復習だけをする。 ③ 予習も復習もする。

例題 94　連立不等式の解き方

次の連立不等式を解きなさい。

(1) $\begin{cases} 4x-5<3x+2 & \cdots\cdots ① \\ 8-3x<2-x & \cdots\cdots ② \end{cases}$　　(2) $\begin{cases} 3x-8<1 & \cdots\cdots ① \\ \dfrac{5}{6}-\dfrac{x-4}{3} \leqq \dfrac{2-3x}{2} & \cdots\cdots ② \end{cases}$

求める解は，①，② を同時に成り立たせる x の値の範囲である。
よって，まず，1 つ 1 つの不等式を解く。そして，その解の共通範囲を求める。

CHART　不等式の解のまとめは　数直線を利用する

(2) の ② は分数を含むから

CHART　計算は　くふうしてらくに　　分数をなくす

解答

(1)　① を解くと　$x<7$ ……③
　② を解くと　$-2x<-6$
　　　　$x>3$ ……④
　③ と ④ の共通範囲を求めて　$\boldsymbol{3<x<7}$ 答

(2)　① を解くと　$3x<9$
　よって　$x<3$ ……③
　② の両辺に 6 をかけると
　　$5-2(x-4) \leqq 3(2-3x)$
　これを解くと　$5-2x+8 \leqq 6-9x$
　　　　$7x \leqq -7$
　　　　$x \leqq -1$ ……④
　③ と ④ の共通範囲を求めて　$\boldsymbol{x \leqq -1}$ 答

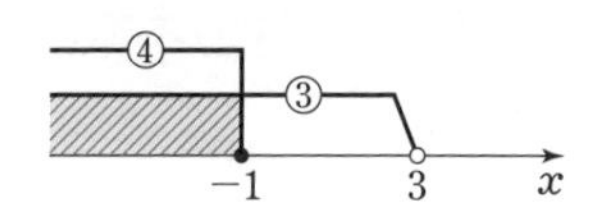

練習 94A　次の連立不等式を解きなさい。

(1) $\begin{cases} 3x \geqq 12-x \\ 2x-5 \leqq x+2 \end{cases}$　(2) $\begin{cases} 6x+5 \geqq 2x-3 \\ x+13>7x-5 \end{cases}$　(3) $\begin{cases} 4x+1<3x-1 \\ 2x-1 \geqq 5x+6 \end{cases}$

(4) $\begin{cases} 3x-1>2x-3 \\ 2(x+2)>3x+1 \end{cases}$　(5) $\begin{cases} 1-x \leqq 3 \\ \dfrac{5x-1}{3}<x+2 \end{cases}$　(6) $\begin{cases} 2x-7 \geqq 4(x-1) \\ 1.5(x+1)<x \end{cases}$

練習 94B　次の連立不等式を解きなさい。

(1) $\begin{cases} 5x-8 \geqq 7 \\ x+10>4x+7 \end{cases}$　(2) $\begin{cases} 3x-1 \leqq 2x+3 \\ 8x+1 \geqq 2x+25 \end{cases}$

例題 95　$A<B<C$ の形の不等式

次の不等式を解きなさい。

(1)　$-8<3x-5<4$　　　　(2)　$10 \leqq 13-x<5(1-x)$

不等式 $A<B<C$ は，2つの不等式 $A<B$，$B<C$ が同時に成り立つことを示している。したがって，**連立不等式** $\begin{cases} A<B \\ B<C \end{cases}$ **と同じ** で，これを解く。

解答

(1)　$-8<3x-5<4$ は $\begin{cases} -8<3x-5 & \cdots\cdots ① \\ 3x-5<4 & \cdots\cdots ② \end{cases}$ のように書ける。

①を解くと　$-3x<3$　　よって　$x>-1$　……③

②を解くと　$3x<9$　　よって　$x<3$　……④

③と④の共通範囲を求めて　**$-1<x<3$**　答

別解　$-8<3x-5<4$ の各辺に5をたすと　$-8+5<3x-5+5<4+5$

よって　$-3<3x<9$

各辺を3でわると　**$-1<x<3$**　答

(2)　$10 \leqq 13-x<5(1-x)$ は $\begin{cases} 10 \leqq 13-x & \cdots\cdots ① \\ 13-x<5(1-x) & \cdots\cdots ② \end{cases}$ のように書ける。

①を解くと　$x \leqq 3$　……③

②を解くと　$13-x<5-5x$

$4x<-8$

$x<-2$　……④

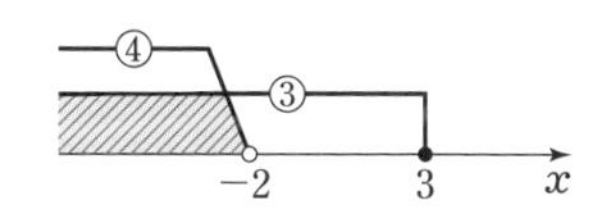

③と④の共通範囲を求めて　**$x<-2$**　答

解説

不等式 $A<B<C$ は，次の(ア)と同じであるが，(イ)や(ウ)とは同じではない。

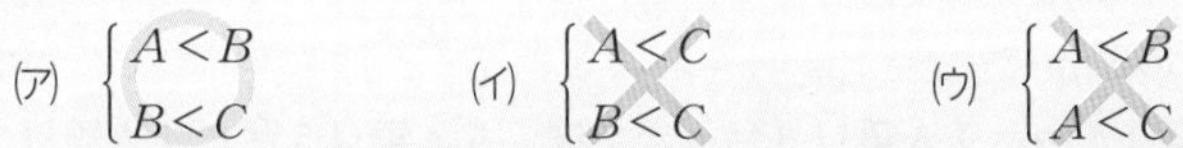

(ア) $\begin{cases} A<B \\ B<C \end{cases}$　　(イ) $\begin{cases} A<C \\ B<C \end{cases}$　　(ウ) $\begin{cases} A<B \\ A<C \end{cases}$

(ア)からは，A，B，C の大小関係が定まって，不等式 $A<B<C$ を導くことができるが，方程式の場合と異なり，(イ)では A と B の大小関係，(ウ)では B と C の大小関係が定まらないからである。

◀ $p.104$ 解説参照

練習 95　次の不等式を解きなさい。

(1)　$-9<2x-1<9$　　　　(2)　$3x-10<5x-6<4x-2$

(3)　$4x-5<2x+1<5x+4$　　　　(4)　$-6x+2 \leqq 2x+1 \leqq 4x+9$

例題 96 連立不等式の利用

客 5 人乗りのタクシーと客 4 人乗りのタクシーを合わせて 7 台使って，32 人の客を運びたい。1 台の料金は，5 人乗りは 660 円，4 人乗りは 600 円である。全体の料金が 4500 円をこえないようにするには，5 人乗りと 4 人乗りのタクシーを，それぞれ何台使えばよいか答えなさい。

応用問題を解く手順は，1 次方程式や 1 次不等式の応用問題を解くときと変わらない。客 5 人乗りのタクシーを x 台とすると，客が 32 人ということは

$$5x+4(7-x)=32$$

ではなくて　$5x+4(7-x)\geqq 32$　⟵ $5x+4(7-x)\leqq 32$ ではない！

ということ。すなわち，4 人乗りでも，たとえば 3 人乗せて走ってもよいことに注意する。

解答

5 人乗りのタクシーを x 台使うとすると，4 人乗りのタクシーは $(7-x)$ 台である。

ただし，$0\leqq x\leqq 7$ である。

32 人運ぶから　$5x+4(7-x)\geqq 32$　…… ①　◀人数に注目。

全体の料金が 4500 円をこえないから

$660x+600(7-x)\leqq 4500$　…… ②　◀料金に注目。

①，② を連立不等式として解く。

① から　$5x+28-4x\geqq 32$　よって　$x\geqq 4$　…… ③

② の両辺を 20 でわると　$33x+30(7-x)\leqq 225$

$33x+210-30x\leqq 225$

$3x\leqq 15$

$x\leqq 5$　…… ④

③ と ④ の共通範囲を求めて　$4\leqq x\leqq 5$　…… ⑤

x はタクシーの台数で，自然数であるから，⑤ を満たす自然数は 4，5 である。

4，5 は $0\leqq x\leqq 7$ を満たす数であるから，どちらも問題に適している。

ここで　$x=4$ のとき $7-x=3$，　$x=5$ のとき $7-x=2$

答　**5 人乗り 4 台と 4 人乗り 3 台　または　5 人乗り 5 台と 4 人乗り 2 台**

練習 96A　鉛筆が 190 本，ノートが 85 冊ある。何人かの子どもがいて，鉛筆を 5 本ずつ配ったら 4 本以上余り，ノートを 3 冊ずつ配ったら 7 人分以上不足した。子どもの人数を求めなさい。

練習 96B　川下りをするのに，定員の定まった舟を 5 そう用意したが，人数が 55 人になり，全員は乗れないので，もう 1 そう舟を出した。この舟の定員は何人か答えなさい。

△ 21. NOV.

例題 97 式の値の範囲 (1)

$-2<x<5$, $-6<y<4$ のとき，次の式のとりうる値の範囲を求めなさい。

(1) $x+3$　(2) $-3y$　(3) $x+y$　△ (4) $2x-3y$

(1) 不等式の性質を使って，x に対して $x+3$ をつくる。

$-2<x \longrightarrow -2+3<x+3$　◀両辺に 3 をたす。

$x<5 \longrightarrow x+3<5+3$　◀両辺に 3 をたす。

(2) も同じ要領で考える。なお，次のことに注意。

CHART 不等号の向き　－は変わる

(3) **「$a<b$, $x<y$ ならば $a+x<b+y$」** を利用する。　◀演習問題 86 (4)

(4) **$a<b$, $c<d$ のとき $a-c<b-d$ は，つねには成り立たない。**　◀例：$a=4$, $b=5$, $c=1$, $d=3$

そこで，$2x-3y$ は $2x+(-3y)$ として考える。

解答

(1) $-2<x<5$ の各辺に 3 をたすと

$-2+3<x+3<5+3$　よって　$\mathbf{1<x+3<8}$ 答

(2) $-6<y<4$ の各辺に -3 をかけると　$18>-3y>-12$　◀不等号の向き －は変わる。

すなわち　$\mathbf{-12<-3y<18}$ 答

(3) $-2<x<5$, $-6<y<4$ の各辺をたすと

$-2+(-6)<x+y<5+4$　よって　$\mathbf{-8<x+y<9}$ 答

(4) $-2<x<5$ の各辺に 2 をかけると　$-4<2x<10$ …… ①　◀不等号の向き ＋はそのまま。

(2) から　$-12<-3y<18$ …… ②

①, ② の各辺をたすと　$-4+(-12)<2x+(-3y)<10+18$

よって　$\mathbf{-16<2x-3y<28}$ 答

差 $x-y$ の値の範囲　和 $x+(-y)$ と考える

$A<x<B$ …… ①, $C<y<D$ …… ② のとき

② の各辺に -1 をかけて　$-C>-y>-D$ すなわち $-D<-y<-C$ …… ③

① と ③ の各辺をたすと　$A\underline{-D}<x-y<B\underline{-C}$

練習 97 $-3<a<2$, $-5<b<-2$ のとき，次の式のとりうる値の範囲を求めなさい。

(1) $a+3$　(2) $b-1$　(3) $3a$　(4) $-5b$

(5) $a+b$　(6) $a-b$　(7) $3a+5b$　(8) $3a-5b$

4章 4 連立不等式

例題 98　式の値の範囲 (2)

(1)　2 つの数 a, b の小数第 2 位を四捨五入すると，それぞれ 2.5，2.8 になる。このとき，$2a-b$ のとりうる値の範囲を求めなさい。

(2)　ある整数を 7 でわって，小数第 1 位を四捨五入すると 8 になる。そのような整数のうち，最大のものと最小のものを求めなさい。

(1)　小数第 2 位を四捨五入すると，a は 2.5，b は 2.8

$\longrightarrow$ $2.45 \leqq a < 2.55$,　$2.75 \leqq b < 2.85$

$2a-b$ は，前ページの例題でも学んだように $2a+(-b)$ として考える。

(2)　問題文にしたがって数の条件を不等式で表し，それを解く。

ある整数 x を 7 でわってできる数は　$\dfrac{x}{7}$

この数の小数第 1 位を四捨五入すると 8 $\longrightarrow$ $7.5 \leqq \dfrac{x}{7} < 8.5$

解答

(1)　a, b は小数第 2 位を四捨五入すると，それぞれ 2.5，2.8 になる数であるから

$2.45 \leqq a < 2.55$　…… ①

$2.75 \leqq b < 2.85$　…… ②

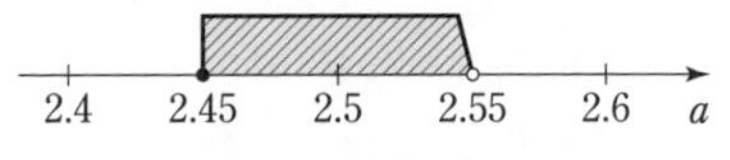

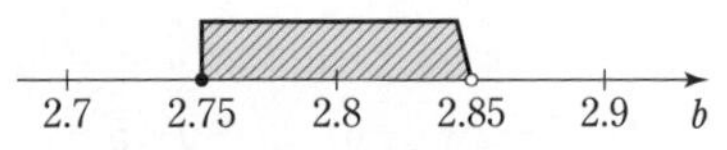

① の各辺に 2 をかけると

$4.9 \leqq 2a < 5.1$　…… ③

② の各辺に -1 をかけると

$-2.75 \geqq -b > -2.85$

◀不等号の向き　－は変わる。

すなわち　$-2.85 < -b \leqq -2.75$　…… ④

③，④ の各辺をたすと　**$2.05 < 2a-b < 2.35$**　答

端の値は求める範囲に含まれない。

(2)　ある整数を x とすると，$\dfrac{x}{7}$ の小数第 1 位を四捨五入すると 8 であるから

$7.5 \leqq \dfrac{x}{7} < 8.5$

各辺に 7 をかけると　$52.5 \leqq x < 59.5$

x は整数であるから

最大のものは 59，最小のものは 53　答

練習 98　2 つの数 a, b の小数第 1 位を四捨五入すると，それぞれ 5，9 になるとき，次の式のとりうる値の範囲を求めなさい。

(1)　$a-b$　　(2)　$\dfrac{a}{2}+\dfrac{b}{5}$　　(3)　ab

例題 99 不等式の整数解 (2)

不等式 $\frac{2a-1}{3}<x$ を満たす x の最小の整数値が 4 であるとき，整数 a の値をすべて求めなさい。

考え方

$\frac{2a-1}{3}=3$ なら $3<x$ となり，x の最小の整数値が 4 になる。

(このとき $a=5$ である。)

また，たとえば，$3.9<x$ なら，x の最小の整数値は 4 である。しかし，$4<x$ では，x の最小の整数値は 5 である。

$p=3$ のとき

x の最小の整数値は 4

$p=4$ のとき

x の最小の整数値は 5

よって，次のことがいえる。

$p<x$ を満たす x の最小の整数値は 4 $\Longleftrightarrow$ $3\leqq p<4$

「**整数 a**」という条件にも注意する。

解答

$\frac{2a-1}{3}<x$ を満たす x の最小の整数値が 4 であるから

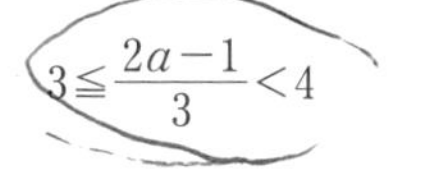

$$3\leqq\frac{2a-1}{3}<4$$

◀ $3<x$ は条件を満たすが，$4<x$ は条件を満たさない。

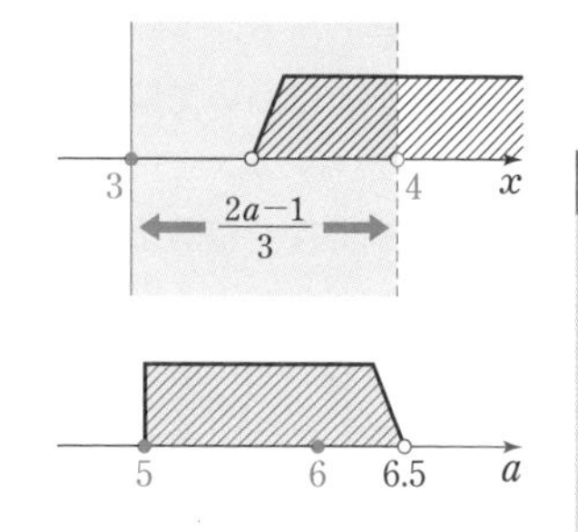

各辺に 3 をかけると　$9\leqq 2a-1<12$

各辺に 1 をたすと　$10\leqq 2a<13$

各辺を 2 でわると　$5\leqq a<6.5$

これを満たす整数 a の値は　$a=5,\ 6$ 答

これまで考えてきたように，数の範囲の問題では数直線を利用するとよい。

CHART
不等式の解のまとめは　数直線を利用する

注意

2 つの事柄 $p,\ q$ について，

「p ならば q　かつ　q ならば p」を　$p \Longleftrightarrow q$

と書き表す。したがって，上の「考え方」の $\Longleftrightarrow$ で書かれた部分は，矢印の両側に書かれた 2 つの事柄について，どちらからでも他方を導けることを表している。

練習 99　不等式 $2<x<a$ ……① について，次の問いに答えなさい。

(1)　① を満たす x の整数値が 3 と 4 のとき，整数 a の値を求めなさい。

(2)　① を満たす x の整数値が 5 個のとき，a の値の範囲を求めなさい。

例題 100 不等式が解をもつ，3個の整数値を解に含む条件  

xについての不等式 $-1\leqq 3x-4<x+2a$ について

(1) この不等式が解をもつときのaのとりうる値の範囲を求めなさい。

(2) この不等式が解をもち，その解にちょうど3個の整数の値が含まれるときのaのとりうる値の範囲を求めなさい。

まず，不等式 $-1\leqq 3x-4<x+2a$ をxについて解く。

（aは数と思って解く。）

数直線を利用する。

解答

不等式は $\begin{cases} -1\leqq 3x-4 & \cdots\cdots ① \\ 3x-4<x+2a & \cdots\cdots ② \end{cases}$ のように書ける。

◀ $A\leqq B<C$ は $\begin{cases} A\leqq B \\ B<C \end{cases}$ と同じ。

(1) ①を解くと　$3x\geqq 4-1$　すなわち　$x\geqq 1$

②を解くと　$3x-x<2a+4$　すなわち　$x<a+2$

①と②の共通範囲があるのは　$a+2>1$

のときである。

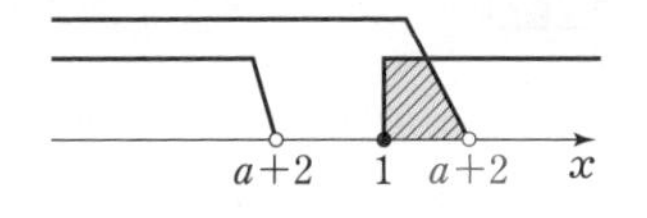

これをaについて解くと　$\boldsymbol{a>-1}$ 答

(2) (1)から，$a>-1$ のとき与えられた不等式は，解 $1\leqq x<a+2$ をもつ。

この解には，整数1が含まれているから，あと整数2と3を含むようなaの値の範囲を求めればよい。

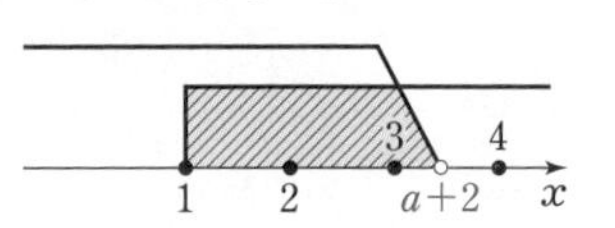

すなわち　$3<a+2\leqq 4$

これをaについて解くと　$\boldsymbol{1<a\leqq 2}$ 答

(1) $a+2>1$ を $a+2\geqq 1$ としないように。＝がつくと，$a\geqq -1$ となるが，$a=-1$ のときは，①と②の共通範囲は存在しない。

(2) $3<a+2\leqq 4$ を，$3\leqq a+2\leqq 4$ や $3<a+2<4$ などとしないように。
$3\leqq a+2\leqq 4$ とすると，$a=1$ のとき整数が2個しか含まれない。
$3<a+2<4$ は，aのとりうる値から $a=2$ が抜けてしまうので正しくない。

練習 100A 次の連立不等式，不等式を満たす整数をすべて求めなさい。

(1) $\begin{cases} 3x+4\leqq 8 \\ x-1<2x+3 \end{cases}$　(2) $22\leqq 6x-2<31$　(3) $x-1<3x<x+3$

練習 100B (1) 不等式 $2a<x<a+3$ を満たす整数xが4だけであるとき，aのとりうる値の範囲を求めなさい。

(2) xについての不等式 $7x-7\leqq x-6\leqq 3x+a$ を満たす整数が6個のとき，aのとりうる値の範囲を求めなさい。

演習問題

□102 次の連立不等式を解きなさい。 ➔ 94

(1) $\begin{cases} 5x+3<3x-9 \\ 9-x>2x-3 \end{cases}$　(2) $\begin{cases} 2(x+4)>2-x \\ x-1<0 \end{cases}$

(3) $\begin{cases} -2x-3<20-3x \\ \dfrac{4}{5}x+7 \leqq \dfrac{5}{4}x-2 \end{cases}$　(4) $\begin{cases} 18+3x>6 \\ \dfrac{3x-2}{6} \leqq 1-\dfrac{x-3}{3} \end{cases}$

(5) $\begin{cases} 3(2-x) \leqq 4-2(x-2) \\ \dfrac{2x-1}{3} < \dfrac{3}{2}x+\dfrac{1}{6} \end{cases}$　(6) $\begin{cases} \dfrac{3(x+2)}{4}+\dfrac{1}{6}<\dfrac{x}{8} \\ 0.6x-1.9<x-0.3 \end{cases}$

□103 次の不等式を解きなさい。 ➔ 95

(1) $4x+3<7+2x \leqq -\dfrac{x+9}{2}$　(2) $3-\dfrac{2(1-x)}{3}<\dfrac{3x+9}{4}<\dfrac{x-1}{2}+4$

□104 次の連立不等式，不等式を満たす整数をすべて求めなさい。

(1) $\begin{cases} 5(x+3) \leqq 2x-1 \\ \dfrac{x+7}{6}-2<\dfrac{1}{4}x \end{cases}$　(2) $3(x-2)+6<4(1+x)+3 \leqq 0.5x-7$

☑105 あるクラスの生徒全員が長いすに座ることになった。1 脚に 4 人ずつ座ると 6 人が座れなくなり，1 脚に 6 人ずつ座ると長いすが 1 脚余った。ただし，最後に使った長いすには少なくとも 1 人は座っているものとする。長いすの数を求めなさい。 ➔ 96

□106 原料Aと原料Bを混ぜ合わせて，1000 g の食品を製造する。原料Aには 15% の水分が含まれ，原料Bには 20% の水分が含まれているという。できあがった食品に含まれる水分の量を 175 g 以上 180 g 以下にするには，原料Aは何 g 以上何 g 以下にすればよいか答えなさい。

➔ 96

□107 2 つの数 x，y のそれぞれの値の範囲は $\dfrac{1}{2} \leqq x < \dfrac{2}{3}$，$-\dfrac{1}{6} \leqq y < \dfrac{3}{4}$ である。$z=x-2y$ とするとき，z がとりうる値の範囲を求めなさい。

➔ 97

105 長いすの個数を x 個として，まず生徒の人数を x で表す。
107 $z=x+(-2y)$ と考え，$-2y$ のとりうる値の範囲を求める。

□**108** 負でない数aに対して，aを3倍して小数点以下を切り捨てた数を記号$\langle a\rangle$で表すことにする。たとえば，$\langle 1.6\rangle=4$，$\langle \frac{11}{3}\rangle=11$ である。

(1) $\langle \frac{11}{6}+0.9\rangle$ を求めなさい。

(2) $\langle x-5\rangle=0$ を満たすxの値の範囲を不等式で表しなさい。 ➔ **98**

□**109** xについての連立不等式 $\begin{cases} \frac{1-2x}{3}-\frac{2x-9}{7}>\frac{1}{4} \\ x\geqq a \end{cases}$ を満たすxの整数の値が4つある。このとき，整数aの値を求めなさい。 ➔ **100**

□**110** aは自然数とする。不等式 $\frac{1}{3}<\frac{4}{a}<\frac{5}{11}$ を満たす分数 $\frac{4}{a}$ の分母aの値をすべて求めなさい。

□**111** 1個3 gの白球と，1個2 gの赤球がそれぞれ何個かあり，これら全体の重さは50 gである。赤球の個数は白球の個数より多く，白球の個数の2倍よりは少ないという。このとき，白球の個数を求めなさい。

➔ **96**

□**112** ある会合の費用を当日の出席者から各人同じ額を集めるとき，1人600円ずつとすると800円余り，550円ずつとすると300円以上の不足になる。そこで，570円ずつ集めたところ，最後の1人だけは460円未満ですんだ。この会合の総費用と当日の出席者数を求めなさい。 ➔ **96**

□**113** 右の図のように，直線ℓ上に2点A，Bがあり，2点間の距離は120 mである。また，点PはAを，点QはBを同時に出発して直線ℓ上を矢印の向きに動くものとする。
いま，点Pの速さが毎分20 m，点Qの速さが毎分5 mであるとき，PがQに追いつくまでに，P，Q間の距離が15 m以上30 m以下であるのは，出発後，何分から何分までの間か答えなさい。 ➔ **96**

110 aは正の数。 **CHART** **不等号の向き**　乗除は　＋はそのまま

111 白球の個数をx，赤球の個数をyとすると　$3x+2y=50$

113 Aを基準の位置として，出発してx分後のP，Qの位置をxで表す。

第5章 1次関数

この章の学習のポイント

❶ 比例・反比例の関係と，それを表す式やグラフの意味を理解し，さらに1次関数とそのグラフについての基礎知識を定着させましょう。

❷ 方程式とグラフの関係やさまざまな応用問題への取り組みは，今後の数学を学ぶ上でも大変重要です。

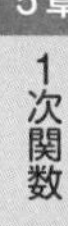

1 変化と関数

Mathematics

基本事項

1 関数

(1) **関数**　ともなって変わる2つの数量 x, y があり，x の値が決まると，それに対応して y の値がただ1つに決まるとき，**y は x の関数である** という。
また，この x, y のように，いろいろな値をとる文字を **変数** という。

(2) **変数の値の範囲**　変数のとりうる値の範囲を，その変数の **変域** という。
特に，y が x の関数であるとき，x の変域を，その関数の **定義域** といい，定義域内の x の値に対応する y の変域を **値域** という。
また，このときの x, y の関係を

$$y=20x \quad (0 \leqq x \leqq 5)$$

のように，定義域をつけ加えて書くこともある。

(3) **関数の値**　y が x の関数であるとき，x の値 a に対する y の値 b を，$x=a$ のときの **関数の値**（関数値）という。

例　1題が20点の100点満点の数学のテストで，正解数が x 題のときの得点を y 点とする。このとき，x と y の関係は次の表のようになる。

x（題）	0	1	2	3	4	5
y（点）	0	20	40	60	80	100

◀$y=20x$

表からわかるように，x の値を決めると，それに対応して y の値が **ただ1つに決まる** から，y は x の **関数である。**
x の変域は　0, 1, 2, 3, 4, 5
y の変域は　0, 20, 40, 60, 80, 100　である。
この x の変域は不等号を使って「$0 \leqq x \leqq 5$, x は整数」と表すこともできる。

例　自然数 x の正の約数を y とする。この場合，
$x=1$ のとき，1の約数は1だけであるから　$y=1$
$x=2$ のとき，2の約数は1と2であるから　$y=1$, 2
$x=3$ のとき，3の約数は1と3であるから　$y=1$, 3
$x=4$ のとき，4の約数は1, 2, 4であるから　$y=1$, 2, 4
……
となって，$x=1$ のとき以外は x の値を決めても，y の値が **ただ1つに決まらない。** したがって，y は x の **関数ではない。**
なお，自然数 x の正の約数の個数を y とすれば，y は x の関数である。

例題 101 関数を表す式と変域

1辺の長さが20 cmと30 cmの正方形の折り紙を右の図[1]のように並べておいて，小さい方の折り紙を1秒間に1 cmの速さで，図[2]のように右へ平行移動していく。このとき，移動し始めてからの時間をx秒，2つの折り紙の重なる部分の面積をy cm^{2}とし，小さい方の折り紙全部が重なった時点で移動をやめるものとする。

(1) yをxの式で表しなさい。

(2) xとyの変域をそれぞれ求めなさい。

(3) yはxの関数であるといえるか答えなさい。

[1]

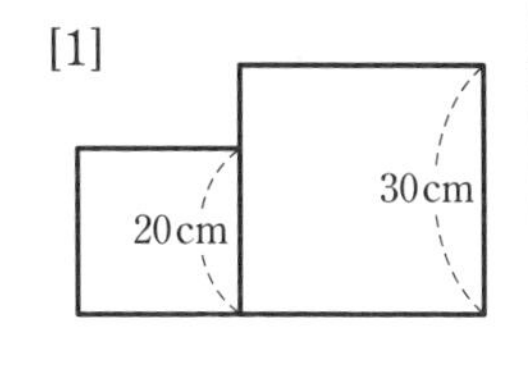

[2]

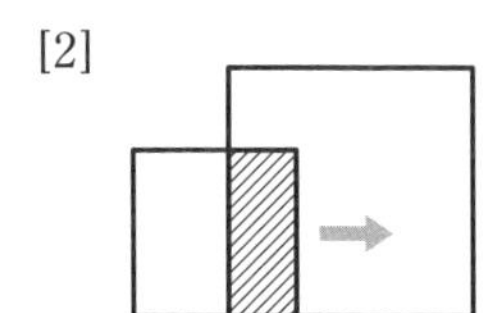

(1) 2つの折り紙の重なる部分の図形は長方形である。長方形の面積は(縦の長さ)×(横の長さ)で求められる。縦の長さは20 cmで一定。横の長さは移動する時間で決まる。

(2) 重なる部分の形が小さい折り紙と一致するまで続ける。すなわち，変化する辺の長さが20 cmになるまで続ける。

(3) yはxの関数 …… xの値が決まると，それに対応してyの値が **ただ1つに決まれば**，yはxの関数であるといえる。

解答

(1) 移動し始めてからx秒後の，2つの折り紙の重なる部分の図形は，縦が20 cm，横がx cmの長方形である。その面積は　$20\times x=20x$ (cm^2)

よって　$\boldsymbol{y=20x}$　答

(2) 小さい方の折り紙が全部重なるのは20秒後であるから，xの変域は

$\boldsymbol{0\leqq x\leqq 20}$　答

yの変域は　$\boldsymbol{0\leqq y\leqq 400}$　答

(3) (1)で求めた式において，xの値が決まるとyの値がただ1つに決まる。

よって，yはxの関数であると **いえる**。　答

練習 101 次の場合，yはxの関数であるといえるか答えなさい。いえる場合は，xとyの変域をそれぞれ求めなさい。

(1) 1本70円の鉛筆をx本買って500円硬貨を出したときのおつりがy円である。

(2) 100 cm^{2}の正方形の紙に面積がx cm^{2}の三角形をかくとき，その底辺の長さがy cmである。

2 比例とそのグラフ

基本事項

1 平面上の点の位置の表し方

(1) 平面上にそれぞれの原点で垂直に交わる縦と横の 2 つの数直線を引いて，平面上の点の位置がわかるようにしたものを **座標平面** という。
このとき，横の数直線を **x 軸** または **横軸**，
縦の数直線を **y 軸** または **縦軸**
といい，この両方を合わせて **座標軸** という。
また，座標軸の交点を **原点** といい，O で表す。

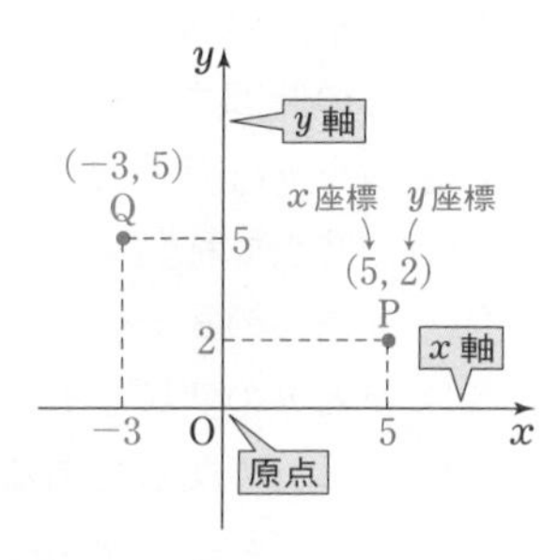

(2) **点の座標**　座標平面上の点の位置を，2 つの数の組で表したもの。
点Pから x 軸，y 軸に引いた垂線とそれぞれの座標軸との交点の目もりを，点Pの **x 座標**，**y 座標** という。x 座標が a，y 座標が b のとき，$(a,\ b)$ をPの **座標** という。この点Pを **P$(a,\ b)$** と表す。

2 いろいろな点の座標

(1) **対称な点の座標**　点 $(a,\ b)$ について
x 軸に関して対称な点の座標は　$(a,\ -b)$
y 軸に関して対称な点の座標は　$(-a,\ b)$
原点に関して対称な点の座標は　$(-a,\ -b)$

(2) **中点の座標**
2 点 A$(a,\ b)$，B$(c,\ d)$ を結ぶ線分 AB の
中点の座標は　$\left(\dfrac{a+c}{2},\ \dfrac{b+d}{2}\right)$

注意 直線上の 2 点 A，B を端とする部分を **線分 AB** という。

参考 象限（しょうげん）

座標平面を座標軸で 4 つの部分に分け，右の図のように
第 1 象限，第 2 象限，第 3 象限，第 4 象限
という。x 座標，y 座標の符号は次のようになる。

	第 1 象限	第 2 象限	第 3 象限	第 4 象限
x 座標	正	負	負	正
y 座標	正	正	負	負

第 2 象限 $(-,+)$	第 1 象限 $(+,+)$
第 3 象限 $(-,-)$	第 4 象限 $(+,-)$

なお，**座標軸上の点はどの象限にも含まれない** とする。

3 比　例

(1) **定数**　一定の数や一定の数を表す文字を **定数** という。

(2) **比例を表す式**　y が x の関数で，x と y の関係が

$y=ax$ （a は定数）

で表されるとき，**y は x に比例（正比例）する** といい，定数 a を **比例定数** という。

比　例
$y=ax$
比例定数

注意　比例を表す式では，比例定数は 0 でないものとする。

(3) **比例の性質**

① x の値が 2 倍，3 倍，4 倍，…… になると，対応する y の値も 2 倍，3 倍，4 倍，…… になる。

重要　**y が x に比例するとき　　x が n 倍 ⟶ y も n 倍**

② $y=ax$ において，$x \neq 0$ のとき $\dfrac{y}{x}$ の値は一定で，その値は比例定数 a に等しい。

4 関数のグラフ

y が x の関数であるとき，対応する x，y の値の組 $(x,\ y)$ を座標とする点を，すべて座標平面上にとってできる図形を，その関数の **グラフ** という。

5 比例 $y=ax$ （a は定数）のグラフ

(1) **原点を通る直線** である。また，点 $(1,\ a)$ を通る。

(2) **変化のようす**　比例定数 $a=\dfrac{y\text{ の増加量}}{x\text{ の増加量}}$ は一定。

$a>0$ のとき　グラフは **右上がりの直線** となる。
（x の値が増加すると，y の値は増加する）

$a<0$ のとき　グラフは **右下がりの直線** となる。
（x の値が増加すると，y の値は減少する）

(3) **グラフのかき方**　原点と他の 1 点の座標を求めて，直線で結ぶ。
（直線は 2 点で決まる。）

(4) **グラフから式を求める**

グラフ上の原点以外の 1 点の座標をもとに，$y=ax$ の a の値を求める。

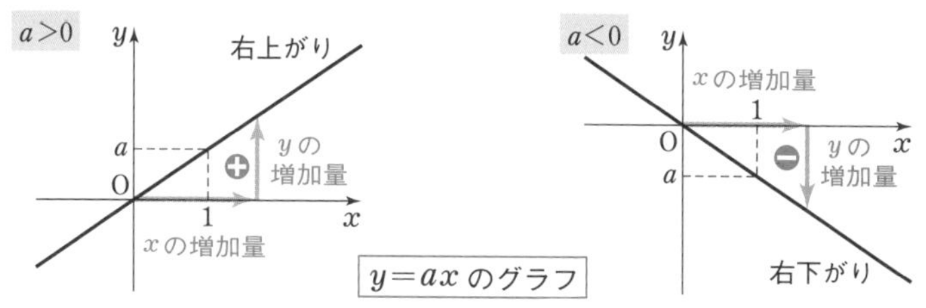

$y=ax$ のグラフ

5章　2 比例とそのグラフ

例題 102 点の座標 

右の図の点 A, B, C, D, E, F, G, H の座標をそれぞれ答えなさい。

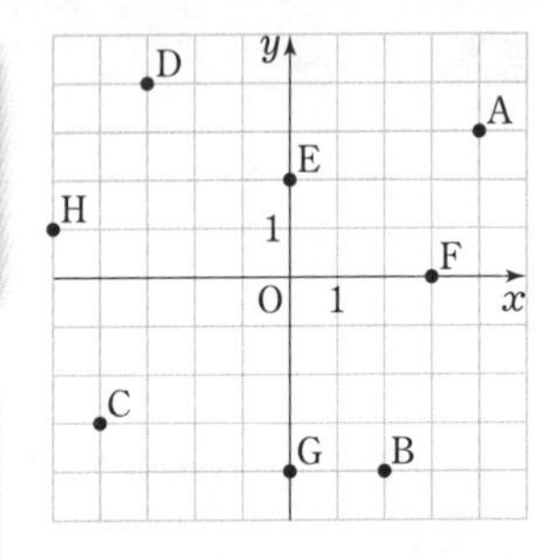

考え方 点Aの座標は，次のように表す。

① **x 座標**：点Aから x 軸に引いた垂線の先の目もり 4 を読みとる。

② **y 座標**：点Aから y 軸に引いた垂線の先の目もり 3 を読みとる。

③ (x 座標，y 座標) の形で点の座標を表す。

解答

点Aの座標は (4，3)，　**点Bの座標は (2，−4)，**　**点Cの座標は (−4，−3)，**

点Dの座標は (−3，4)，　**点Eの座標は (0，2)，**　**点Fの座標は (3，0)，**

点Gの座標は (0，−4)，　**点Hの座標は (−5，1)**　答

練習 102 座標平面上に次の点をかき入れなさい。

A(2，3)，　B(4，−3)，　C(−3，−2)，　D(−4，3)，

E(2，0)，　F(0，−5)，　G(−4，0)，　H(0，−3)

例題 103 中点の座標

2 点 A(3，−5)，B(−9，1) を結ぶ線分 AB の中点の座標を求めなさい。

考え方

2 点 A(a，b)，B(c，d) を結ぶ線分 AB の中点の座標は　$\left(\dfrac{a+c}{2},\ \dfrac{b+d}{2}\right)$

この公式にあてはめる。すなわち，2 点の x 座標どうし，y 座標どうしをたして 2 でわった数が中点の x 座標，y 座標となる。

解答

2 点 A(3，−5)，B(−9，1) を結ぶ線分 AB の中点について，

その x 座標は　$\dfrac{3+(-9)}{2}=-3$，　y 座標は　$\dfrac{(-5)+1}{2}=-2$

よって，求める座標は　**(−3，−2)**　答

練習 103 次の 2 点 A，B を結ぶ線分 AB の中点の座標を求めなさい。

(1)　A(3，6)，B(5，10)　　(2)　A(−5，4)，B(9，−6)

(3)　A(4，5)，B(−6，8)　　(4)　A(−3，−6)，B(−4，−3)

例題 104 対称な点の座標

(1) 点 A$(-2,\ 3)$ について，次の点の座標を求めなさい。

① x 軸に関して対称な点B　② y 軸に関して対称な点C

③ 原点に関して対称な点D

(2) 点 P$(2,\ 5)$ に関して，点 Q$(-4,\ 3)$ と対称な点Rの座標を求めなさい。

考え方 (1) まず，座標平面に点Aと対称な点 B，C，Dをかき入れ，その座標を求める。

⟶ **図の問題は，図をかいて考える。**

x 軸に関して対称：y 座標の符号だけ反対。

y 軸に関して対称：x 座標の符号だけ反対。

原点に関して対称：x 座標，y 座標の符号が両方とも反対。

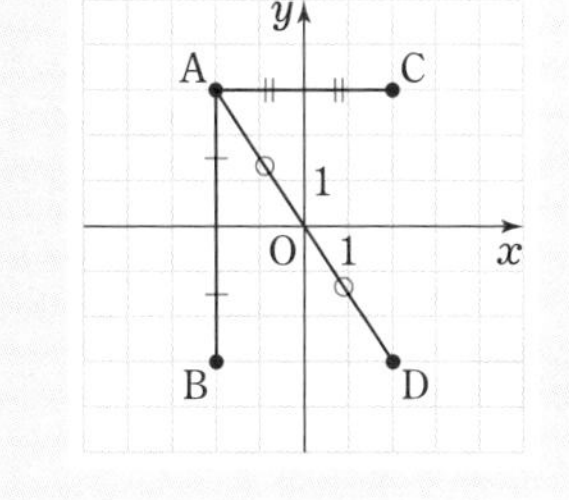

(2) 点Pに関して，点Qと対称な点R

⟶ 線分 QR の中点が点P

点Rの座標を $(a,\ b)$ として，a，b の方程式をつくり，それを解く。

解答

(1) ① 点Bの座標は　$(-2,\ -3)$ 答　◀ y 座標の符号だけ反対。

② 点Cの座標は　$(2,\ 3)$ 答　◀ x 座標の符号だけ反対。

③ 点Dの座標は　$(2,\ -3)$ 答　◀ x 座標，y 座標の符号が両方とも反対。

(2) 線分 QR の中点が点Pであるから，点Rの座標を $(a,\ b)$ とすると

$$\frac{-4+a}{2}=2,\quad \frac{3+b}{2}=5$$

これを解くと　$a=8$，$b=7$

したがって，点Rの座標は　$(8,\ 7)$ 答

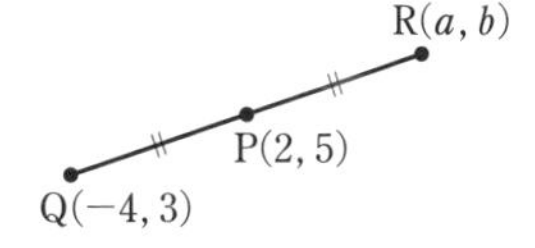

練習 104A 次の点について，① x 軸に関して対称な点　② y 軸に関して対称な点　③ 原点に関して対称な点　の座標をそれぞれ求めなさい。

(1) A$(3,\ 4)$　(2) B$(5,\ -3)$　(3) C$(-6,\ -4)$　(4) D$(a,\ 2a)$

練習 104B 2点 A$(3a-5,\ -b+6)$，B$(a+1,\ 3b-2)$ が次の条件を満たすように a，b の値を定めなさい。

(1) x 軸に関して対称　(2) y 軸に関して対称　(3) 原点に関して対称

練習 104C 次の点の座標を求めなさい。

(1) 点 A$(3,\ 4)$ に関して，点 B$(1,\ -2)$ と対称な点Cの座標

(2) 点 P$(a,\ b)$ に関して，点 Q$(m,\ n)$ と対称な点Rの座標

例題 105 移動した点の座標

点 P$(3,\ -2)$ を次のように移動した点の座標を求めなさい。

(1) 左に 6 だけ移動した点 Q　　(2) 下に 2 だけ移動した点 R

(3) 右に 3，上に 6 だけ移動した点 S

考え方

左右の移動は，x 座標が変化（左は－，右は＋）し，
上下の移動は，y 座標が変化（上は＋，下は－）する。

左に移動した点 …… x 座標は移動の分 **減らす**。y 座標は同じ。
右に移動した点 …… x 座標は移動の分 **増やす**。y 座標は同じ。
上に移動した点 …… y 座標は移動の分 **増やす**。x 座標は同じ。
下に移動した点 …… y 座標は移動の分 **減らす**。x 座標は同じ。

解答

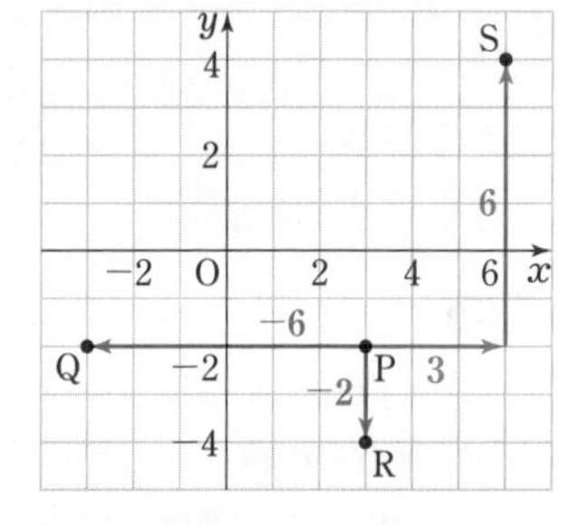

(1) 点 Q の座標は　$(3-6,\ -2)$　　答 $(-3,\ -2)$

(2) 点 R の座標は　$(3,\ -2-2)$　　答 $(3,\ -4)$

(3) まず，右に 3 だけ移動すると　$(3+3,\ -2)$
続いて，上に 6 だけ移動すると　$(3+3,\ -2+6)$
よって，点 S の座標は　$(6,\ 4)$ 答

解説

図形を，一定の向きに一定の距離だけずらす移動を **平行移動** という。
図形を座標軸に平行に動かす移動は平行移動である。
上の例題の移動を，次のように表現することがある。

(1) 左に 6 だけ移動 ⟶ x 軸方向に -6 だけ平行移動
(2) 下に 2 だけ移動 ⟶ y 軸方向に -2 だけ平行移動
(3) 右に 3 だけ移動 ⟶ x 軸方向に　3 だけ平行移動
　　上に 6 だけ移動 ⟶ y 軸方向に　6 だけ平行移動

練習 105A 2 点 P$(-1,\ 2)$，Q$(a,\ -a)$ を，次のように移動した点の座標をそれぞれ求めなさい。

(1) 左に 3 だけ移動　(2) 右に 5 だけ移動　(3) 下に 2 だけ移動

(4) 上に 3 だけ移動　(5) 左に 2，上に 1 だけ移動

練習 105B (1) 点 A$(6,\ 1)$ を，左右にどれだけ移動し，上下にどれだけ移動すると，点 B$(-2,\ 3)$ に重なるか答えなさい。

(2) 点 P$(-7,\ 5)$ を，左右にどれだけ移動し，上下にどれだけ移動すると，原点 O$(0,\ 0)$ に重なるか答えなさい。

例題 106　平行四辺形の頂点の座標

A(1, −1), B(7, 2), D(2, 4) とする。線分 AB, AD を 2 辺とする平行四辺形 ABCD について，次の問いに答えなさい。

(1) 対角線 AC, BD の交点Eの座標を求めなさい。

(2) 点Cの座標を求めなさい。

平行四辺形は，2 組の対辺が平行な四角形である。平行四辺形の性質

平行四辺形の対角線は，それぞれの中点で交わる

を利用する。(『チャート式 体系数学 1 幾何編』*p*.145 参照)

(1) 対角線 BD の中点として求められる。

(2) 点Cの座標を $(x,\ y)$ として，線分 AC の中点が (1) で求めた線分 BD の中点Eであることから，x, y の値を求める。

解答

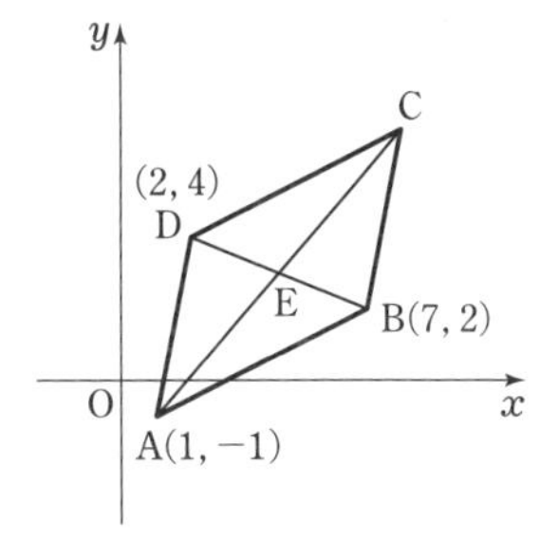

(1) 平行四辺形 ABCD の対角線は，それぞれの中点で交わる。

点Eは対角線 BD の中点であるから，E の座標は

$$\left(\frac{7+2}{2},\ \frac{2+4}{2}\right) \quad すなわち \quad \left(\frac{9}{2},\ 3\right) \quad 答$$

(2) 点Eは対角線 AC の中点でもあるから，点Cの座標を $(x,\ y)$ とすると

$$\frac{1+x}{2}=\frac{9}{2},\qquad \frac{-1+y}{2}=3$$

これを解くと　$x=8,\ y=7$

よって，点Cの座標は　**(8, 7)**　答

解説

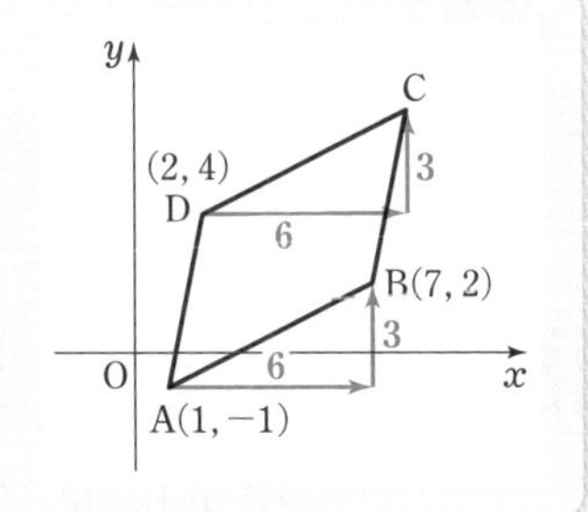

平行四辺形 ABCD においては，点Aから点Bへの移動と，点Dから点Cへの移動は，同じ移動である。

点Aから点Bへの移動は，右に 6，上に 3 の移動であるから，点Dを同じように移動すると

右に 6 ⟶ x 座標は $2+6=8$

上に 3 ⟶ y 座標は $4+3=7$

したがって，点Cの座標は (8, 7) になる。

練習 106　A(−4, −2), B(3, −1), D(1, 3) とする。線分 AB, AD を 2 辺とする平行四辺形 ABCD の残りの頂点Cの座標を求めなさい。

例題 107 比　例

次の(1)～(4)について，y が x に比例するかどうかを答えなさい。また，比例するものについては，比例定数を求めなさい。

(1)　針金 1 kg の長さが 20 m である。この針金 x kg の長さを y m とする。

(2)　1000 枚で厚さ 15 cm の紙がある。この紙 x 枚の厚さを y cm とする。

(3)　600 m を毎分 x m の速さで歩くとき，かかる時間を y 分とする。

(4)　縦が x cm，横が $3x$ cm の長方形の面積を y cm^2 とする。

考え方

y が x に比例するとは，$\boldsymbol{y}$**=(定数)×**$\boldsymbol{x}$ の形で表されるということ。したがって，x と y の関係を式で表して，この形になるかどうかを調べる。

重要　**比例**　$y=ax$　{ **y は x に比例する** / **a は比例定数** }

解答

(1)　y を x の式で表すと　　$y=20x$

よって，y は x に **比例する**。比例定数は　**20**　答

(2)　紙 1 枚の厚さは $\dfrac{15}{1000}=\dfrac{3}{200}$ (cm) である。y を x の式で表すと　　$y=\dfrac{3}{200}x$

よって，y は x に **比例する**。比例定数は　$\boldsymbol{\dfrac{3}{200}}$　答

(3)　y を x の式で表すと　　$y=\dfrac{600}{x}$

よって，y は x に **比例しない**。　答

◀距離＝速さ×時間 から
時間＝$\dfrac{距離}{速さ}$

(4)　縦が x cm，横が $3x$ cm の長方形の面積は　　$x\times3x=3x^2$

よって，y を x の式で表すと $y=3x^2$ となり，y は x に **比例しない**。　答

練習 107A　次の(1)～(6)について，y が x に比例するものには○を，比例しないものには×をつけなさい。また，○のものはその比例定数を求めなさい。

(1)　$y=-2x$　　(2)　$y=10x$　　(3)　$3x-y=6$

(4)　$y=\dfrac{x}{5}$　　(5)　$y=\dfrac{5}{x}$　　(6)　$\dfrac{y}{x}=0.6$

練習 107B　次の(1)～(3)について，y が x に比例するかどうかを答えなさい。また，比例するものについては，その比例定数を求めなさい。

(1)　高さが 10 cm，底辺が x cm である三角形の面積を y cm^2 とする。

(2)　1 本 70 円の鉛筆を x 本買って 1000 円札を出したときのおつりを y 円とする。

(3)　時速 8 km で x 分走ったとき，進んだ道のりを y km とする。

例題 108 比例の式を求める

(1) y は x に比例し，$x=-3$ のとき $y=12$ である。このとき，y を x の式で表しなさい。また，$x=2$ のときの y の値を求めなさい。

(2) $y-1$ は $x+3$ に比例し，$x=-2$ のとき $y=5$ である。$y=9$ のときの x の値を求めなさい。

(1) y は x に比例するから，$y=ax$（a は比例定数）と表すことができる。
この式に1組の値 $x=-3$，$y=12$ を代入すると，a の値が決まる。

CHART y が x に比例 $\longleftrightarrow$ $y=ax$

(2) $y-1$ は $x+3$ に比例する $\longrightarrow$ $y-1=a(x+3)$ と表される。

解答

(1) y は x に比例するから，比例定数を a とすると，$y=ax$ と表すことができる。
$x=-3$ のとき $y=12$ であるから

◀ x と y をとり違えて，逆に代入しないように注意。

$12=a\times(-3)$ よって $a=-4$

したがって **$y=-4x$** 答

$x=2$ のとき **$y=(-4)\times2=-8$** 答

(2) $y-1$ は $x+3$ に比例するから，比例定数を a とすると，$y-1=a(x+3)$ と表すことができる。$x=-2$ のとき $y=5$ であるから

$5-1=a\times(-2+3)$ よって $a=4$

したがって $y-1=4(x+3)$ 整理すると $y=4x+13$

$y=9$ のとき $9=4x+13$

よって $-4x=4$ したがって **$x=-1$** 答

CHART

比例 y が x に比例 $\longleftrightarrow$ $y=ax$

1 a は1組の値で決まる　　2 x が n 倍 $\longrightarrow$ y も n 倍

(1) y は x に比例し，$x=6$ のとき $y=24$ である。このとき，y を x の式で表しなさい。また，$x=3$ のときの y の値を求めなさい。

(2) $y+1$ は $2x-3$ に比例し，$x=-3$ のとき $y=5$ である。$y=7$ のときの x の値を求めなさい。

$y=\frac{2}{3}x$ のとき，x の値に対応する y の値について，$x\neq0$ のとき $\frac{y}{x}$ の値は一定で ア□ である。また，x の値が3増加すると，y の値は イ□ 増加する。

例題 109 比例のグラフ

次の比例のグラフをかきなさい。

(1) $y=3x$　　(2) $y=\frac{3}{5}x$　　(3) $y=-2x$

比例 $y=ax$ のグラフは，**原点を通る直線** である。

重要　直線は2点で決まる

よって，原点と，対応する x，y の組を座標とする点を1つ座標平面上にとり，この2点を通る直線を引く。　←原点からなるべく離れた点をとるとかきやすい。

解答

(1) $x=3$ のとき $y=9$ であるから，グラフは原点と点 $(3,\ 9)$ を通る直線である。

(2) $x=5$ のとき $y=3$ であるから，グラフは原点と点 $(5,\ 3)$ を通る直線である。

(3) $x=3$ のとき $y=-6$ であるから，グラフは原点と点 $(3,\ -6)$ を通る直線である。

よって，グラフは **下の図 (1)〜(3)** のようになる。 答

(1)

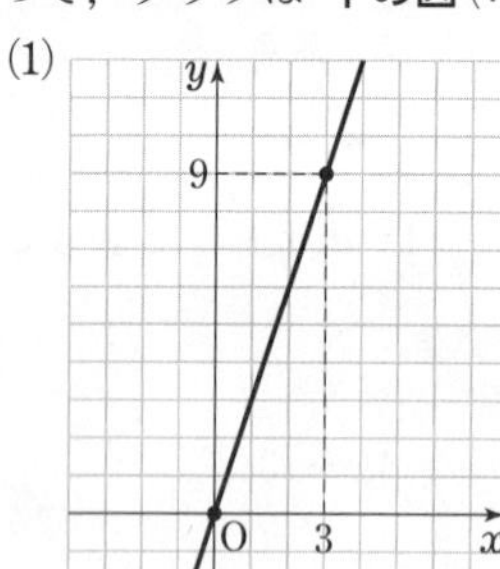

(2)

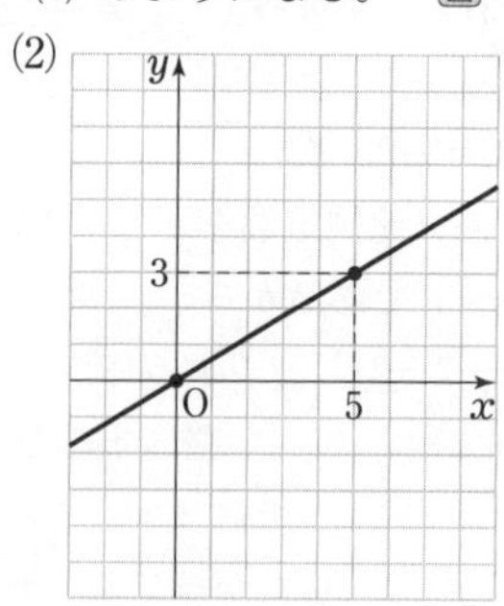

(3)

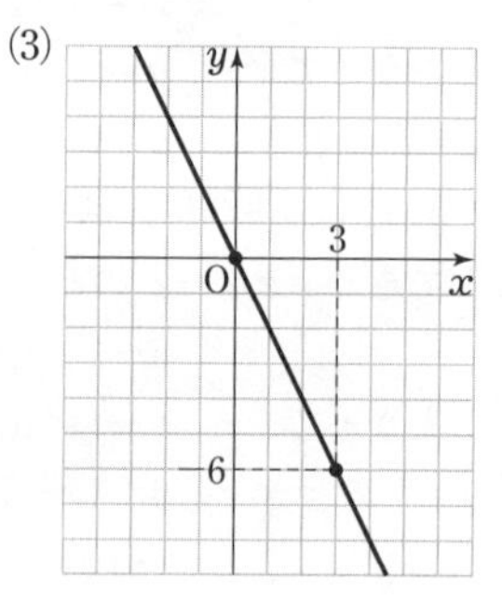

注意

グラフをかくための原点以外の他の1点は，上の解答以外の点をとってもよい。
たとえば，(1) は点 $(1,\ 3)$，点 $(2,\ 6)$，(3) は点 $(1,\ -2)$，点 $(2,\ -4)$ でもよい。

練習 109A 次の比例のグラフをかきなさい。

(1) $y=5x$　　(2) $y=\frac{1}{3}x$　　(3) $y=\frac{3}{4}x$

(4) $y=-4x$　　(5) $y=-\frac{3}{5}x$

練習 109B 次の x と y の関係を表すグラフをかきなさい。

(1) 底辺が 6 cm，高さが x cm である三角形の面積が y cm^2 である。

(2) 西から東に向かって毎秒 2 m の速さで歩く人が，A地点を通過してから x 秒後にA地点から y m だけ東の地点にいる。

例題 110 グラフの式

右の直線(1), (2)は比例のグラフである。それぞれについて，y を x の式で表しなさい。

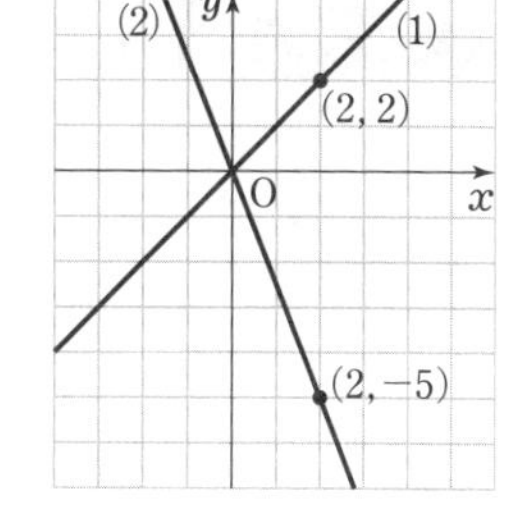

原点を通る直線 ⟶ $y=ax$ のグラフ である。
よって，a の値を決めればよい。それには

CHART 式の決定 (a)
1点の座標を代入する

解答

比例のグラフであるから，比例定数を a とすると，$y=ax$ と表すことができる。

(1) 点 (2, 2) を通るから，$y=ax$ に $x=2$, $y=2$ を代入すると　$2=a\times2$

これを解くと　$a=1$　　よって，求める式は　$y=x$ 答

(2) 点 (2, −5) を通るから，$y=ax$ に $x=2$, $y=-5$ を代入すると

$$-5=a\times2$$

これを解くと　$a=-\frac{5}{2}$

よって，求める式は

$$y=-\frac{5}{2}x \text{ 答}$$

CHART

比例のグラフ

1 式 ⟶ $y=ax$

2 グラフ ⟶ 原点を通る直線

3 かき方 ⟶ 原点ともう1点

4 式の決定 (a) ⟶ 1点の座標を代入

別解 (1) x の値が1ずつ増加すると y の値は1ずつ増加している。

よって，求める式は　$y=x$ 答

(2) x の値が2ずつ増加すると y の値は −5 ずつ増加しているから，x の値が1ずつ増加すると y の値は $-\frac{5}{2}$ ずつ増加する。よって，求める式は　$y=-\frac{5}{2}x$ 答

重要 ① $y=ax$ について　$a=\frac{a}{1}=\frac{y\text{の増加量}}{x\text{の増加量}}$　(比例定数)

② 点 (p, q) $(p\neq0)$ を通る比例のグラフの式は　$y=\frac{q}{p}x$

練習 110 y は x に比例し，そのグラフが，それぞれ次のような条件を満たすとき，y を x の式で表しなさい。

(1) 点 (2, 6) を通る。　　(2) 点 (−4, 5) を通る。

(3) x の値が2増加するとき，y の値が14増加する。

(4) x の値が3増加するとき，y の値が7減少する。

例題 111 比例のグラフと変域

$y=-\frac{4}{5}x$ において，定義域が $-5\leqq x<5$ のとき，そのグラフをかきなさい。また，その値域を求めなさい。

CHART $y=ax$ **のグラフ　原点を通る直線**

よって，グラフの端の点 $(-5,\ \square)$, $(5,\ \bigcirc)$ を求めて，この 2 点を結ぶ。このとき，原点を通る。通らなければどこかに誤りがある。

あるいは $y=-\frac{4}{5}x$ のグラフをかいて (原点と他の 1 点を結ぶ)，$-5\leqq x<5$ の部分のみとする。値域は，端の点の y 座標□，○から得られる。

解答

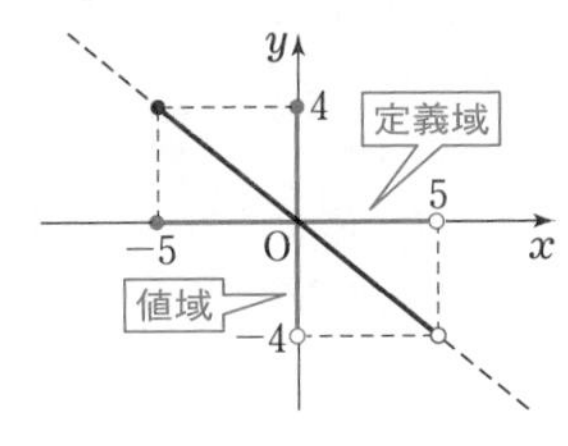

$x=-5$ のとき　$y=-\frac{4}{5}\times(-5)=4$

$x=5$ のとき　$y=-\frac{4}{5}\times5=-4$

よって，グラフは **右の図の実線部分** のようになる。 答

値域は　$-4<y\leqq4$ 答

図の塗りつぶされた丸 (•) はその点がグラフや変域に含まれていることを表し，白丸 (◦) はその点がグラフや変域に含まれていないことを表す。また，グラフは，定義域内は実線 —— で，定義域外は破線 ------ でかくことが多い。

解説

Q 定義域が特に指定されていないときは，どう考えればよいのですか？

定義域はすべての数ということになります。

Q $y=ax$ の a の値はどのような役割をしていますか。

$y=ax$ のグラフをかくとき，a の絶対値が大きいほどグラフの傾き方が急になります。

例　$y=2x$ の方が $y=x$ よりも傾き方が急

$y=-2x$ の方が $y=-x$ よりも傾き方が急

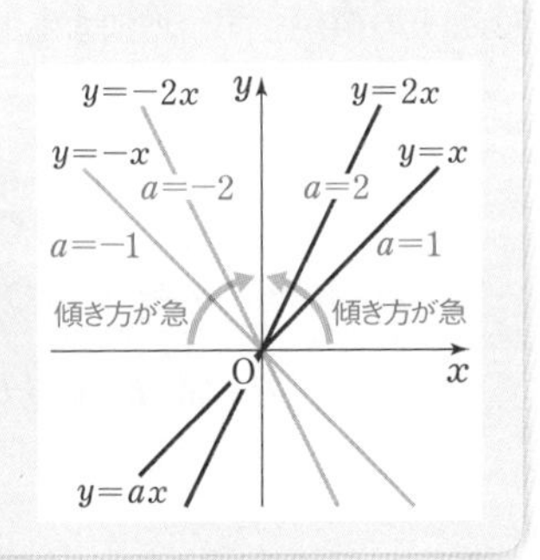

練習 111 次の関数のグラフをかきなさい。また，その値域を求めなさい。

(1) $y=-x\ (0\leqq x\leqq5)$　(2) $y=\frac{3}{4}x\ (-4\leqq x\leqq8)$

(3) $y=-\frac{6}{5}x\ (-5\leqq x<5)$　(4) $y=-1.5x\ (-2<x\leqq4)$

演習問題

□**114** 18Lの水が入る水そうに，毎分0.6Lの割合で水を入れていく。いま，水そうにちょうど6Lの水が入ったところである。このとき，次の問いに答えなさい。

(1) いまから5分後の水そうの水の量を求めなさい。

(2) いまから$\frac{5}{3}$分前の水そうの水の量を求めなさい。

(3) いまからx分後の水そうの水の量をyLとするとき，yをxの式で表しなさい。また，xの変域，yの変域を求めなさい。 → 101

□**115** 次の点A，B，C，D，E，F，G，H，I，J，K，Aを矢印の順に線分で結んで，図形をかきなさい。 → 102

A$(-2, 2)$ ⟶ B$(2, 6)$ ⟶ C$(4, 6)$ ⟶ D$(-2, 0)$ ⟶
E$(4, -6)$ ⟶ F$(2, -6)$ ⟶ G$(-2, -2)$ ⟶ H$(-2, -6)$ ⟶
I$(-4, -6)$ ⟶ J$(-4, 6)$ ⟶ K$(-2, 6)$ ⟶ A$(-2, 2)$

□**116** 2点A$(a+1, -b+2)$，B$(-2a-1, 2b+1)$がある。点Aを右に2，下に3だけ移動すると点Bに重なるとき，次のものを求めなさい。

(1) a，bの値　　(2) 2点A，Bの座標 → 105

□**117** 3点A$(2, 5)$，B$(-1, -2)$，C$(3, 1)$がある。次の座標を求めなさい。

(1) y軸に関して△ABCと対称な△A′B′C′の頂点の座標

(2) 原点に関して△A′B′C′と対称な△A″B″C″の頂点の座標

(3) △A″B″C″を左に2，上に3だけ移動してできる△A‴B‴C‴の頂点の座標 → 104, 105

□**118** 3点A$(1, 2)$，B$(5, 4)$，C$(3, 6)$を頂点とする平行四辺形の残りの頂点の座標を求めなさい。 → 106

□**119** 3点A$(-2, 1)$，B$(4, -2)$，C$(1, 8)$を頂点とする△ABCの面積を求めなさい。ただし，座標の1目もりは1cmとする。

ヒント

118 平行四辺形ABCDと決めつけてはいけない。本問では頂点の順序が示されていないから，平行四辺形ABDC，平行四辺形ADBCも考えられる。

119 3点A，B，Cを囲む長方形を考えて，余分な部分を取りさると考える。

□**120** 24時間に6分進む時計がある。この時計を，ある日の正午に正しい時刻に合わせておいた。この時計がちょうど10分進んだときの正しい時刻は，何日後の何時か答えなさい。 ➔ **107, 108**

□**121** 次の表では，それぞれ y は x に比例している。表の空欄部分を埋めなさい。また，それぞれの比例定数を求めなさい。 ➔ **108**

(1)

x	0	1	2	3
y		5		

(2)

x	2	3		5
y	-8		-16	-20

(3)

x	-3	-2		0
y	1		$\frac{1}{3}$	0

(4)

x	-5	0		10
y		0	3	6

□**122** (1) $y-7$ は $x+3$ に比例し，比例定数が4である。
$x=-5$ のときの y の値を求めなさい。
(2) $2y-1$ は $x+1$ に比例し，$x=-3$ のとき $y=0$ である。
$y=4$ となる x の値を求めなさい。 ➔ **108**

□**123** y は x に比例し，$x=-3$ のとき $y=-6$ である。また，z は y に比例し，$y=-6$ のとき $z=-18$ である。
このとき，次の問いに答えなさい。
(1) z を x の式で表しなさい。
(2) $x=\frac{1}{3}$ のときの z の値を求めなさい。
(3) $z=42$ となる x の値を求めなさい。 ➔ **108**

□**124** (1) 比例 $y=-\frac{4}{7}x$ のグラフをかきなさい。
(2) x 軸に関して(1)のグラフと対称なグラフをかき，その式を求めなさい。
(3) y 軸に関して(1)のグラフと対称なグラフをかき，その式を求めなさい。 ➔ **109**

124 x 軸や y 軸に関して，直線と対称な図形は直線である。
CHART 式の決定 (a) 1点の座標を代入

3 反比例とそのグラフ

基本事項

1 反比例

(1) **反比例を表す式**　y が x の関数で，x と y の関係が

$$y=\frac{a}{x}\quad (x \neq 0)$$

で表されるとき，**y は x に反比例する** といい，定数 a を **比例定数** という。

> 反比例
> $y=\dfrac{a}{x}$ ＜比例定数

注意　反比例を表す式でも，比例定数は 0 でないものとする。
また，反比例の関係 $y=\dfrac{a}{x}$ では，x の値が 0 のときの y の値は考えない。

(2) **反比例の性質**　①　x の値が 2 倍，3 倍，4 倍，…… になると，対応する y の値は $\dfrac{1}{2}$ 倍，$\dfrac{1}{3}$ 倍，$\dfrac{1}{4}$ 倍，…… になる。

②　$y=\dfrac{a}{x}$ において，x と y の積 xy の値は一定で，比例定数 a に等しい。

2 反比例 $y=\frac{a}{x}$ $(x \neq 0)$ のグラフ

(1) 原点に関して対称で，**双曲線** とよばれるなめらかな 2 つの曲線である。

(2) **変化のようす**　変化の割合は一定ではない。　◀変化の割合は $p.174$ 参照。

$a>0$ のとき　第 1 象限と第 3 象限にあり，グラフはどちらも **右下がり**。

$a<0$ のとき　第 2 象限と第 4 象限にあり，グラフはどちらも **右上がり**。

(3) **グラフのかき方**　対応する x，y の値の組の表をつくり，それらの組を座標とする点をとって，なめらかに結ぶ。

注意　x の値が 0 に近づくと，グラフは y 軸に近づいていくが交わらない。
x の値の絶対値を大きくすると，グラフは x 軸に近づいていくが交わらない。

(4) **グラフから式を求める**

グラフ上の 1 点の座標をもとに，$y=\dfrac{a}{x}$ の a の値を求める。

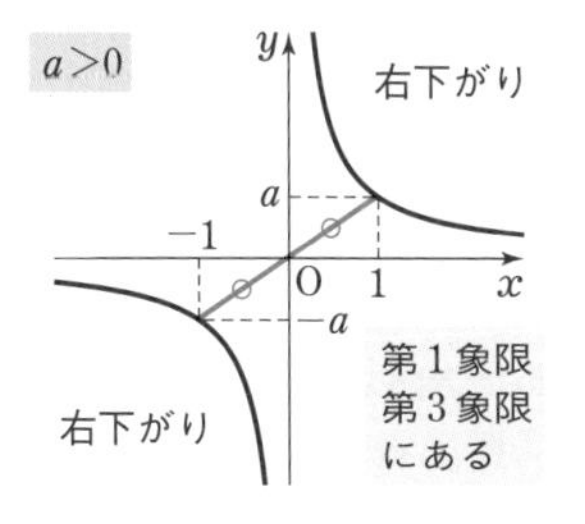

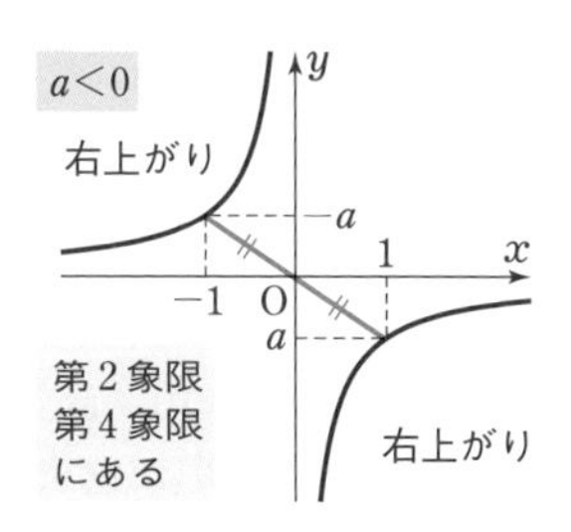

例題 112 反比例

次の (1) ~ (3) について，y は x に反比例することを示しなさい。また，そのときの比例定数を求めなさい。

(1) 50 cm の針金を x 本に等分したときの 1 本の長さを y cm とする。

(2) 時速 x km で 10 km の距離を行くのに y 時間かかる。

(3) 車輪の半径が x cm の自転車で 200 m の距離を進んだときの，車輪の回転数を y 回転とする。(円周率を π とする)

y は x に反比例 ⟶ x と y の関係を表す式が次の形になることを示す。

重要 反比例 $y=\dfrac{a}{x}$ $\begin{cases} y \text{ は } x \text{ に反比例する} \\ a \text{ は比例定数} \end{cases}$

$xy=a$ の形になることを示してもよい。

(2) **CHART** **速さの問題** 距離＝速さ×時間 を自在に使う

解答

(1) $y=\dfrac{50}{x}$ であるから，y は x に反比例する。比例定数は **50** 答

(2) かかる時間は (距離)÷(速さ) で求められるから $y=\dfrac{10}{x}$

よって，y は x に反比例する。比例定数は **10** 答

(3) 200 m は $200\times100=20000$ (cm) である。

◀式をつくるときは，単位をそろえる。

半径 x cm の車輪が 1 回転すると $2\pi x$ cm 進むから $2\pi x\times y=20000$

よって，$y=\dfrac{10000}{\pi x}$ であるから，y は x に反比例する。比例定数は $\boldsymbol{\dfrac{10000}{\pi}}$ 答

解説

反比例 $y=\dfrac{a}{x}$ において，定数 a は比例定数といい，反比例定数とはいわない。

$y=\dfrac{a}{x}$ は $y=a\times\dfrac{1}{x}$ とも書けるから，y は $\dfrac{1}{x}$ に比例するともいえる。

したがって，反比例も比例の一種であるから，定数 a を比例定数というのである。

練習 112 次の (1) ~ (4) について，y が x に反比例するかどうかを答えなさい。また，反比例するものについては，その比例定数を求めなさい。

(1) 30 ページの絵本を x ページ読んだとき，残りは y ページである。

(2) 12 km の距離を毎時 x km の速さで進むと，y 時間かかる。

(3) 底辺が x cm，高さが 6 cm である三角形の面積を y cm^2 とする。

(4) 20 g の食塩が含まれている濃度 x% の食塩水 y g がある。

例題 113 反比例の式を求める

y は x に反比例し，$x=-9$ のとき $y=4$ である。$x=6$ のときの y の値を求めなさい。

比例の場合 ($p.155$ 例題 108) と同じように考える。

CHART y は x に反比例 $\longleftrightarrow$ $y=\dfrac{a}{x}$

$\longleftrightarrow$ $xy=a$ ◀本問はこの方が簡単。

a は1組の値で決まる ◀$x=-9$，$y=4$ が1組の値。

解答

y は x に反比例するから，比例定数を a とすると，$xy=a$ と表すことができる。 ◀$y=\dfrac{a}{x}$ でもよい。

$x=-9$ のとき $y=4$ であるから

$(-9)\times 4=a$ すなわち $a=-36$

よって $xy=-36$ ◀$y=-\dfrac{36}{x}$ と同じ。

この式に $x=6$ を代入すると $6y=-36$

したがって $\boldsymbol{y=-6}$ 答

y が x に反比例するとき，積 xy の値は一定である。このことを用いると上の例題は，次のようにして $x=6$ のときの y の値を求めることもできる。

別解 $(-9)\times 4=6\times y$ よって $\boldsymbol{y=-6}$ 答

なお，比例定数は積 xy の値で $(-9)\times 4=-36$

練習 113A

(1) y は x に反比例し，$x=6$ のとき $y=-2$ である。$x=-4$ のときの y の値を求めなさい。

(2) y は x に反比例し，$x=3$ のとき $y=-6$ である。$y=-1$ となる x の値を求めなさい。

(3) $y-5$ は x に反比例し，$x=5$ のとき $y=9$ である。$x=10$ のときの y の値を求めなさい。

練習 113B

歯の数が 20 である歯車Aを 12 回転させると，歯の数が x である歯車Bが歯車Aとかみ合っていて y 回転するものとする。このとき，y を x の式で表しなさい。また，歯車Aが 12 回転する間に歯車Bが 15 回転するとき，歯車Bの歯の数を求めなさい。

例題 114 比例と反比例

$y-1$ は $x+1$ に比例し，z は $y-2$ に反比例する。また，$x=1$ のとき $y=5$ であり，$y=-1$ のとき $z=-3$ である。$x=-3$ のときの z の値を求めなさい。

考え方 $y-1$ は $x+1$ に比例し，z は $y-2$ に反比例するから，y は x で表され，z は y で表される。したがって，z は x で表される。

CHART y は x に比例 $\longleftrightarrow$ $y=ax$　　a は1組の値で決まる
z は y に反比例 $\longleftrightarrow$ $z=\dfrac{b}{y}$　　b は1組の値で決まる

解答

$y-1$ は $x+1$ に比例するから，比例定数を a とすると，$y-1=a(x+1)$ と表すことができる。

$x=1$ のとき $y=5$ であるから　$5-1=a(1+1)$　これを解くと　$a=2$

したがって　$y-1=2(x+1)$　整理すると　$y=2x+3$ ……①

z は $y-2$ に反比例するから，比例定数を b とすると，$z=\dfrac{b}{y-2}$ すなわち $(y-2)z=b$ と表すことができる。

$y=-1$ のとき $z=-3$ であるから

$$b=(-1-2)\times(-3)=9$$

よって　$z=\dfrac{9}{y-2}$ ……②

① に $x=-3$ を代入すると　$y=2\times(-3)+3=-3$

② に $y=-3$ を代入すると　$z=\dfrac{9}{-3-2}=-\dfrac{9}{5}$ 答

別解　① を ② に代入すると

$$z=\frac{9}{(2x+3)-2}$$

すなわち　$z=\dfrac{9}{2x+1}$

よって，$x=-3$ のとき

$$z=\frac{9}{-6+1}=-\frac{9}{5}$$ 答

CHART

反比例　y が x に反比例 $\longleftrightarrow$ $y=\dfrac{a}{x}$ $\longleftrightarrow$ $xy=a$

1 a は1組の値で決まる　　2 x，y の積は一定

練習 114A　y は $x-5$ に反比例し，比例定数は6である。また，y は $3z$ に比例し，比例定数は1である。このとき，z を x の式で表しなさい。

練習 114B　y は x に比例し，z は y に反比例する。

(1) z は x に反比例することを示しなさい。

(2) $x=3$ のとき $z=6$ である。$x=5$ のときの z の値を求めなさい。

例題 115 反比例のグラフ

次の反比例のグラフをかきなさい。

(1) $y=\dfrac{2}{x}$　　　(2) $y=-\dfrac{2}{x}$

反比例のグラフは，次の手順でかく。
① x にいろいろな値を与え，それぞれに対応する y の値を求めて，表をつくる。
② 座標平面上に点をとる。
③ 点と点をなめらかな曲線で結ぶ。

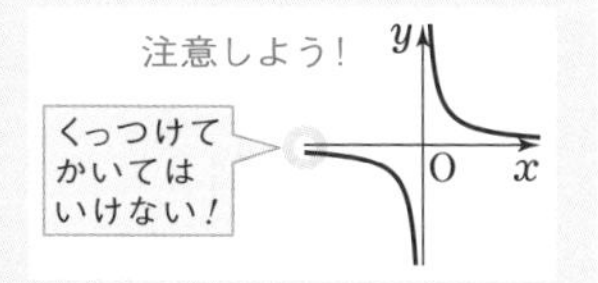

CHART グラフのかき方　点をとって結ぶ

解答

対応する x，y の値は，下の表のようになる。

(1)

x	…	-6	-5	-4	-3	-2	-1	0	1	2	3	4	5	6	…
y	…	$-\frac{1}{3}$	$-\frac{2}{5}$	$-\frac{1}{2}$	$-\frac{2}{3}$	-1	-2	×	2	1	$\frac{2}{3}$	$\frac{1}{2}$	$\frac{2}{5}$	$\frac{1}{3}$	…

(2)

x	…	-6	-5	-4	-3	-2	-1	0	1	2	3	4	5	6	…
y	…	$\frac{1}{3}$	$\frac{2}{5}$	$\frac{1}{2}$	$\frac{2}{3}$	1	2	×	-2	-1	$-\frac{2}{3}$	$-\frac{1}{2}$	$-\frac{2}{5}$	$-\frac{1}{3}$	…

よって，グラフは **下の図 (1)，(2)** のようになる。 答

(1)

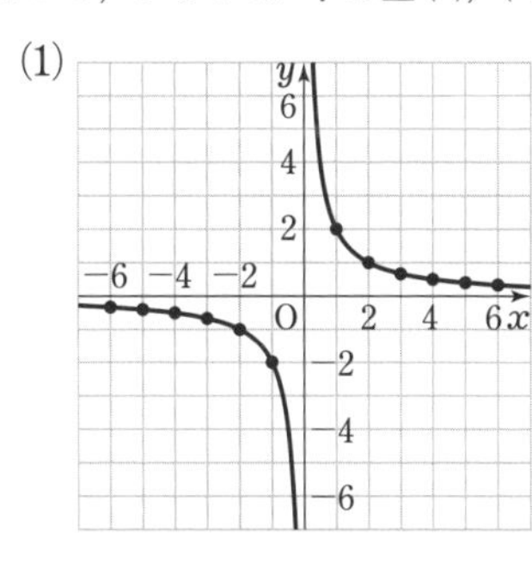

(2)

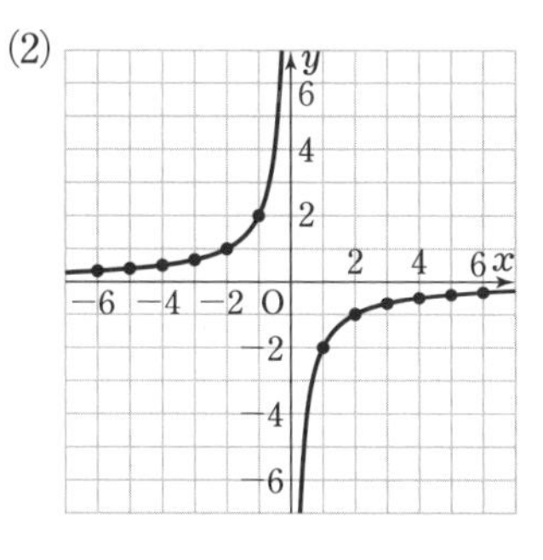

グラフは座標軸に近づきながら限りなくのびるけど，座標軸と交わることはないよ！

練習 115 $y=\dfrac{a}{x}$ の a が (ア) 4 (イ) 1 (ウ) -1 (エ) -4 の値をとるとき，次の問いに答えなさい。ただし，(3) は □ に適切な言葉を埋めなさい。

(1) 4つのグラフを同じ座標平面上にかきなさい。

(2) (1) の各グラフで，互いに x 軸に関して対称なものを答えなさい。

(3) グラフは a の絶対値が □ ほど原点から遠ざかる。

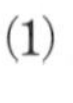

例題 116 反比例のグラフから式を求める

次の(1)，(2)の曲線は反比例のグラフである。y を x の式で表しなさい。

(1)

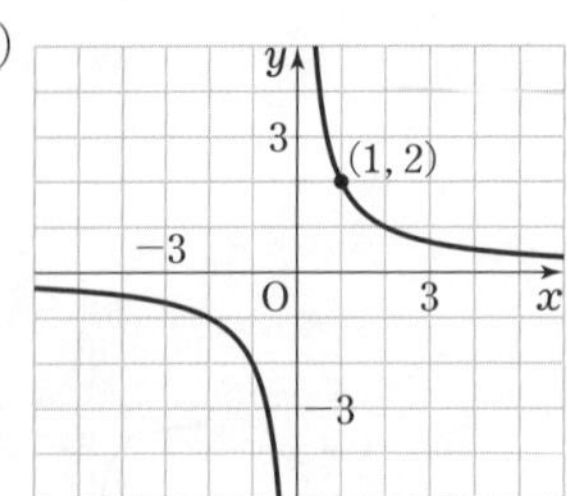

(2)

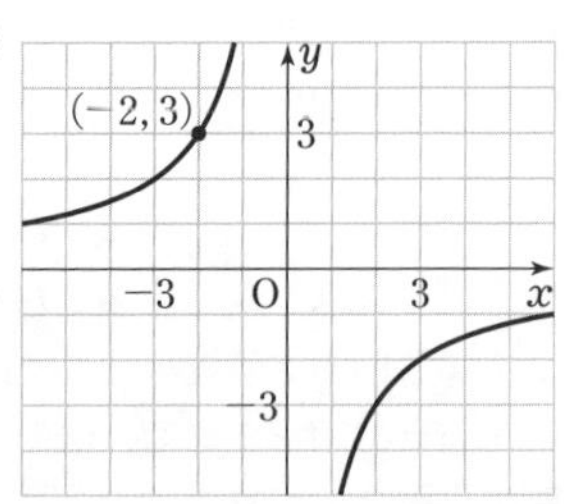

考え方

反比例の式 $\longrightarrow$ $y=\dfrac{a}{x}$　　このaの値を1組の x，y の値で決める。

CHART 式の決定 (a)　　1点の座標を代入する

解答

反比例のグラフであるから，比例定数を a とすると，$y=\dfrac{a}{x}$ すなわち $xy=a$ と表すことができる。

(1) 点 $(1,\ 2)$ を通るから，$xy=a$ に $x=1$，$y=2$ を代入すると　$a=2$

よって，求める式は

$$y=\frac{2}{x}\quad 答$$

(2) 点 $(-2,\ 3)$ を通るから，$xy=a$ に $x=-2$，$y=3$ を代入すると

$$a=(-2)\times 3=-6$$

よって，求める式は

$$y=-\frac{6}{x}\quad 答$$

CHART

反比例のグラフ

1 式 $\longrightarrow$ $y=\dfrac{a}{x}$

2 グラフ $\longrightarrow$ 双曲線

3 かき方 $\longrightarrow$ 点をとって結ぶ

4 式の決定 (a) $\longrightarrow$ 1点の座標を代入

練習 116A y は x に反比例し，そのグラフが，それぞれ次のような点を通るとき，y を x の式で表しなさい。

(1) $(1,\ 2)$　　(2) $(3,\ -3)$　　(3) $\left(-\dfrac{1}{2},\ 6\right)$　　(4) $\left(-\dfrac{10}{3},\ -\dfrac{9}{2}\right)$

練習 116B グラフが次のような双曲線になるとき，y を x の式で表しなさい。

(1) x 軸に関して，例題116の(1)のグラフと対称な双曲線

(2) y 軸に関して，例題116の(2)のグラフと対称な双曲線

例題 117 反比例のグラフと変域

y は x に反比例し，そのグラフは点 $(3,\ 4)$ を通る。また，定義域が $1 \leqq x \leqq p$ のとき，値域は $2 \leqq y \leqq q$ である。p，q の値を求めなさい。

まず，反比例を表す式を求める。

CHART 式 ⟶ $y=\dfrac{a}{x}$

式の決定 (a) ⟶ 1点の座標を代入

式を求めたらグラフをかく。$x>0$ において，グラフは右下がりになる。
したがって　$x=1$ のとき $y=q$，　$x=p$ のとき $y=2$
すなわち，$x=1$ のときの y の値，$y=2$ のときの x の値を求める。

解答

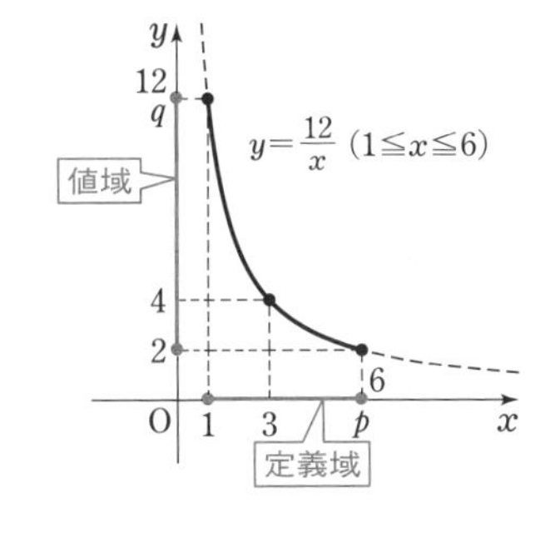

y は x に反比例するから，比例定数を a とすると，

$y=\dfrac{a}{x}$ すなわち $xy=a$ と表すことができる。

このグラフが点 $(3,\ 4)$ を通るから，$xy=a$ に $x=3$，$y=4$ を代入すると　$a=3\times4=12$

よって　$y=\dfrac{12}{x}$

$x=1$ のとき　$y=\dfrac{12}{1}=12$

$y=2$ のとき　$2=\dfrac{12}{x}$　　よって　$x=6$

したがって，$y=\dfrac{12}{x}$ $(1 \leqq x \leqq 6)$ のグラフは，上の図の実線部分のようになる。

グラフから，値域は　$2 \leqq y \leqq 12$

以上のことから　$\boldsymbol{p=6,\ q=12}$ 答

練習 117 次の問いに答えなさい。

(1) 反比例 $y=-\dfrac{3}{x}$ において，定義域が $-6 \leqq x \leqq -1$ のとき，値域を求めなさい。

(2) 右の図は，反比例のグラフの一部である。

(ア) y を x の式で表しなさい。

(イ) 定義域と値域を求めなさい。

(2)

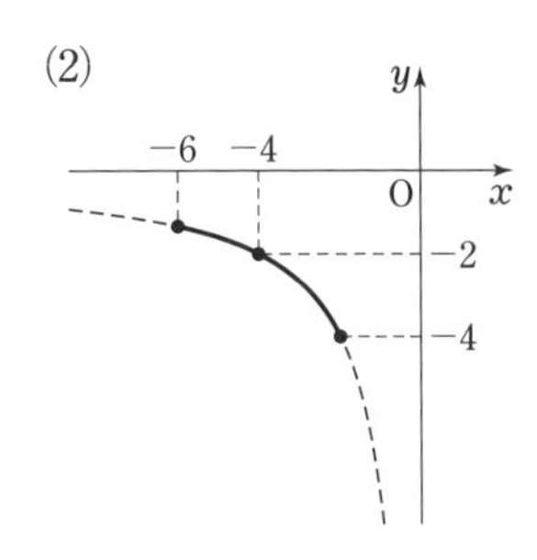

5章 3 反比例とそのグラフ

例題 118 反比例のグラフ上の格子点

y は x に反比例し，$x=\frac{1}{3}$ のとき $y=18$ である。

(1) y を x の式で表しなさい。

(2) この関係を満たすグラフ上の点で，x 座標，y 座標がともに自然数である点の個数を求めなさい。

CHART y は x に反比例 ⟶ $y=\frac{a}{x}$

(1) $x=\frac{1}{3}$，$y=18$ から，a の値を決める。

(2) x 座標，y 座標がともに自然数であるから，$x>0$，$y>0$ で考える。

そして，y 座標が自然数 ⟶ $\frac{a}{x}$ が自然数 ⟶ x は a の約数

解答

(1) y は x に反比例するから，比例定数を a とすると，

$y=\frac{a}{x}$ すなわち $xy=a$ と表すことができる。

$x=\frac{1}{3}$ のとき $y=18$ であるから

$$a=\frac{1}{3}\times18=6$$

よって $\boldsymbol{y=\frac{6}{x}}$ 答

(2) このグラフ上の点で，x 座標，y 座標がともに自然数であるとき，x は 6 の正の約数となる。

6 の正の約数は 1，2，3，6 である。

$x=1$ のとき $y=6$，$x=2$ のとき $y=3$，$x=3$ のとき $y=2$，$x=6$ のとき $y=1$

よって，グラフ上で x 座標，y 座標がともに自然数である点は

(1，6)，(2，3)，(3，2)，(6，1) 答 **4 個**

参考 x 座標，y 座標がともに整数である点 $(x,\ y)$ を **格子点**（こうしてん）という。

練習 118 y は x に反比例し，点 (1，4) がこの反比例のグラフ上にある。このとき，このグラフ上の点で，x 座標，y 座標がともに整数である点の個数を求めなさい。

$\frac{○}{□}$ が **整数** ⟶ □は○の約数。ここでは，□は負の数も考える。

演習問題

□125 (1) 温度が一定のとき，気体の体積は圧力に反比例する。
1.2 気圧のとき体積が 1500 cm^3 の気体は，同じ温度で 0.2 気圧だけ圧力を下げると，体積は何 cm^3 増えるか求めなさい。
(2) 濃度が x% の食塩水 y g に含まれる食塩の重さを 60 g とする。
このとき，y を x の式で表しなさい。また，食塩水が 400 g のときの濃度を求めなさい。 ➔ 112

□126 (1) y は $x+4$ に反比例し，$x=2$ のとき $y=-2$ である。$x=-2$ のときの y の値を求めなさい。
(2) y は x に比例し，$x=2$ のとき $y=6$ である。また，z は y に反比例し，$y=3$ のとき $z=2$ である。$x=-1$ のときの z の値を求めなさい。
(3) y は x に比例する量と反比例する量の和で表される。$x=1$ のとき $y=-1$，$x=3$ のとき $y=5$ である。y を x の式で表しなさい。
また，$x=-3$ のときの y の値を求めなさい。 ➔ 113, 114

□127 天びんで，支点から x cm のところにつるした y g のおもりと，支点から 5 cm のところにつるした 21 g のおもりがつり合うときを考える。なお，天びんがつり合うのは，支点の両側に対して「支点からおもりをつりさげている点までの距離」と「おもりの重さ」の積が等しいときである。

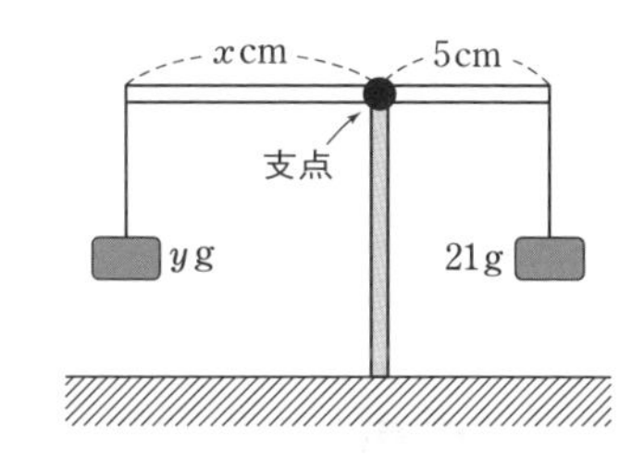

(1) y を x の式で表しなさい。
(2) $x=15$ のときの y の値を求めなさい。 ➔ 113

□128 反比例 $y=\dfrac{a}{x}$ (a は定数) について，定義域が $5 \leqq x \leqq 9$ であるとき，値域は $\dfrac{5}{3} \leqq y \leqq b$ となる。a，b の値を求めなさい。 ➔ 117

□129 反比例 $y=-\dfrac{a}{x}$ (a は 1 けたの自然数) のグラフ上にあって，x 座標，y 座標がともに整数である点が 8 個になる a の値をすべて求めなさい。
➔ 118

4 比例，反比例の利用

例題 119　グラフの交点

右の図のように，比例 $y=ax$ のグラフと反比例 $y=-\dfrac{8}{x}$ のグラフが，2点A，Bで交わっており，点Aの x 座標が -4 である。

(1)　a の値を求めなさい。

(2)　点Bの座標を求めなさい。

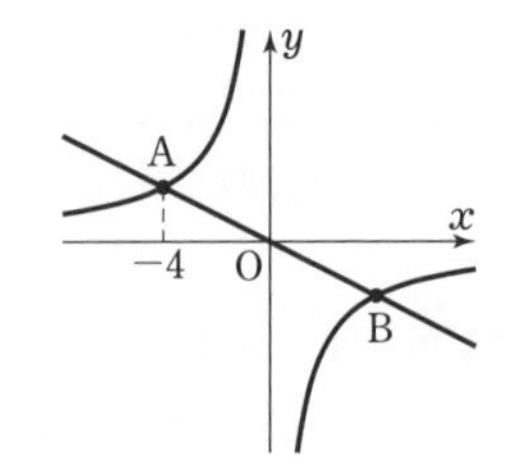

(1)　点Aは反比例のグラフ上にある ⟶ y 座標は $x=-4$ のときの値。

(2)　2つの交点A，Bは，原点に関して対称である。　◀下の解説参照。

解答

(1)　点Aの y 座標は，$y=-\dfrac{8}{x}$ に $x=-4$ を代入して　　$y=-\dfrac{8}{-4}=2$

よって，点Aの座標は　　$(-4,\ 2)$

Aは，比例 $y=ax$ のグラフ上の点でもあるから，$y=ax$ に $x=-4$，$y=2$ を代入すると　　$2=a\times(-4)$　　　答　$\boldsymbol{a=-\dfrac{1}{2}}$

(2)　点Bは，原点に関して点A$(-4,\ 2)$と対称であるから，その座標は

$\boldsymbol{(4,\ -2)}$　答

解説

2つのグラフが点 $(p,\ q)$ で交わるとき，それぞれのグラフの式に $x=p$，$y=q$ を代入した等式が成り立つ。

比例のグラフと反比例のグラフが交わるとき，2つの交点は原点に関して対称である。

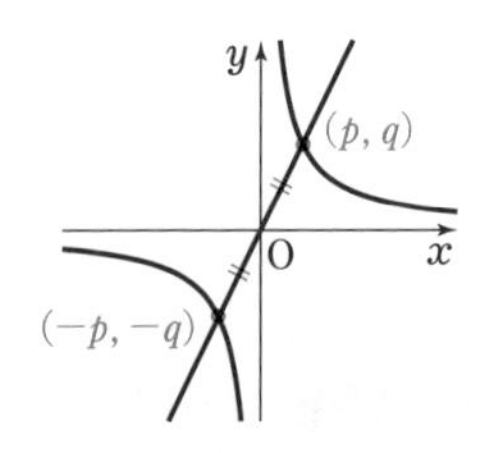

練習 119　右の図のように，比例 $y=-\dfrac{2}{3}x$ のグラフと反比例 $y=\dfrac{a}{x}$ のグラフが，2点A，Bで交わっており，点Aの x 座標が6である。

(1)　a の値を求めなさい。

(2)　点Bの座標を求めなさい。

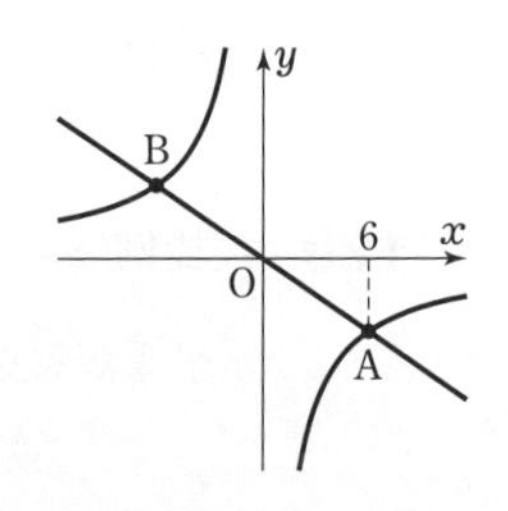

例題 120 反比例のグラフと面積

右の図のように，反比例 $y=\frac{12}{x}$ $(x>0)$ のグラフ上に点Pをとり，Pから x 軸，y 軸に引いた垂線をそれぞれPA，PBとする。このとき，点Pをグラフ上のどこにとっても，長方形OAPBの面積は一定であることを説明しなさい。

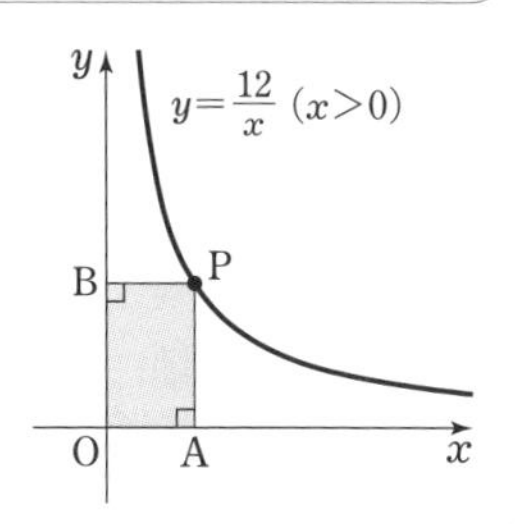

考え方 線分OA，OBの長さは，それぞれ点Pの x 座標，y 座標と等しい。
そこで，**点Pの x 座標を t とする** と，Pは反比例のグラフ上にあるから，y 座標は t で表される。すなわち，線分OA，OBの長さが t で表される。
あとは，面積を計算して，一定の数になることを導けばよい。

解答

点Pの x 座標を t $(t>0)$ とする。
└─ x，y 以外の文字にする。

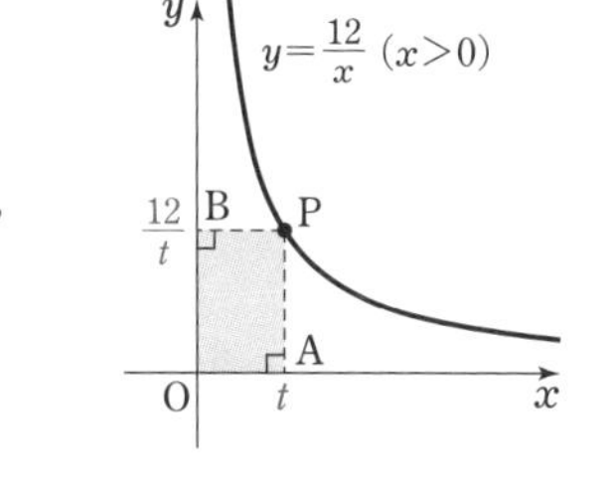

Pは，反比例 $y=\frac{12}{x}$ $(x>0)$ のグラフ上の点であるから，

その y 座標は $\frac{12}{t}$ と表される。

よって　　$OA=t$，$OB=\frac{12}{t}$

このとき，長方形OAPBの面積は

$$OA\times OB=t\times\frac{12}{t}=12$$　◀定数。

したがって，長方形OAPBの面積は，点Pをグラフ上のどこにとっても12となり，一定である。 終

練習 120 右の図のように，反比例 $y=\frac{18}{x}$ のグラフと比例 $y=ax$ $(a>0)$ のグラフが，x 座標が正である点Pで交わっている。点Pから x 軸に引いた垂線をPHとするとき，次の問いに答えなさい。

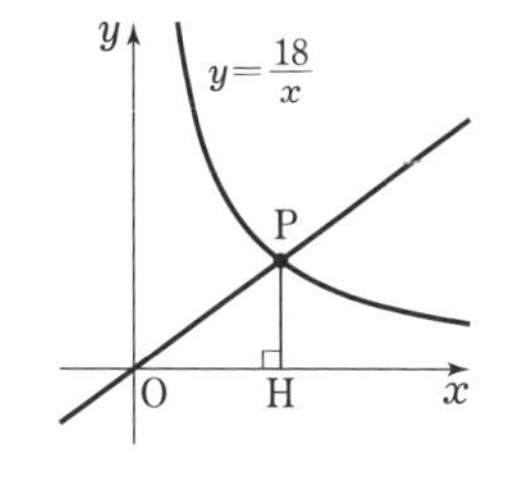

(1) △OHPの面積を求めなさい。ただし，座標の1目もりは1cmとする。

(2) 点Pの x 座標が5のとき，a の値を求めなさい。

例題 121　比例，反比例のグラフと長方形の周の長さ

右の図のように，比例 $y=2x$ のグラフと反比例 $y=\frac{a}{x}$ のグラフが 2 点で交わっている。x 座標が正である交点を A，x 座標が負である交点を B とする。また，y 軸に関して点Aと対称な点を C，点B と対称な点を D とする。長方形 ACBD の周の長さが 48 であるとき，a の値を求めなさい。

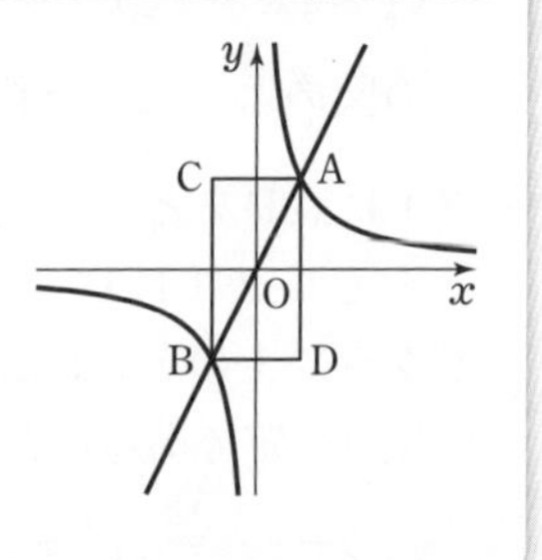

考え方　$y=2x$ のグラフ上の点A ⟶ x 座標を t とすると，A$(t,\ 2t)$ と表される。

重要　**$y=ax$ のグラフ上の点は，$(t,\ at)$ と表される。**

AC，AD の長さを t で表して，長方形 ACBD の周の長さが 48 であることから，t についての方程式をつくり，それを解く。⟶ 点Aの座標が求められる。

CHART　**式の決定 (a) ⟶ 1 点の座標を代入**

解答

点Aの x 座標を $t\ (t>0)$ とする。

点Aは，比例 $y=2x$ のグラフ上の点であるから，

$y=2x$ に $x=t$ を代入して　　$y=2t$

したがって，A の座標は $(t,\ 2t)$ と表される。

よって　　$AC=t\times2=2t$，$AD=2t\times2=4t$

長方形 ACBD の周の長さが 48 であるから

$$(2t+4t)\times2=48$$

これを解くと　　$t=4$　　◀$t>0$ を満たす。

よって，点Aの座標は　　$(4,\ 8)$

点Aは，反比例 $y=\frac{a}{x}$ のグラフ上の点でもあるから，$y=\frac{a}{x}$ すなわち $xy=a$ に $x=4$，$y=8$ を代入して　　$a=4\times8=32$　　答 $\boldsymbol{a=32}$

練習 121　比例 $y=ax\ (a>0)$ …… ① のグラフと 2 点 A$(5,\ 0)$，B$(0,\ 4)$ がある。
① のグラフ上の点を P とするとき，△POA と △POB の面積が等しくなるような a の値を求めなさい。
ただし，点Pは x 座標，y 座標がともに正であるとする。

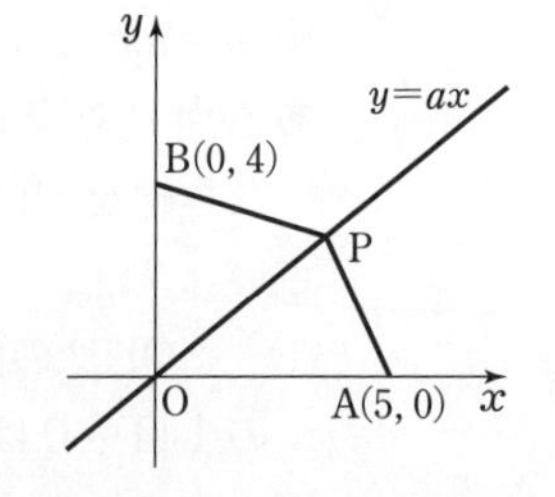

演習問題

□**130** 右の図において，直線 ℓ，m はそれぞれ比例 $y=3x$，$y=\frac{1}{3}x$ のグラフである。直線 ℓ 上の点Aを右に2だけ移動した点をDとする。また，点Dを通り，y 軸に平行な直線が直線 m と交わる点をCとし，AD，DC を2辺とする長方形 ABCD を図のようにつくる。点Aの y 座標が6であるとき，点Cの座標を求めなさい。 ➔ 119

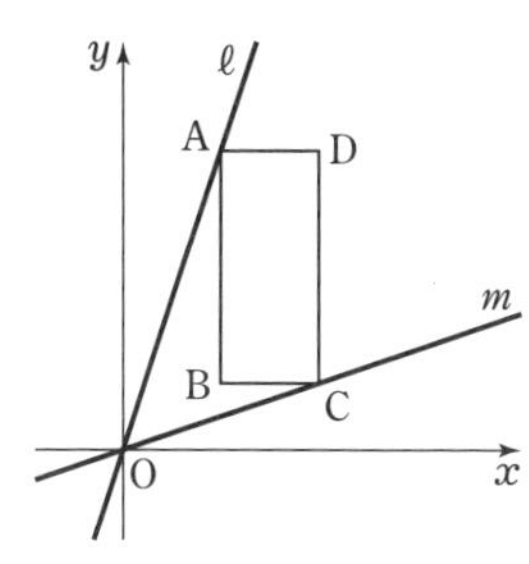

□**131** 右の図のように，反比例 $y=\frac{20}{x}$ のグラフ上に点Aがあり，y 軸上に点Bがある。点Aの x 座標は正の数，点Bの y 座標は9，△OAB の面積が15であるとき，点Aの座標を求めなさい。 ➔ 120

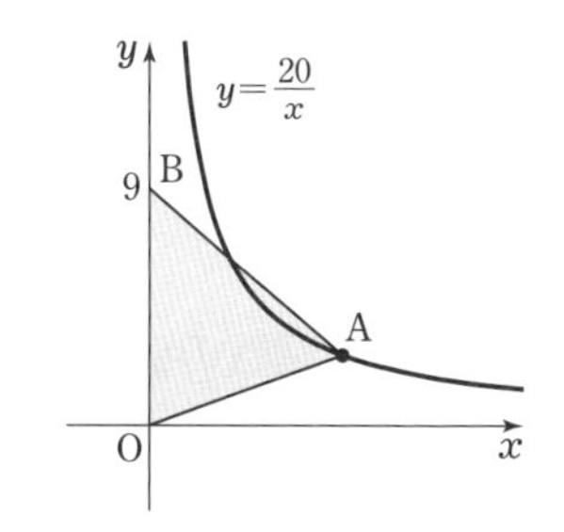

□**132** 比例 $y=\frac{2}{3}x$ のグラフと反比例 $y=\frac{a}{x}$ $(a>0)$ のグラフがあり，x 座標が正である交点をPとする。また，2点 A(0, 5)，B(3, 0) がある。四角形 AOBP の面積が21であるとき，a の値を求めなさい。 ➔ 121

□**133** 反比例 $y=\frac{a}{x}$ $(a>0)$ ……① のグラフと4点 A(0, 2)，B(8, 2)，C(8, 6)，D(0, 6) を頂点とする四角形 ABCD がある。①のグラフと線分 AB，CD との交点をそれぞれ E，F とする。(1)，(2) のそれぞれの場合について，a の値を求めなさい。

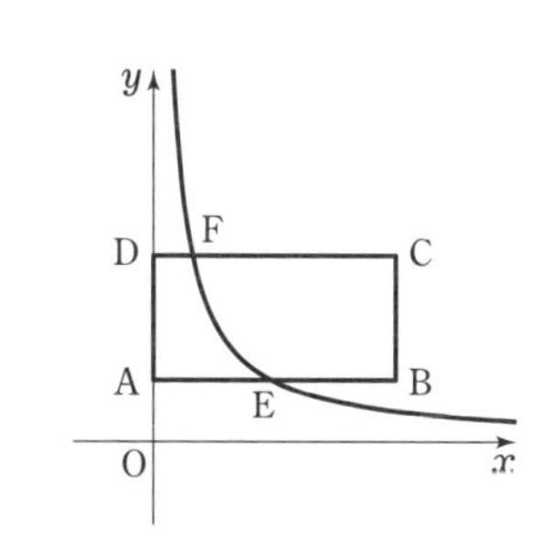

(1) 点Fの x 座標が2である。

(2) 四角形 EBCF の面積が四角形 ABCD の面積の $\frac{5}{8}$ である。

➔ 121

133 (2) 点E，Fの x 座標は a を用いて表される。

5 1次関数とそのグラフ

1 1次関数

y が x の関数で，x と y の関係が

$$y=ax+b \quad (a,\ b \text{は定数},\ a \neq 0)$$

◀$y=$(x の1次式)

で表されるとき，**y は x の1次関数である** という。

例　$y=7x+5$ のとき，y は x の1次関数である。

比例の関係 $y=-\frac{1}{2}x$ は1次関数である。

$y=ax+b$
ax：x に比例する項
b：定数項

1次関数と比例の関係

1次関数 $y=ax+b$ (a，b は定数) において

① $b=0$ ならば $y=ax$ となり，y は x に比例する。

② $b \neq 0$ ならば $y-b=ax$ となり，$y-b$ は x に比例する。

◀比例は，1次関数の特別な場合である。

2 1次関数の値の変化

(1) 変化の割合

x の増加量に対する y の増加量の割合を，関数の **変化の割合** という。

1次関数 $y=ax+b$ では

$$(\text{変化の割合})=\frac{y\text{の増加量}}{x\text{の増加量}}=a \quad (\text{一定})$$

$$(y\text{の増加量})=a\times(x\text{の増加量})$$

$y=ax+b$
a：変化の割合

例　1次関数 $y=2x-3$ について，x の値が1から5まで増加するとき，

x の増加量は　$5-1=4$

y の増加量は　$(2\times5-3)-(2\times1-3)=7-(-1)=8$

このとき，変化の割合は　$\frac{y\text{の増加量}}{x\text{の増加量}}=\frac{8}{4}=2$

(2) 増加・減少

1次関数 $y=ax+b$ では，x の値が増加すると，y の値は

$a>0$ のとき，増加する。　$a<0$ のとき，減少する。

特に，x の値が1増加すると，y の値は a 増加する。

x の値が c 増加すると，y の値は ac 増加する。

例　1次関数 $y=\frac{1}{2}x-5$ は，x の値が1増加すると，y の値は $\frac{1}{2}$ 増加する。

1次関数 $y=-5x+3$ は，x の値が1増加すると，y の値は -5 増加する。すなわち，5減少する。

3 1次関数 $y=ax+b$ のグラフ

(1) $y=ax$ (a は定数) のグラフを y 軸の正の方向に b だけ平行移動した直線である。

$b>0$ ならば，上方に b だけ平行移動
$b<0$ ならば，下方に $-b$ だけ平行移動

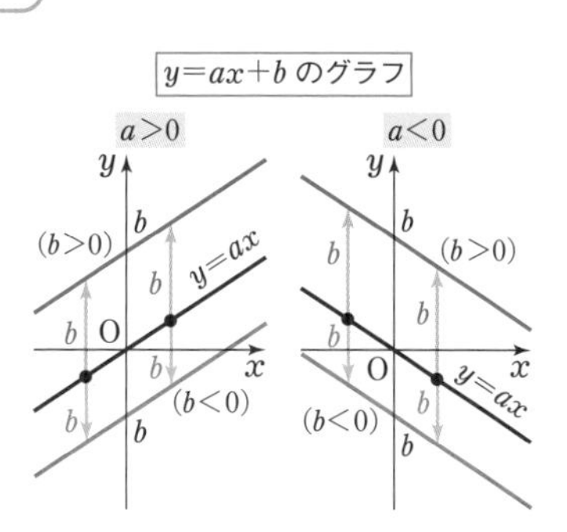

(2) y 軸上の点 $(0,\ b)$ を通り，**傾き** が a の直線である。b を直線の **切片** という。

直線の傾き a ＝変化の割合

$$=\frac{y\text{ の増加量}}{x\text{ の増加量}}$$

(3) $a>0$ ならば右上がり，$a<0$ ならば右下がり。
a の絶対値が大きいほど，傾き方は急になる。

(4) $b>0$ ならば，原点より上側で y 軸と交わる。
$b<0$ ならば，原点より下側で y 軸と交わる。

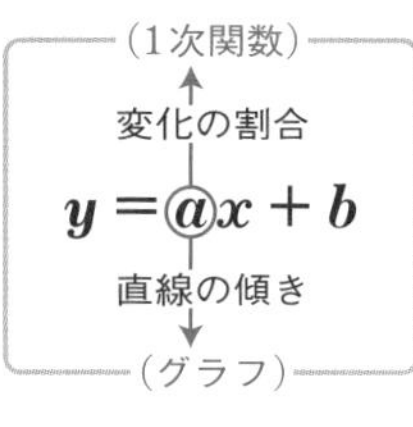

(5) 1次関数 $y=ax+b$ のグラフを **直線 $y=ax+b$** といい，$y=ax+b$ をこの **直線の式** または **直線の方程式** という。

4 1次関数 $y=ax+b$ のグラフのかき方

直線は通る2点で決まるから，グラフが通る2点を見つけて，その2点を通る直線を引く。2点としては

① 切片から1点 $(0,\ b)$，傾き a からもう1点を選ぶ。
② 1次関数の式から，適切な2点を選ぶ。

例 ① $y=-\frac{2}{3}x+3$ のグラフ

[1] 切片が3 ⟶ 点 $(0,\ 3)$

[2] 傾き $-\frac{2}{3}$ から x の値が3増加すると，y の値は2減少する。
⟶ 点 $(3,\ 1)$

② $y=\frac{1}{4}x+\frac{7}{4}$ のグラフ

[1] $x=1$ のとき $y=2$
⟶ 点 $(1,\ 2)$

[2] $x=5$ のとき $y=3$
⟶ 点 $(5,\ 3)$

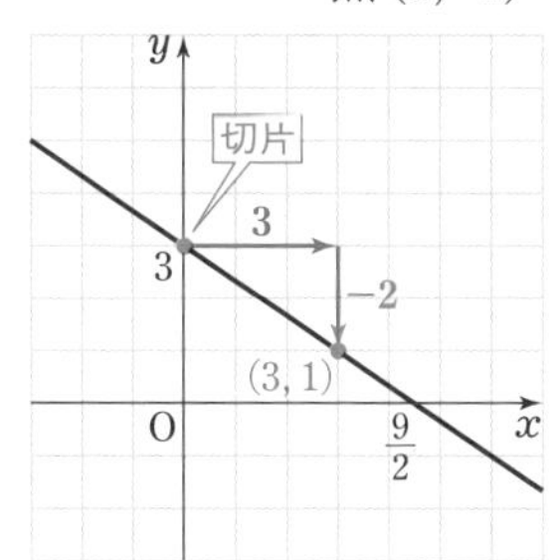

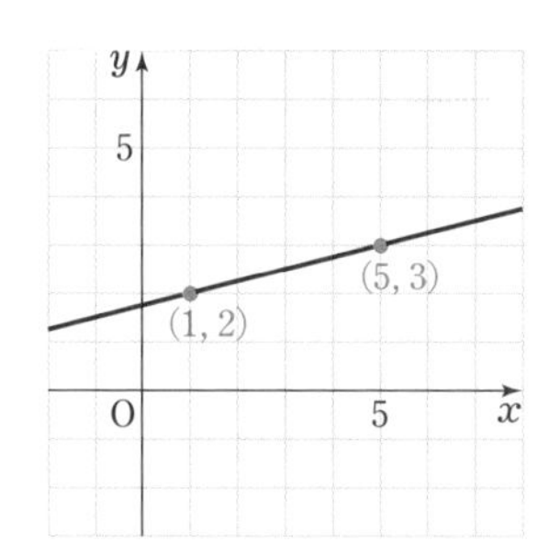

例題 122 1次関数

長さ 10 cm のつるまきばねにおもりをつるすと，重さ 1 g について 6 mm の割合でばねが伸びるものとする。このつるまきばねについて

(1) x g のおもりをつるしたときの長さを y cm とする。このとき，y を x の式で表しなさい。また，定義域を求めなさい。

(2) 5 g のおもりをつるしたとき，ばねの長さを求めなさい。

(3) 長さが 16 cm のとき，つるしたおもりの重さを求めなさい。

単位を cm に **そろえて**，おもりの重さと伸びについて考えると，次の表のようになる。
この表と右の図を参考にして，式をつくる。

重さ (g)	0	1	2	3	x
伸び (cm)	0	0.6×1	0.6×2	0.6×3	$0.6\times x$
長さ (cm)	10	10.6	11.2	11.8	$10+0.6x$

$10+0.6\times1$　$10+0.6\times2$　$10+0.6\times3$

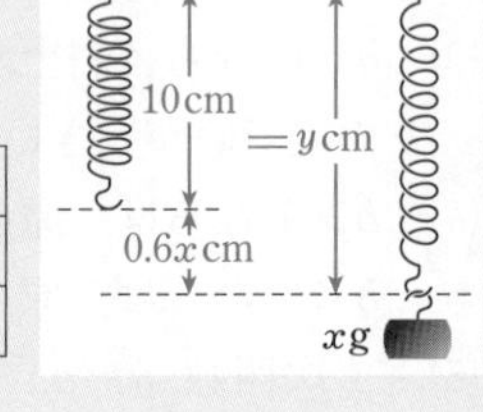

(2), (3) は (1) で求めた式に，それぞれ x, y の値を代入して求める。

解答

(1) 重さ 1 g につき，ばねは 6 mm 伸びる。6 mm は 0.6 cm である。
　よって，求める式は　　$y=0.6x+10$　答
　また，**定義域は**　　$x\geqq0$　答

← 式をつくるときは単位をそろえる。

(2) (1) の式に $x=5$ を代入すると
　　$y=0.6\times5+10=13$　　答 **13 cm**

(3) (1) の式に $y=16$ を代入すると　$16=0.6x+10$　　よって　$0.6x=6$
　これを解いて　$x=10$　◀ $x\geqq0$ を満たす。　答 **10 g**

練習 122A 次の x と y の関係について，y を x の式で表しなさい。

(1) 秒速 8.5 km のロケットが飛んだ時間 x 秒と進んだ距離 y km

(2) 1 本 50 円の鉛筆 x 本と 200 円のノート 1 冊の代金が y 円

(3) 水が 10 L 入っている水そうがある。この水そうに 1 分間に 2 L の割合で水を入れていく。水を入れ始めてから x 分後の水そうの中の水の量を y L とする。ただし，水はあふれないものとする。

練習 122B (1) 練習 122A (1) の関係で，ロケットの飛んだ時間が 3 秒，10 秒のときの進んだ距離をそれぞれ求めなさい。

(2) 練習 122A (3) の関係で，水を入れ始めて 10 分後と 1 時間後の水そうの中の水の量をそれぞれ求めなさい。

例題 123　1次関数の値の変化

1次関数 $y=2x-1$ について，次のものを求めなさい。

(1)　x の値が -2 から 5 まで増加するときの変化の割合

(2)　x の増加量が 6 であるときの y の増加量

(1)　x の増加量，y の増加量を求め，**変化の割合**$=\dfrac{y\text{の増加量}}{x\text{の増加量}}$ にあてはめる。

(2)　**(y の増加量)=(変化の割合)×(x の増加量)**

1次関数 $y=ax+b$ では

変化の割合$=\dfrac{y\text{の増加量}}{x\text{の増加量}}$ は一定で，x の係数 a に等しい　…… Ⓐ

解答

(1)　x の増加量は　　$5-(-2)=7$

また　　$x=-2$ のとき $y=2\times(-2)-1=-5$，　$x=5$ のとき $y=2\times5-1=9$

したがって，y の増加量は　　$9-(-5)=14$

よって，求める変化の割合は　　$\dfrac{14}{7}=\mathbf{2}$　答

(2)　x の増加量は 6 で，変化の割合は 2 であるから，求める y の増加量は

$2\times6=\mathbf{12}$　答

上の Ⓐ の説明　1次関数 $y=ax+b$ で，x の値が p から q まで増加するとき

x の増加量は　$q-p$，　y の増加量は　$(aq+b)-(ap+b)=a(q-p)$

よって　　変化の割合$=\dfrac{y\text{の増加量}}{x\text{の増加量}}=\dfrac{a(q-p)}{q-p}=a$　(一定)　終

練習 123A　1次関数 $y=-2x+3$ について，次のものを求めなさい。

(1)　x の値が -4 から 2 まで増加するときの変化の割合

(2)　x の増加量が 3 のときの y の増加量

(3)　y の増加量が 12 のときの x の増加量

練習 123B　10 km あたり 1 L のガソリンを使う自動車がある。この自動車のタンクに 40 L のガソリンを入れて出発した。

(1)　x km 走ったときの残りのガソリンを y L として，y を x の式で表しなさい。また，定義域を求めなさい。

(2)　出発してから，18 km の地点から 31 km の地点まで走ったときに使ったガソリンの量を求めなさい。

例題 124 1次関数のグラフ

次の1次関数のグラフを，同じ座標平面上にかきなさい。

(1) $y=3x-4$　　(2) $y=\frac{3}{4}x+\frac{1}{2}$

1次関数 $y=ax+b$ のグラフは直線であるから，その上の2点をとって結ぶ。
その2点のとり方は，次の2通りの方法がある。

① **切片 b** ⟶ 点 $(0,\ b)$，　**傾き a** ⟶ $\frac{\text{縦}}{\text{横}}$

(1) 点 $(0,\ -4)$ から
傾き3 ⟶ 横に1，縦に3の点 $(1,\ -1)$

② **適切な2点を選ぶ。**

(2) x，y の値が整数となる点を選ぶとよい。

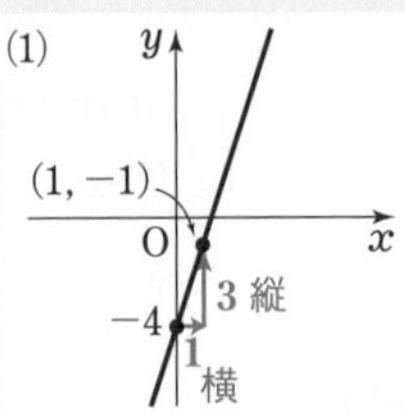

解答

(1) 1次関数 $y=3x-4$ は，切片が -4，傾きが3であるから，グラフは2点 $(0,\ -4)$，$(3,\ 5)$ を通る。

(2) 1次関数 $y=\frac{3}{4}x+\frac{1}{2}$ は

$x=-2$ のとき $y=-1$，$x=2$ のとき $y=2$

よって，グラフは2点 $(-2,\ -1)$，$(2,\ 2)$ を通る。

以上より，(1)，(2)のグラフは **右の図** のようになる。 答

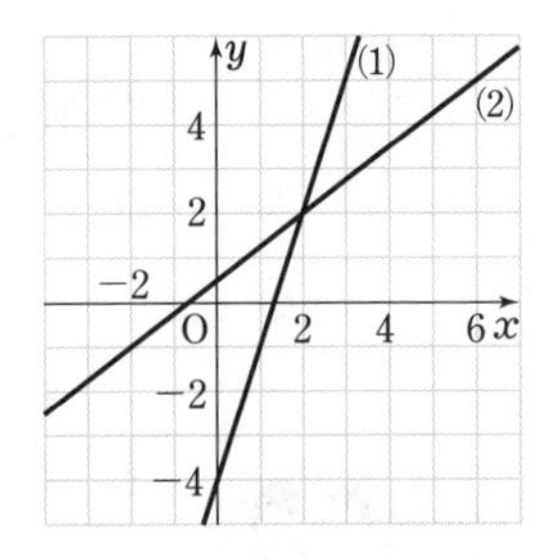

注意 (2)の傾き $\frac{3}{4}$ は，「右へ4，上へ3だけ進む」と考えればよい。

CHART

$y=ax+b$ のグラフのかき方

1 切片と傾きから　a ⟶ $\frac{\text{縦}}{\text{横}}$　b ⟶ y 軸との交点

2 2点をおさえる　x の2つの値を代入する

練習 124A (ア)～(カ)の1次関数のグラフについて，(1)，(2)のものを答えなさい。

(ア) $y=-2x+1$　(イ) $y=3(x+1)$　(ウ) $y=3-2x$

(エ) $y=\frac{1}{2}x$　(オ) $y=-\frac{1}{3}x+1$　(カ) $y=\frac{1}{2}x+2$

(1) 傾きが等しいもの　　(2) 切片が等しいもの

練習 124B 次の1次関数のグラフをかきなさい。

(1) $y=2x+3$　(2) $y=-\frac{2}{3}x+1$　(3) $y=-4(x+1)$

例題 125 変域に制限のある1次関数のグラフ

次の関数のグラフをかきなさい。また，その値域を求めなさい。

(1) $y=x+2$ $(-4 \leqq x \leqq 3)$　　(2) $y=-2x+3$ $(-1 \leqq x < 4)$

(1) 1次関数 $y=x+2$ のグラフの $-4 \leqq x \leqq 3$ の部分。

⟶ 端の2点 $(-4,\ -2)$, $(3,\ 5)$ を結ぶ線分。

(2) 1次関数 $y=-2x+3$ のグラフの $-1 \leqq x < 4$ の部分。

ただし，$x<4$ は $x=4$ を含まないから，$x=4$ に対応する点を除くことに注意する。

CHART **$y=ax+b$ のグラフのかき方**　2点をおさえる

解答

(1) $x=-4$ のとき $y=-2$

$x=3$ のとき $y=5$

よって，グラフは **図の実線部分** のようになる。

値域は　**$-2 \leqq y \leqq 5$** 答

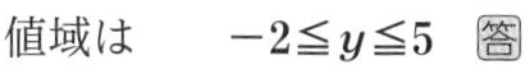

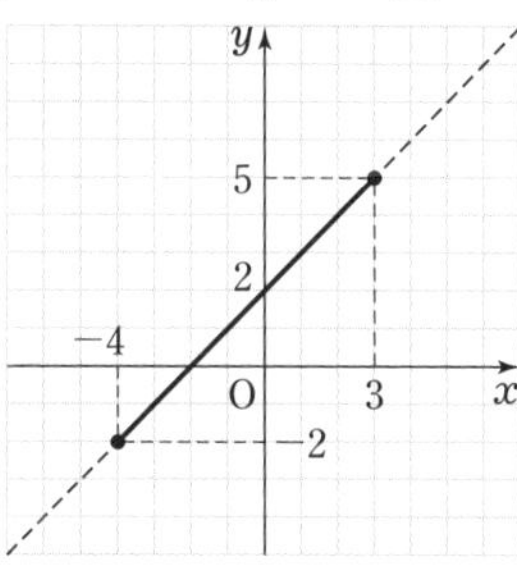

(2) $x=-1$ のとき $y=5$

$x=4$ のとき $y=-5$

よって，グラフは **図の実線部分** のようになる。

値域は　**$-5 < y \leqq 5$** 答

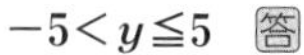

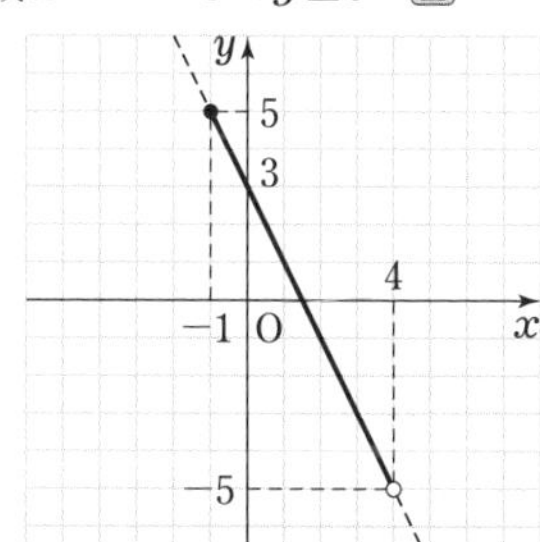

解説

1次関数 $y=ax+b$ のグラフは，定義域により，それぞれ次のような図形になる。

① $p \leqq x \leqq q$ ⟶ 端の2点を結ぶ線分。

② $p \leqq x$ や $x \leqq q$ ⟶ 一方にのびる半直線。端を含む。

③ $p < x < q$ や $p < x$ ⟶ 線分や半直線から端の点を除いたもの。

練習 125 次の関数のグラフをかきなさい。また，その値域を求めなさい。

(1) $y=-2x+6$ $(-2 \leqq x \leqq 3)$　　(2) $y=\dfrac{4}{3}x+2$ $(0 < x \leqq 3)$

(3) $y=3x-2$ $(-3 < x < 2)$　　(4) $y=-x+3$ $(x < -2)$

例題 126 変域（定義域，値域）

1次関数 $y=ax+b$ は，定義域が $-2 \leqq x \leqq 3$ のとき，値域が $-3 \leqq y \leqq 7$ であるという。次の各場合について，定数 a，b の値を求めなさい。

(1) $a>0$　　(2) $a<0$

CHART 定義域の端に注目

(1) $y=ax+b$ $(-2 \leqq x \leqq 3)$ のグラフは，$a>0$ のとき右上がりの線分。

$\longrightarrow$ $x=-2$ のとき $y=-3$，$x=3$ のとき $y=7$

$\longrightarrow$ a，b についての連立方程式を導き，それを解く。

(2) $a<0$ のとき右下がりの線分。

$\longrightarrow$ $x=-2$ のとき $y=7$，$x=3$ のとき $y=-3$

解答

(1) $x=-2$ のとき $y=-3$，$x=3$ のとき $y=7$

これらを $y=ax+b$ に代入すると

$\begin{cases} -3=-2a+b \\ 7=3a+b \end{cases}$ すなわち $\begin{cases} 2a-b=3 & \cdots\cdots ① \\ 3a+b=7 & \cdots\cdots ② \end{cases}$

①＋② から　$5a=10$

よって　$a=2$　（$a>0$ を満たす）

② に代入すると　$6+b=7$　よって　$b=1$

答 $\boldsymbol{a=2,\ b=1}$

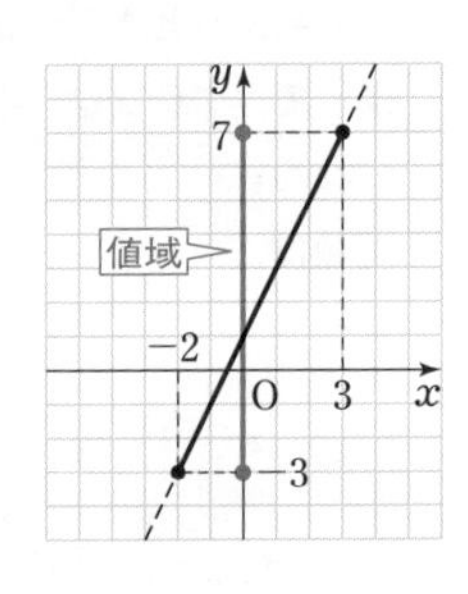

(2) $x=-2$ のとき $y=7$，$x=3$ のとき $y=-3$

これらを $y=ax+b$ に代入すると

$\begin{cases} 7=-2a+b \\ -3=3a+b \end{cases}$ すなわち $\begin{cases} 2a-b=-7 & \cdots\cdots ③ \\ 3a+b=-3 & \cdots\cdots ④ \end{cases}$

③＋④ から　$5a=-10$

よって　$a=-2$　（$a<0$ を満たす）

④ に代入すると　$-6+b=-3$　よって　$b=3$

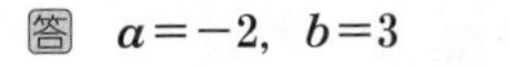

答 $\boldsymbol{a=-2,\ b=3}$

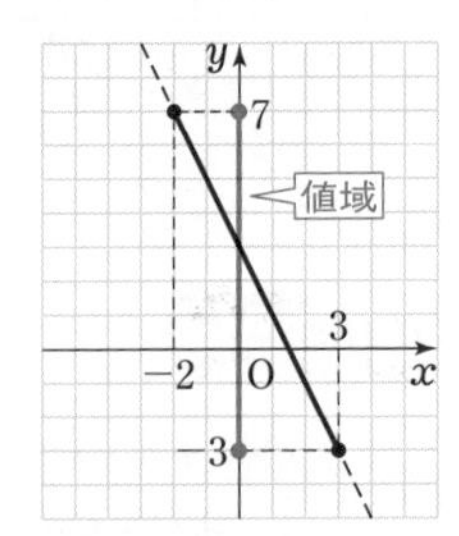

練習 126

(1) 関数 $y=-2x+3$ $(p \leqq x \leqq q)$ において，値域が $-1 \leqq y \leqq 5$ である。定数 p，q の値を求めなさい。

(2) 1次関数 $y=ax+2$ $(a>0)$ は，定義域が $-2 \leqq x \leqq 3$ のとき値域が $-4 \leqq y \leqq b$ である。定数 a，b の値を求めなさい。

(3) 1次関数 $y=ax+b$ について，定義域が $-1 \leqq x<2$ のとき値域が $-2<y \leqq 3$ である。このとき，定数 a，b の値を求めなさい。

例題 127 1次関数の式を求める (1)

(1) 変化の割合が -5 で，$x=2$ のとき $y=-7$ となる1次関数の式を求めなさい。

(2) 傾きが $-\frac{1}{2}$ で点 $(-2,\ 6)$ を通る直線の式を求めなさい。

重要 直線の式は $y=ax+b$ とおく　a は傾き，b は切片

変化の割合，傾きが与えられているから，a の値はわかる。

(1) 変化の割合が -5 ⟶ $y=-5x+b$

(2) 傾きが $-\frac{1}{2}$ ⟶ $y=-\frac{1}{2}x+b$

関数 $y=ax+b$ グラフ（a：変化の割合，傾き）

次に，b の値を決める。

(1) $x=2$ のとき $y=-7$ ⟶ $y=-5x+b$ に代入。

(2) 点 $(-2,\ 6)$ を通る ⟶ $x=-2$ のとき $y=6$

⟶ $y=-\frac{1}{2}x+b$ に代入。

解答

(1) 変化の割合が -5 であるから，求める1次関数の式は，次のように表される。

$$y=-5x+b$$

$x=2$ のとき $y=-7$ であるから，$x=2$，$y=-7$ をこの式に代入すると

$$-7=-5\times2+b \qquad \text{よって} \qquad b=3$$

したがって　$\boldsymbol{y=-5x+3}$ 答

(2) 傾きが $-\frac{1}{2}$ であるから，求める直線の式は，次のように表される。

$$y=-\frac{1}{2}x+b$$

◀1次関数 $y=ax+b$ のグラフ ⟷ 直線 $y=ax+b$

点 $(-2,\ 6)$ を通るから，$x=-2$，$y=6$ をこの式に代入すると

$$6=-\frac{1}{2}\times(-2)+b \qquad \text{よって} \qquad b=5$$

したがって　$\boldsymbol{y=-\frac{1}{2}x+5}$ 答

練習 127A 次の条件を満たす1次関数の式を求めなさい。

(1) 変化の割合が -7 で，$x=-2$ のとき $y=6$

(2) x の値が3増加するとき y の値が2増加し，$x=6$ のとき $y=1$

練習 127B 次の条件を満たす直線の式を求めなさい。

(1) 点 $(-1,\ 2)$ を通り，傾きが3

(2) 点 $(3,\ -2)$ を通り，傾きが $-\frac{4}{3}$

例題 128 1次関数の式を求める (2)

次の2点を通る直線の式を求めなさい。

(1) $(3, -2)$, $(-4, 5)$　　(2) $(1, 1)$, $(3, -3)$

直線の式 ⟶ $y=ax+b$ の形。この定数 a, b の値を決定する。
そのためには，次の2通りの方法がある。

(解法1) 2点の座標を代入して，a, b の **連立方程式** を解く。

(解法2) 傾き a を求めて，1点の座標を代入する。

問題に応じて，計算しやすい方を使えばよい。

解答

(1) 求める直線の式を $y=ax+b$ とする。　◀(1) を解法1，(2) を解法2で解答した。

$x=3$ のとき $y=-2$ であるから　◀点 (p, q) を通る ⟶ $x=p$, $y=q$

$-2=3a+b$ ……①

$x=-4$ のとき $y=5$ であるから

$5=-4a+b$ ……②

①−② から　$-7=7a$　よって　$a=-1$

$a=-1$ を ① に代入すると

$-2=-3+b$　よって　$b=1$

したがって　$\boldsymbol{y=-x+1}$ 答

(2) この直線は，2点 $(1, 1)$, $(3, -3)$ を通るから，

傾きは　$\dfrac{-3-1}{3-1}=-2$　◀傾き$=\dfrac{y\text{の増加量}}{x\text{の増加量}}$

よって，求める直線の式は $y=-2x+b$ と表すことができる。

$x=1$ のとき $y=1$ であるから

$1=-2\times1+b$　◀1点の座標を代入。

$b=3$

したがって　$\boldsymbol{y=-2x+3}$ 答

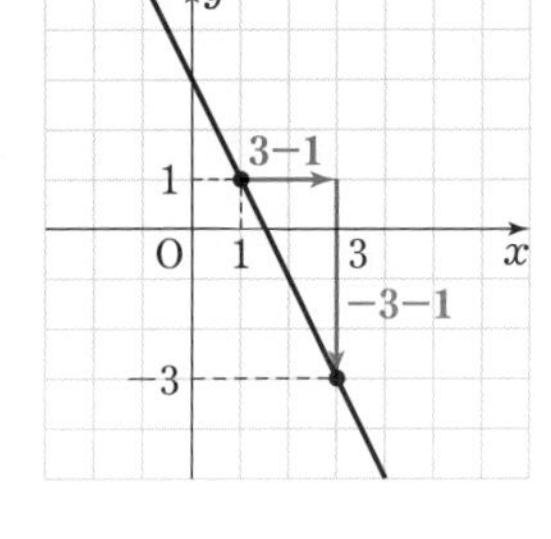

練習 128A 次の2点を通る直線の式を求めなさい。

(1) $(-1, 1)$, $(1, 3)$

(2) $(-3, 6)$, $(2, 1)$

(3) $(5, 2)$, $(-1, 4)$

練習 128B 右の図の ① ～ ④ は，それぞれ1次関数のグラフである。これらの1次関数の式を求めなさい。

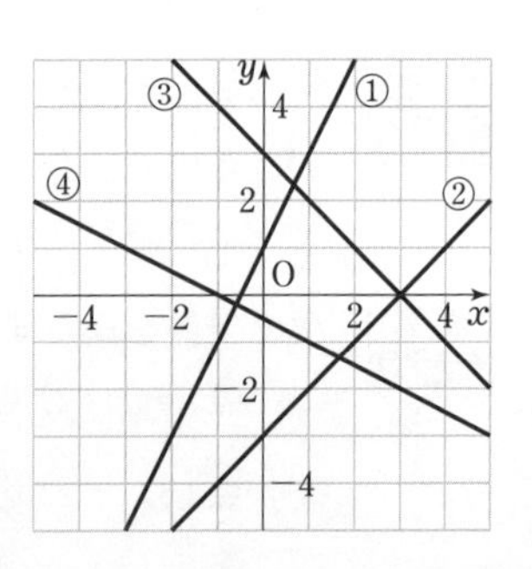

例題 129 平行な2直線

次の直線のうち，互いに平行なものはどれとどれか答えなさい。

(ア) $y=2x+1$　　(イ) $y=-2x$　　(ウ) $y=\frac{1}{2}x$

(エ) $y=-\frac{1}{2}x+1$　　(オ) $y=2x+6$　　(カ) $y=3-\frac{1}{2}x$

傾きが等しい2直線は平行である。また，2直線が平行ならば傾きが等しい。

重要　**平行 ⟷ 傾きが等しい**

また　直線 $y=ax+b$ …… 傾きは a

解答

それぞれの直線の傾きは

(ア) 2　(イ) -2　(ウ) $\frac{1}{2}$　(エ) $-\frac{1}{2}$　(オ) 2　(カ) $-\frac{1}{2}$

傾きが等しい2直線は平行であるから，互いに平行な直線は

(ア)と(オ)，(エ)と(カ)　答

練習 129A 次の直線のうち，互いに平行なものはどれとどれか答えなさい。

(ア) $y=0.5x$　　(イ) $y=x+3$　　(ウ) $y=\frac{4}{3}x-1$

(エ) $y=\frac{3}{4}x+2$　　(オ) $y=5-x$　　(カ) $y=-\frac{4}{3}x+2$

(キ) $y=x+\frac{4}{5}$　　(ク) $y=\frac{1}{2}x-3$

練習 129B 次の条件を満たす直線の式を求めなさい。

(1) 直線 $y=2x+5$ に平行で，切片が -2

(2) 直線 $y=-2x+3$ に平行で，点 $(1,\ -3)$ を通る

(3) 点 $(3,\ 4)$ を通り，直線 $y=3x+7$ に平行

(4) 点 $(5,\ -3)$ を通り，直線 $y=-x+1$ に平行

練習 129C 直線 $y=-3x+2$ について，次のような直線の式を求めなさい。

(1) x 軸に関して対称な直線　　(2) y 軸に関して対称な直線

(3) 原点に関して対称な直線　　(4) 左へ5だけ平行移動した直線

129C 直線は2点で決まる から，直線 $y=-3x+2$ 上の適当な2点を選んで，移動後の点の座標を求める。そして，その2点を通る直線の式として求める。

直線の移動　　直線上の2点の移動を考える。

例題 130 同じ直線上にある3点

3点 A(1, 1), B(−4, 11), C(t, −7) が同じ直線上にあるとき，t の値を求めなさい。

3点が同じ直線上にあるようにする問題。解法はいくつかある。

(解法1) 直線 AB 上に点Cがあると考える。「直線 BC 上にA」，「直線 AC 上にB」でもよい。計算がらくになる場合を選ぶ。

(解法2) 直線 AB と直線 AC の傾きが等しいことを利用する。

(解法3) 直線の式を $y=ax+b$ とおき，3点を通る条件から a, b, t の値を求める。⟶ 練習 130 (1) 参照。

解答

(解法1) 2点 A，B を通る直線の式を $y=ax+b$ とおくと

$$\begin{cases} 1=a\times1+b \\ 11=a\times(-4)+b \end{cases} \quad \text{すなわち} \quad \begin{cases} a+b=1 & \cdots\cdots ① \\ -4a+b=11 & \cdots\cdots ② \end{cases}$$

①−② から　$5a=-10$　　よって　$a=-2$

$a=-2$ を ① に代入すると

$-2+b=1$　　よって　$b=3$

したがって，直線 AB の式は　$y=-2x+3$

直線 AB 上に点 C(t, −7) があるから

$-7=-2t+3$　　これを解くと　$\boldsymbol{t=5}$ 答

(解法2) 直線 AB の傾きは　$\dfrac{11-1}{-4-1}=-2$　……①

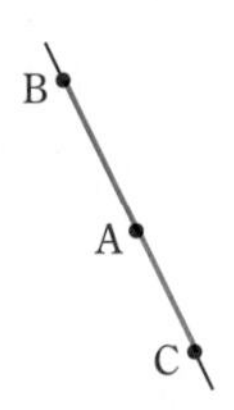

$t=1$ のとき，点Aと点Cの x 座標が等しくなり，問題に適さないから　$t \neq 1$

直線 AC の傾きは　$\dfrac{-7-1}{t-1}=-\dfrac{8}{t-1}$　……②

3点 A，B，C が同じ直線上にあるとき，① と ② は等しいから

$$-2=-\frac{8}{t-1}$$

両辺に $t-1$ をかけると　$-2(t-1)=-8$

これを解くと　$\boldsymbol{t=5}$ 答

練習 130A 3点 A(1, 1), B(−4, 11), C(t, −7) が同じ直線上にあるとき，直線の式を $y=ax+b$ とおいて，3点を通る条件から t の値を求めなさい。

練習 130B 3点 A(−2, 3), B(1, 2), C(k, $k+9$) が同じ直線上にあるとき，k の値を求めなさい。

例題 131　傾きの変化

2 点 A(1, 5), B(4, 2) を両端とする線分 AB 上の点を，直線 $y=ax+1$ が通るとき，a のとりうる値の範囲を求めなさい。

直線 $y=ax+1$ ⟶ 切片が 1
⟶ 点 (0, 1) を通る。

傾き a が何であっても $a\times0+1=1$ であるから，直線 $y=ax+1$ は点 (0, 1) を通る無数の直線を表している。そして，右の図からもわかるように，P(0, 1) とすると，傾き a は，直線 PA のとき最大，直線 PB のとき最小となる。

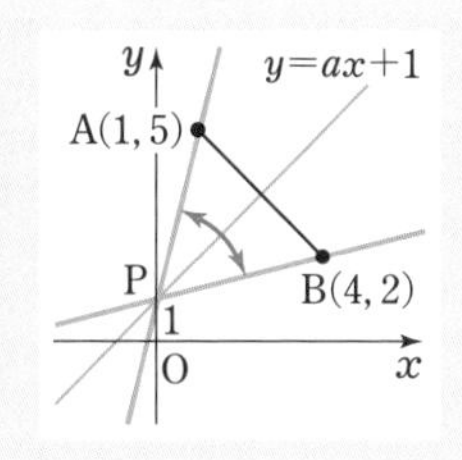

解答

直線 $y=ax+1$ は点 (0, 1) を通り，傾きが a である。
したがって，直線 $y=ax+1$ が線分 AB 上の点を通るとき，点 (0, 1) を P とすると，直線の傾き a は，直線 PB の傾きから直線 PA の傾きまで変わる。

直線 PB の傾きは　$\dfrac{2-1}{4-0}=\dfrac{1}{4}$　　　直線 PA の傾きは　$\dfrac{5-1}{1-0}=4$

よって，傾き a のとりうる値の範囲は　$\boldsymbol{\dfrac{1}{4}\leqq a\leqq 4}$　答

練習 131A　右の曲線は，反比例のグラフの一部で，2 点 A(2, 6), B(12, 1) を通る。

(1)　y を x の式で表しなさい。

(2)　直線 $y=ax$ が線分 AB 上の点を通るとき，a のとりうる値の範囲を求めなさい。

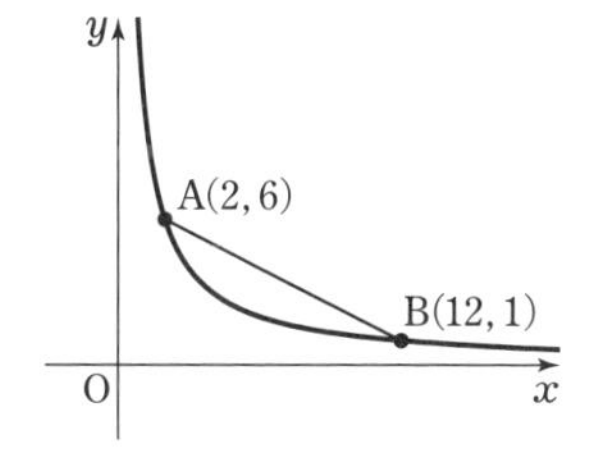

練習 131B　2 点 A(1, 5), B(3, 10) を結ぶ線分 AB 上の点 (端の点を含む) を，直線 $y=-x+b$ が通るとき，b のとりうる値の範囲を求めなさい。

練習 131C　右の図の線分 OP, QR 上の点 (端の点を含む) を同時に通るような直線について考える。

(1)　これらの直線のうち，傾きが最小のものの式を求めなさい。

(2)　点 (1, 1) を通る直線の傾き a のとりうる値の範囲を求めなさい。

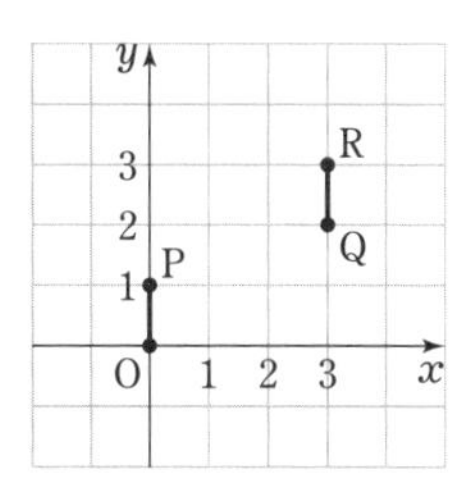

演習問題

□**134** 右の図において，四角形 ABCD は $AB /\!/ DC$，$\angle DAB=90^\circ$，$AB=14$ cm，$DC=7$ cm，$DA=6$ cm の台形である。点 P は A を出発して，辺 AB 上を毎秒 2 cm の速さで B まで動き，点 Q は C を出発して，辺 CD 上を毎秒 1 cm の速さで D まで動くものとする。

2 点 P，Q がそれぞれ A，C を同時に出発してから x 秒後の PB の長さを ℓ cm，四角形 PBCQ の面積を y cm^2 として，次の問いに答えなさい。ただし，定義域は $0<x<7$ とする。

(1) ℓ を x の式で表しなさい。

(2) y を x の式で表しなさい。また，値域を求めなさい。 ➔ 122

□**135** 1 次関数 $y=-2ax+a$ は x の値が 2 増加するごとに y の値が 3 増加するという。a の値を求めなさい。 ➔ 123

□**136** 次の 1 次関数のグラフをかきなさい。

(1) $y=1-2x$　　(2) $y=2(2-x)$

(3) $y=\dfrac{1}{2}x-\dfrac{5}{2}$　　(4) $y=-\dfrac{4}{3}x+\dfrac{8}{3}$ ➔ 124

□**137** (1) 1 次関数 $y=-2x+1$ において，値域が $-3 \leqq y<3$ であるときの定義域を求めなさい。

(2) 1 次関数 $y=-2x+a$ の定義域が $a \leqq x \leqq 1$ であるとき，値域が $b \leqq y \leqq 2$ となるように，定数 a，b の値を定めなさい。

(3) 1 次関数 $y=ax+8$ $(a<0)$ の定義域が $-2 \leqq x \leqq 1$ であるとき，値域が $b \leqq y \leqq 11$ となるように，定数 a，b の値を定めなさい。

➔ 125, 126

□**138** (1) 2 点 $(1,\ 3)$，$(5,\ a)$ が 1 次関数 $y=2x+b$ のグラフ上にあるとき，定数 a，b の値を求めなさい。

(2) 直線 $y=ax-3$ は点 $(1,\ -2b)$ を通り，直線 $y=x+b$ は点 $(2a,\ 9)$ を通る。このとき，$a+b$ の値を求めなさい。 ➔ 127, 128

□**139** (1) 変化の割合が1次関数 $y=3x-4$ の変化の割合に等しく，$x=-1$ のとき $y=2$ となる1次関数の式を求めなさい。

(2) y は x の1次関数である。x の増加量が2のとき y の増加量は -1 であり，そのグラフは点 $(-2,\ 3)$ を通る。この1次関数の式を求めなさい。

➔ **127**

□**140** (1) 点 $(3,\ 0)$ を通り，傾き -2 の直線の切片を求めなさい。

(2) 2点 $\mathrm{A}(1,\ 2)$, $\mathrm{B}(-2,\ 4)$ を通る直線に平行で，点 $\mathrm{C}(2,\ 3)$ を通る直線の式を求めなさい。

➔ **127, 129**

□**141** (1) 3点 $\mathrm{A}\left(-1,\ -\dfrac{9}{2}\right)$, $\mathrm{B}\left(2,\ \dfrac{9}{2}\right)$, $\mathrm{C}\left(t,\ \dfrac{21}{2}\right)$ が同じ直線上にあるとき，定数 t の値を求めなさい。

(2) 3点 $\mathrm{A}(0,\ 5)$, $\mathrm{B}(-1,\ t+3)$, $\mathrm{C}(3,\ 1-t)$ が同じ直線上にあるとき，定数 t の値を求めなさい。

➔ **130**

□**142** 右の図のように，点Pは直線 $y=2x$ 上にあり，この直線上を $x>0$ の範囲で動く。点Pから x 軸に垂線PQを引き，線分PQを1辺とする正方形PQRSをPQの右側につくる。

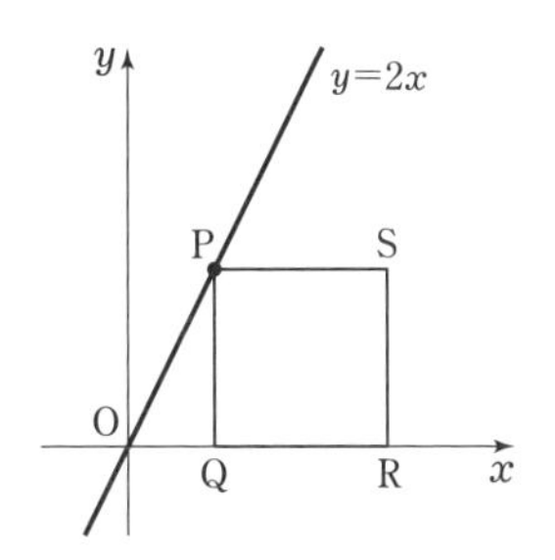

(1) 点Pの座標が $(2,\ 4)$ であるとき，点Sの座標を求めなさい。

(2) 点Pが直線 $y=2x$ 上を動くとき，点Sはある直線上を動く。この直線の式を求めなさい。

□**143** 直線 $y=ax+b$ が点 $(-4,\ 5)$ を通り，x 軸と点 $\mathrm{P}(p,\ 0)$ で交わる。$-3\leqq p\leqq 2$ のとき，b の値の範囲を求めなさい。

➔ **131**

□**144** 右の図において，3点A，B，Cの座標はそれぞれ $(0,\ 1)$, $(3,\ -1)$, $(3,\ 5)$ である。

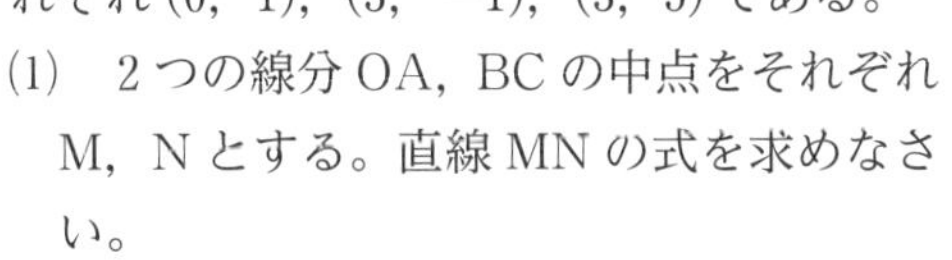

(1) 2つの線分OA，BCの中点をそれぞれM，Nとする。直線MNの式を求めなさい。

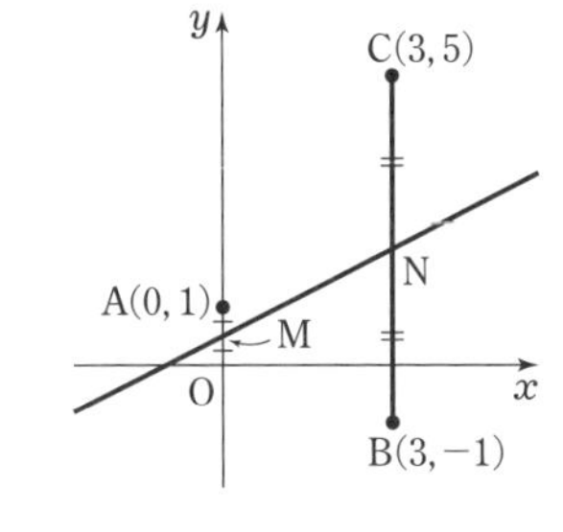

(2) 線分OA上を動く点Pと線分BC上を動く点Qがある。2点P，Qが位置をいろいろ変えるとき，直線PQの傾き a がとりうる値の範囲を求めなさい。

➔ **131**

6 1次関数と方程式

基本事項

1 2元1次方程式のグラフ

(1) **方程式のグラフ**　方程式を満たす x, y の値の組 $(x,\ y)$ を座標とする点の集まりを，その **方程式のグラフ** という。

(2) **方程式 $x=p$ のグラフ**（p は定数）
点 $(p,\ 0)$ を通り，y 軸に平行な直線。

(3) **方程式 $y=q$ のグラフ**（q は定数）
点 $(0,\ q)$ を通り，x 軸に平行な直線。
$y=px+q$ で $p=0$ になった形（傾き 0 の直線）とも考えられる。

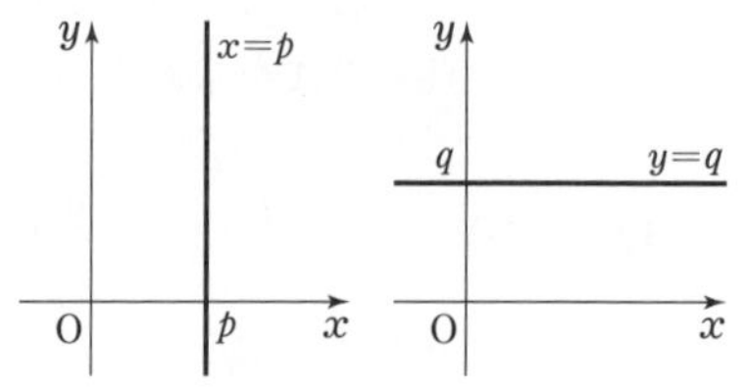

(4) **2元1次方程式 $ax+by=c$ ($a \neq 0$ または $b \neq 0$) のグラフは直線である。**

① $a \neq 0$, $b \neq 0$ のとき　$y=-\dfrac{a}{b}x+\dfrac{c}{b}$　　どの座標軸にも平行でない。

② $a=0$, $b \neq 0$ のとき　$y=\dfrac{c}{b}$　　x 軸に平行

③ $a \neq 0$, $b=0$ のとき　$x=\dfrac{c}{a}$　　y 軸に平行

2 連立方程式の解とグラフ

x, y についての連立方程式の解が $x=p$, $y=q$ であるとき，それぞれの方程式のグラフの交点の座標は $(p,\ q)$ である。

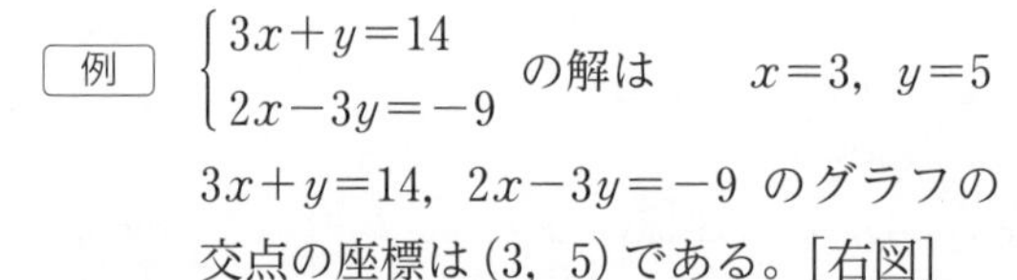

例　$\begin{cases} 3x+y=14 \\ 2x-3y=-9 \end{cases}$ の解は　　$x=3$, $y=5$

$3x+y=14$, $2x-3y=-9$ のグラフの交点の座標は $(3,\ 5)$ である。[右図]

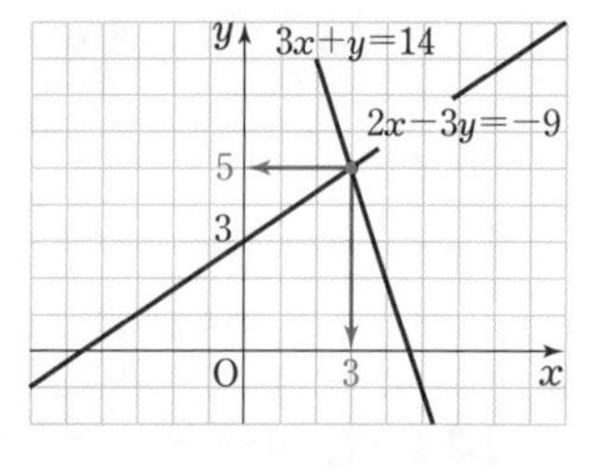

参考　2直線の位置関係

① x, y についての連立方程式の解がない（このような連立方程式は **不能** という）とき，それぞれの方程式のグラフは平行である。

② x, y についての連立方程式の解が無数にある（このような連立方程式は **不定** という）とき，それぞれの方程式のグラフは一致する。

例　① $\begin{cases} x-y+3=0 \\ x-y+1=0 \end{cases}$ の解はない。　　② $\begin{cases} x+3y=6 \\ 3x+9y=18 \end{cases}$ の解は無数にある。

……2直線は平行　　……2直線は一致

例題 132　2元1次方程式のグラフ

次の方程式のグラフをかきなさい。

(1)　$5x-3y=6$　　　(2)　$3x-6=0$　　　(3)　$2y+6=0$

(1)　2元1次方程式 $ax+by=c$ $(b \neq 0)$ は，y について解くと $y=px+q$ の形になるから，そのグラフは直線である。

CHART　**$y=px+q$ のグラフのかき方**

[1]　切片と傾きから　　[2]　2点をおさえる

(2)　$x=p$ のグラフ ……点 $(p,\ 0)$ を通り，y 軸に平行な直線

(3)　$y=q$ のグラフ ……点 $(0,\ q)$ を通り，x 軸に平行な直線

解答

(1)　**(解法[1])**　$5x-3y=6$ を y について解くと

$$y=\frac{5}{3}x-2$$

よって，グラフは傾き $\frac{5}{3}$，切片 -2 の直線である。

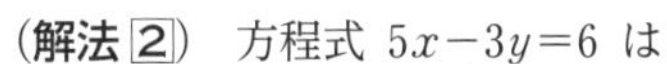

(解法[2])　方程式 $5x-3y=6$ は

$x=0$ のとき $y=-2$，$x=3$ のとき $y=3$

よって，グラフは2点 $(0,\ -2)$，$(3,\ 3)$ を通る直線である。　答　**右図 (1)**

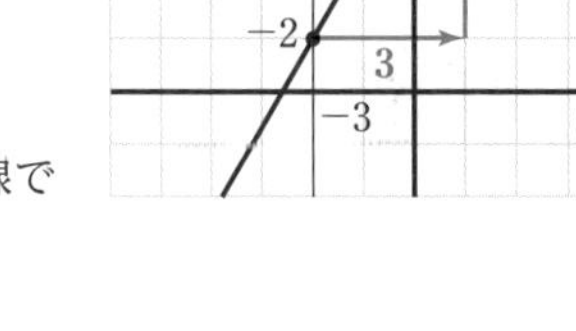

(2)　$3x-6=0$ を x について解くと　$x=2$

よって，グラフは点 $(2,\ 0)$ を通り，y 軸に平行な直線となる。　答　**上図 (2)**

(3)　$2y+6=0$ を y について解くと　$y=-3$

よって，グラフは点 $(0,\ -3)$ を通り，x 軸に平行な直線となる。　答　**上図 (3)**

解説

(2)　$3x-6=0$ は $3x-0y-6=0$ であるから，$x=0y+2$ を満たす x と y の組を考える。これは $x=2$ であれば y の値は何でもよい。よって，グラフは $(2,\ \square)$ の形をした点の集まり，すなわち，点 $(2,\ 0)$ を通り，y 軸に平行な直線である。

(3)　$2y+6=0$ は $0x+2y+6=0$ であるから，$y=0x-3$ と変形でき，$y=-3$ であれば x の値は何でもよい。よって，グラフは点 $(0,\ -3)$ を通り，x 軸に平行な直線である。

練習 132　次の方程式のグラフをかきなさい。

(1)　$2x-y+1=0$　　(2)　$x+3y-2=0$　　(3)　$x-2=3y$

(4)　$3x+2=5-y$　　(5)　$3y-14=0$　　(6)　$2x+7=1$

例題 133 グラフと座標軸との交点

方程式 $3x-4y+12=0$ のグラフは x 軸，y 軸と交わる。このとき，x 軸，y 軸との交点の座標をそれぞれ求めなさい。

直線の方程式 $3x-4y+12=0$ で

$y=0$ を代入すると，x 軸との交点の x 座標

$x=0$ を代入すると，y 軸との交点の y 座標

が求められる。

解答

$3x-4y+12=0$ において

$y=0$ を代入すると　$3x+12=0$

よって　$x=-4$

$x=0$ を代入すると　$-4y+12=0$

よって　$y=3$

したがって，**x 軸との交点の座標は** $(-4,\ 0)$

y 軸との交点の座標は $(0,\ 3)$　答

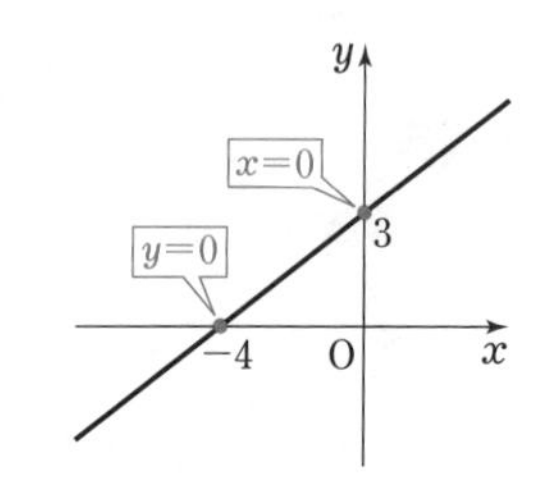

解説

1． 直線は通る2点が決まればかける。よって，上の例題のように，グラフと x 軸，y 軸との交点の座標を求めて，その2点を結んでかくことができる。

2． 直線 $ax+by+c=0$ は，$a\neq0$，$b\neq0$ のとき2点 $\left(-\frac{c}{a},\ 0\right)$，$\left(0,\ -\frac{c}{b}\right)$ を通る。

特に，方程式が $\frac{x}{a}+\frac{y}{b}=1$ の形なら，2点 $(a,\ 0)$，$(0,\ b)$ を通る。

$\frac{x}{a}+\frac{y}{b}=1$ のグラフ

$\longleftrightarrow$ 2点 $(a,\ 0)$，$(0,\ b)$ を通る直線

たとえば，上の例題では，$3x-4y=-12$ の両辺を

-12 でわると　$\frac{x}{-4}+\frac{y}{3}=1$

よって，2点 $(-4,\ 0)$，$(0,\ 3)$ を通ることがわかる。

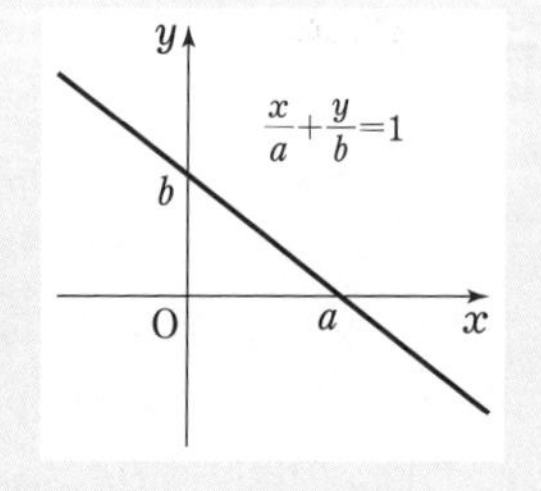

練習 133 次の方程式のグラフと x 軸，y 軸との交点の座標をそれぞれ求めなさい。

(1)　$x-3y+5=0$　　(2)　$3x+4y-6=0$

(3)　$4y=-1$　　(4)　$3x=2$

(5)　$\frac{x}{3}+\frac{y}{4}=1$　　(6)　$-\frac{x}{3}-\frac{y}{4}=1$

例題 134 2直線の交点の座標

2直線 $2x-y=7$ ……①，$x+2y=-4$ ……② の交点の座標を求めなさい。

考え方 2直線①，②の交点 $(p,\ q)$ は，連立方程式①，②の解 $x=p,\ y=q$ である。

CHART 2直線の交点 ⟷ 連立方程式の解

解答

①×2 から　$4x-2y=14$ ……①′

①′+② から　$5x=10$

よって　$x=2$

$x=2$ を①に代入すると　$4-y=7$

よって　$y=-3$

したがって，交点の座標は　$(2,\ -3)$ 答

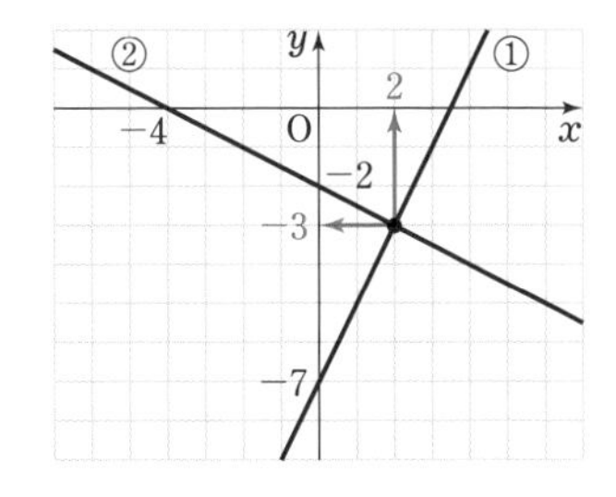

練習 134 次の2直線の交点の座標を求めなさい。

(1) $y=-x+6,\ y=3x-2$

(2) $2x-3y=8,\ x+2y=-3$

(3) $5x-4y+1=0,\ 3x+2y-6=0$

CHART
2直線の交点
⟷ 連立方程式の解

例題 135 1点で交わる3直線

3直線 $2x-3y=1$ ……①，$3x+2y=8$ ……②，$ax-y=2$ ……③ が1点で交わるように，定数 a の値を定めなさい。

考え方 2本の直線①，②の交点の座標は，連立方程式を解いて求められる。その交点を第3の直線③が通ると考える。

解答

①，②を解くと　$x=2,\ y=1$

よって，2直線①，②の交点の座標は　$(2,\ 1)$

$x=2,\ y=1$ を③に代入すると　$2a-1=2$

したがって　$a=\dfrac{3}{2}$ 答

①×2	$4x-6y=2$
②×3	$+)\ 9x+6y=24$
	$13x\ \ \ \ \ \ =26$
よって	$x\ \ \ \ =2$
①に代入すると	$4-3y=1$
これを解くと	$y=1$

練習 135 3直線 $2x+y=5$，$x+4y=13$，$ax+y=0$ が1点で交わるとき，定数 a の値を求めなさい。

5章 6 1次関数と方程式

演習問題

□**145** 2点A(0, 3), B(4, 0)を通る直線と，2点C(1, −1), D(a, 2)を通る直線が点E(2, b)で交わるとき，a, bの値を求めなさい。 ➔ 133

□**146** (1) 2点(−1, 6), (3, −2)を通る直線と，直線 $2ax-2y=-3$ との交点のx座標が $x=3$ であるとき，aの値を求めなさい。

(2) 直線 $x-2y=4$ とx軸上で交わり，直線 $y=4x$ と平行な直線の式を求めなさい。

(3) 2直線 $2x+3y=16$, $5x-4y=-29$ の交点を通り，直線 $7x+8y=10$ に平行な直線の式を求めなさい。 ➔ 134

□**147** 右の図で，直線ℓの式は $y=-3x+15$ で，点A(2, p)は直線ℓ上にある。また，原点Oと点Aを通る直線をmとする。

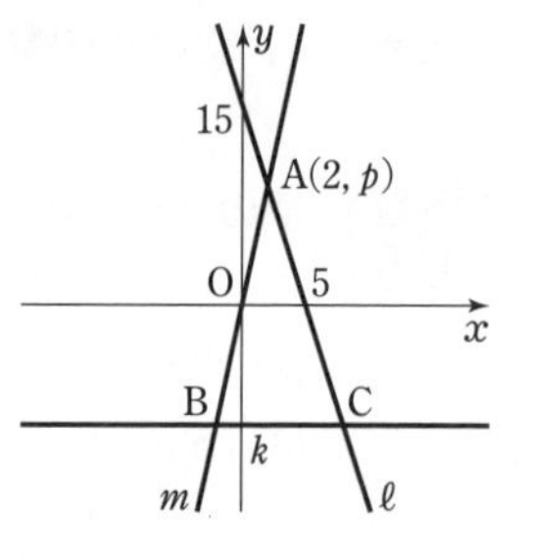

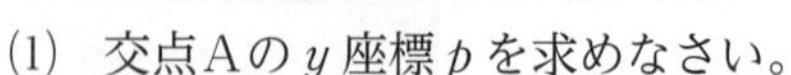
(1) 交点Aのy座標pを求めなさい。

(2) 直線mの式を求めなさい。

(3) 直線 $y=k$ と2直線m, ℓとの交点をそれぞれB, Cとする。BC=10 となるkの値を求めなさい。ただし，$k<0$ とする。

□**148** 3直線 $5x-4y+3=0$, $x-3y=6$, $3x+2y=7$ で囲まれた三角形の面積を求めなさい。ただし，座標の1目もりを1cmとする。 ➔ 134

□**149** 次の条件を満たすaの値を求めなさい。

(1) 2直線 $y=x+1$, $y=ax+4$ の交点が直線 $y=-x-5$ 上にある。

(2) 3直線 ℓ：$y=2ax+a-5$, m：$y=2x+3$, n：$y=-2x-1$ が三角形をつくらない。 ➔ 135

□**150** 2つの直線 $y=-x+2$ と $y=2x+a$ の交点のx座標，y座標がともに正となる整数aの個数を求めなさい。 ➔ 134

145 直線CDは，直線AB上の点E(x座標は2)を通る。

149 (2) mとnは平行でないから，3直線ℓ, m, nが三角形をつくらない場合は
[1] $\ell /\!/ m$ [2] $\ell /\!/ n$ [3] ℓがmとnの交点を通る の3つある。

油分け算

『塵劫記』の油分けの問題(『体系数学1代数編』$p.163$,本書 $p.43$ 参照)では油を分ける容器として,1斗オケ,7升マス,3升マスを使っていましたが,それらの容器の代わりに10L,7L,3Lの容器を使って考えてみましょう。

> 10Lの容器に油が10L入っています。7Lと3Lの容器を使って,5Lずつに分けるにはどうすればよいでしょうか。

10Lの容器から油を7Lの容器で x 回,3Lの容器で y 回くみ出すとします。
油をくみ出して5Lになればよいので

$$7x+3y=5 \quad すなわち \quad y=-\frac{7}{3}x+\frac{5}{3}$$

この方程式のグラフは右の図のようになります。
グラフから,x,y がともに整数となる点 $(2,\ -3)$,$(-1,\ 4)$ などが答えであることがわかります。

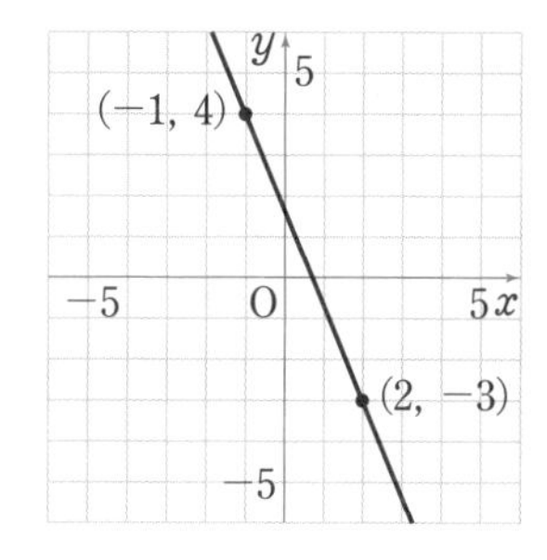

では,$(2,\ -3)$ はどのような油の分け方なのか考えてみましょう。
これは10Lの容器から7Lの容器で2回,3Lの容器で -3 回くみ出すことを意味します。
-3 回くみ出すということは3回戻すことと同じなので,$(2,\ -3)$ は,10Lの容器から7Lの容器で2回くみ出し,3Lの容器で3回戻すということになります。
このことを次の図から確認しましょう。

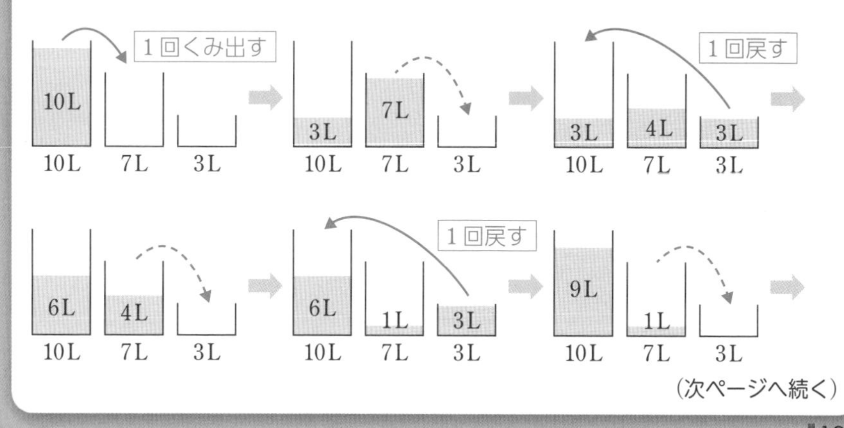

(次ページへ続く)

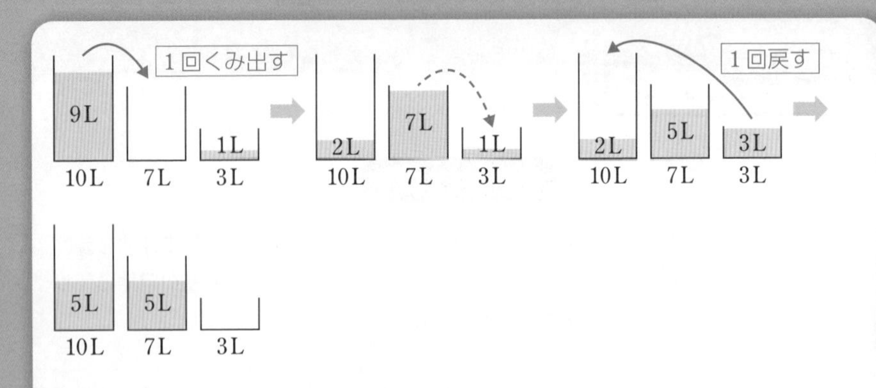

次に，(−1，4) はどのような油の分け方なのか考えてみましょう。
これは 10 L の容器から 7 L の容器で 1 回戻し，3 L の容器で 4 回くみ出すことです。
では，このことを次の図から確認しましょう。

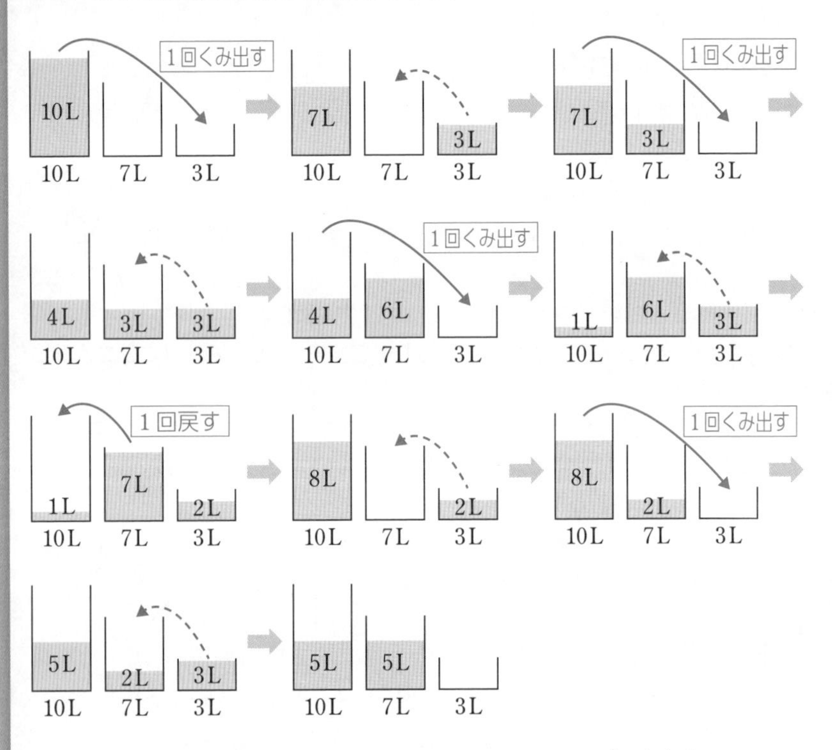

このようにグラフを活用することで，簡単に問題を解くことができます。

7 1次関数の利用

例題 136 1次関数のグラフの利用 (1)

A中学校から隣町のB体育館までの道のりは 10 km である。
PさんはA中学校からB体育館へ一定の速さで歩き，3時間後に着いた。
また，Qさんは，PさんがA中学校を出発してから1時間後にB体育館を出発し，A中学校へ一定の速さで走り，1時間後にA中学校に着いた。
グラフを使って，PさんとQさんの出会った位置と時間を求めなさい。

PさんがA中学校を出発してからx時間後に，PさんとQさんがそれぞれA中学校からy kmの位置にいるものとして，yをxの式で表す。
距離＝速さ×時間 …… 速さは一定，距離は時間に比例 ⟶ yはxの1次関数。

CHART 1次関数のグラフ　2点をおさえる

出会うのは，時間xと位置yが一致するときで，x，yを求めて，時間と位置を求める。
↑ **出会う ⟷ グラフの交点**

解答

PさんがA中学校を出発してからx時間後に，PさんとQさんがA中学校からy kmの位置にいるものとする。
それぞれの速さは一定で，移動した距離は時間に比例するから，どちらの場合もyはxの1次関数である。

Pさんは　$x=0$ のとき $y=0$，$x=3$ のとき $y=10$

グラフの直線は　$y=\frac{10}{3}x$　…… ①

Qさんは　$x=1$ のとき $y=10$，$x=2$ のとき $y=0$

グラフの直線は　$y=-10x+20$　…… ②

① と ② のグラフの交点の座標が，2人の出会う時間と位置を表している。

① と ② を解くと　$x=\frac{3}{2}$，$y=5$　◀ $\frac{3}{2}$ 時間＝90分

答　**A中学校から 5 km，Pさんの出発後 90 分**

練習 136 1つの直線上を同じ方向に動いている3点P，Q，Rがある。P，Q，Rの速さはそれぞれ毎分 5 m，15 m，30 m である。また，Q，RはPが直線上の地点Aを通過してから，それぞれ1分後，2分後に地点Aを通過する。このとき，QがPに，RがQに追いつくのは，それぞれPが地点Aを通過してから何分後で，地点Aから何mの地点か求めなさい。

例題 137 1次関数のグラフの利用 (2)

駅と野球場を結ぶ 6 km のバス路線があり，駅と野球場の間を，何台かのバスが運行している。右の図は，12 時から x 分後の駅からバスまでの道のりを y km として，12 時から 13 時までのバスの運行のようすをグラフに表したものである。駅から野球場に向かうバスと，野球場から駅に向かうバスの速さは，それぞれ一定である。

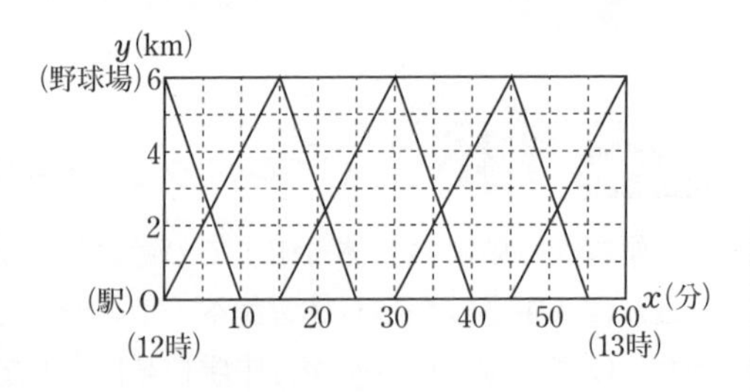

A さんが，12 時 5 分に自転車に乗って駅を出発し，バス路線を通って，時速 8 km の一定の速さで野球場に向かうとする。次の問いに答えなさい。

(1) 12 時から x 分後の駅から A さんまでの道のりを y km として，A さんが，駅を出発してから野球場に到着するまでの，x と y の関係を表すグラフを，図にかき加えなさい。

(2) A さんが，駅を出発してから野球場に到着するまでの間，駅から野球場に向かうバスに追いこされる回数と，野球場から駅に向かうバスとすれ違う回数を，それぞれ求めなさい。また，初めてバスとすれ違う時刻と，初めてバスに追いこされる時刻をそれぞれ求めなさい。

(1) まず，A さんは一定の速さで駅から野球場へ向かうから，到着するまでにかかる時間を求める。　　**時間 $=\dfrac{\text{距離}}{\text{速さ}}$**

(2) 「すれ違う」，「追いこされる」は，グラフの交点を考える。

CHART 2 直線の交点 ⟷ 連立方程式の解

解答

(1) A さんが駅から野球場まで進むのにかかる時間は

$$\frac{6}{8}=\frac{3}{4}\ (\text{時間})$$

すなわち　　$\dfrac{3}{4}\times 60=45$ (分)

よって，A さんは 12 時 50 分に野球場に到着する。

したがって，グラフは **右の図** のようになる。 答

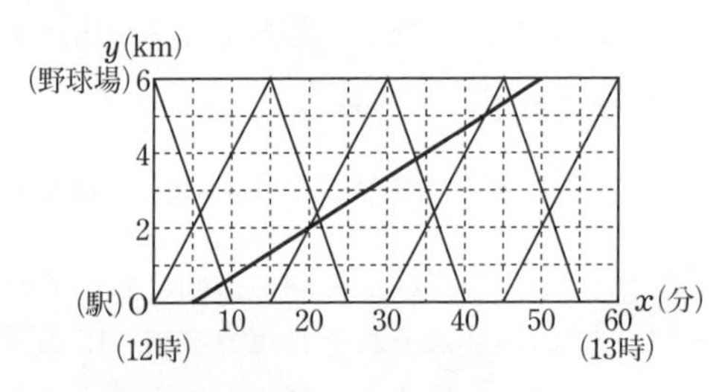

(2) (1)のグラフから，バスに **追いこされる回数は 2 回**，
　　　　　　　　バスと **すれ違う回数は 4 回** 答

Aさんの移動のグラフの式は，$y=\frac{2}{15}x+b$ と表される。　◀傾き $\frac{6}{45}=\frac{2}{15}$

$x=5$ のとき $y=0$ であるから　$0=\frac{2}{15}\times5+b$

よって　$b=-\frac{2}{3}$

したがって　$y=\frac{2}{15}x-\frac{2}{3}$ ……①

初めてバスとすれ違うのは，グラフから $5\leqq x\leqq10$ のときで，バスの運行のグラフの式は　$y=-\frac{3}{5}x+6$ ……②　◀傾き $-\frac{6}{10}=-\frac{3}{5}$，切片 6

①，② を解くと　$x=\frac{100}{11}$，$y=\frac{6}{11}$

よって，初めてバスとすれ違う時刻は　**12 時 $\frac{100}{11}$ 分** 答　◀$\frac{100}{11}$ 分は約 9 分。

初めてバスに追いこされるのは，グラフから $15\leqq x\leqq25$ のときで，バスの運行のグラフの式は　$y=\frac{2}{5}x-6$ ……③　◀傾き $\frac{6}{15}=\frac{2}{5}$，点 (15, 0) を通る

①，③ を解くと　$x=20$，$y=2$

よって，初めてバスに追いこされる時刻は　**12 時 20 分** 答

練習 137　A駅と，A駅から 60 km 離れたB駅を結ぶ鉄道がある。この鉄道を，午前 5 時にA駅を出発する列車Pと，同じく午前 5 時にB駅を出発する列車Qが，運行している。

右の図は，列車が午前 5 時に出発してからの時間を x 分，A駅から列車までの距離を y km としたときの，x，y の関係を表したグラフである。列車は，A駅とB駅の間を往復し，駅だけに停車する。また，列車の停車する駅は，A駅とB駅の間で毎回同じ駅であり，各駅の停車時間は 5 分間である。このとき，次の問いに答えなさい。ただし，A駅とB駅を結ぶ鉄道は一直線上にあり，列車は停車する駅と駅の間をそれぞれ一定の速さで走っているものとする。なお，列車の長さは考えないものとする。

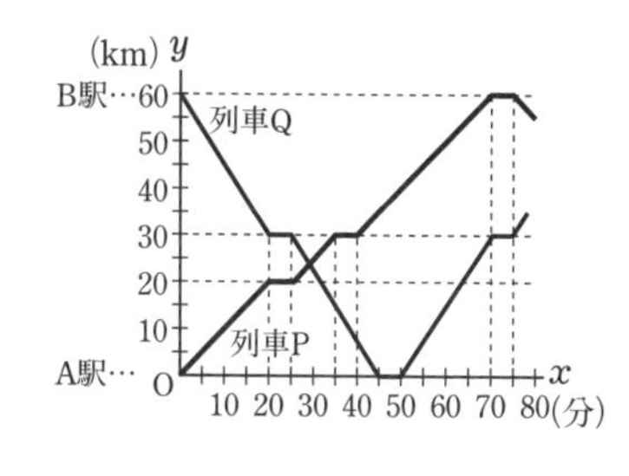

(1) $25\leqq x\leqq35$ における列車Pの x，y の関係を式で表しなさい。

(2) 列車P，Qが，午前 5 時に両駅を出発して，はじめてすれ違う時刻と 2 回目にすれ違う時刻をそれぞれ求めなさい。

例題 138 定義域で式が異なる関数 (1)

右の図のような台形 ABCD において，AB=3，BC=8，CD=9，∠B=∠C=90° とする。点 P は A を出発し，台形の周上を B，C，D の順に D まで動く。点 P が A から動いた道のりを x，△APD の面積を y とする。
このとき，x と y の関係を式に表しなさい。
また，そのグラフをかきなさい。

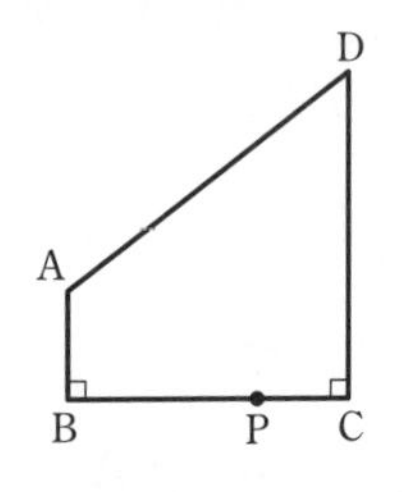

考え方

点 P が辺 AB 上，辺 BC 上，辺 CD 上にあるときの 3 つの場合に分けて，y を x の式で表す。このとき，x の変域に注意する。
まず，それぞれについて図をかくとよい。

[1] 点 P が辺 AB 上　[2] 点 P が辺 BC 上　[3] 点 P が辺 CD 上

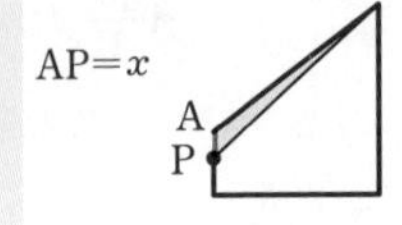

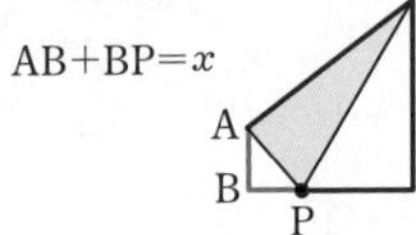

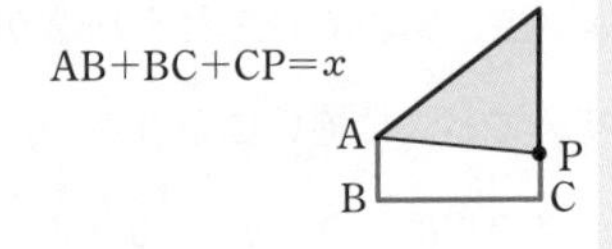

CHART 定義域で式が異なる関数　場合分け

なお，三角形の面積を求めるときは，次のことに注意する。

底辺が一定な三角形の面積は高さに比例し，
高さが一定な三角形の面積は底辺に比例する。

$$\text{三角形の面積}=\frac{1}{2}\times\text{底辺}\times\text{高さ}$$

解答

[1] 点 P が辺 AB 上にあるとき，x の変域は　$0 \leqq x \leqq 3$
△APD は底辺が AP=x，高さが BC=8 であるから

$$y=\frac{1}{2}\times x\times 8=4x$$

[2] 点 P が辺 BC 上にあるとき，x の変域は　$3 \leqq x \leqq 11$
AB+BP=x であるから

$$BP=x-3,\ CP=8-(x-3)=11-x$$

△APD=(台形 ABCD の面積)−△ABP−△CDP
であるから

$$y=\frac{1}{2}\times(3+9)\times 8-\frac{1}{2}\times(x-3)\times 3-\frac{1}{2}\times(11-x)\times 9$$

$$=48-\frac{3}{2}x+\frac{9}{2}-\frac{99}{2}+\frac{9}{2}x$$

$$=3x+3$$

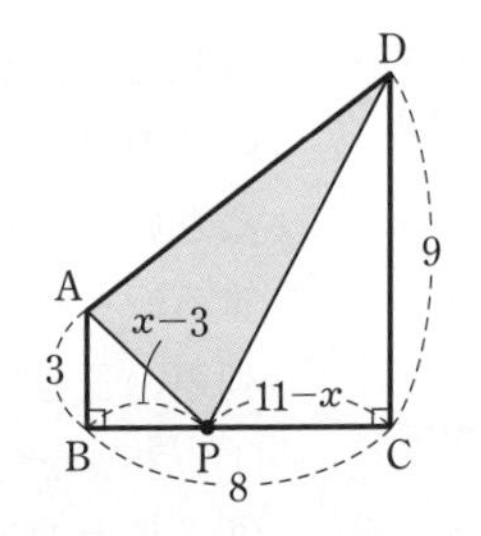

[3]　点Pが辺 CD 上にあるとき，x の変域は　　$11 \leqq x \leqq 20$

△APD は底辺が PD$=20-x$，高さが BC$=8$ であるから

$$y=\frac{1}{2}\times(20-x)\times 8=80-4x$$

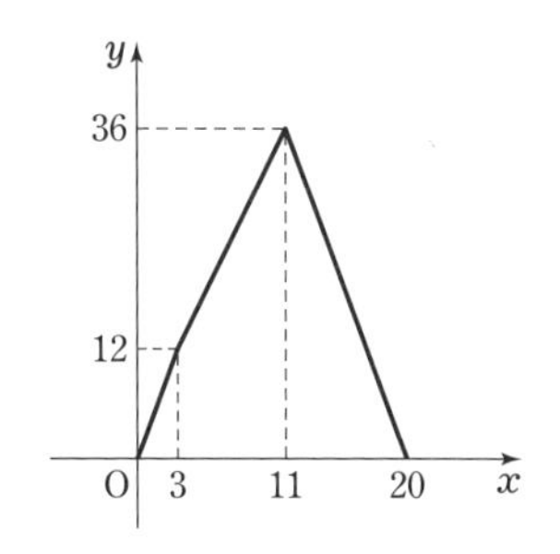

したがって

$0 \leqq x \leqq 3$　のとき　$y=4x$

$3 \leqq x \leqq 11$　のとき　$y=3x+3$

$11 \leqq x \leqq 20$ のとき　$y=-4x+80$　答

グラフは，**右の図** のようになる。　答

例題 138 の解答のグラフは，$x=3$，$x=11$ でつながっている。

解説

例題 138 では，台形の辺上を動く点について，点が動いた時間と三角形の面積を考えた。点PがAを出発して，Dに着くまでの間の関係を考えるから，x の変域は $0 \leqq x \leqq 20$ である。$x=0$，1，2，……，20 について，x の値に対応する y の値を求めると，次の表のようになる。

x	0	1	2	3	4	5	6	7	8	9	10	11	12	13	14	15	16	17	18	19	20
y	0	4	8	12	15	18	21	24	27	30	33	36	32	28	24	20	16	12	8	4	0

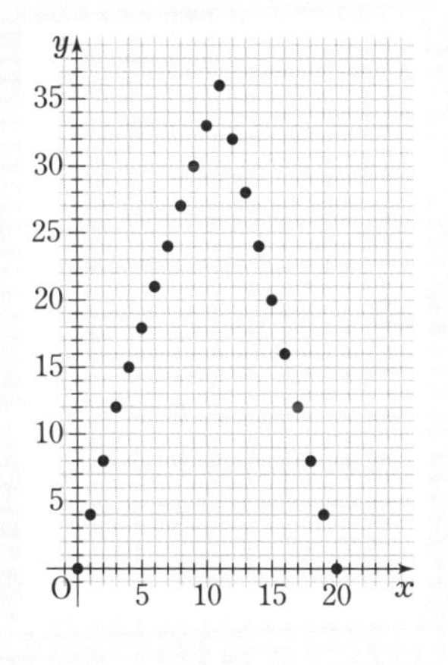

これら x と y の値の組を座標とする点は，右の図のようになる。この図からも，求めるグラフのおおよその形を知ることができる。

練習 138　右の図のような長方形 ABCD において，点PはBを出発して，辺上を C，D を通ってAまで，秒速 1 cm で動く。
点Pが動き始めてから x 秒後の △ABP の面積を y cm^2 として，x と y の関係を式に表しなさい。また，そのグラフをかきなさい。

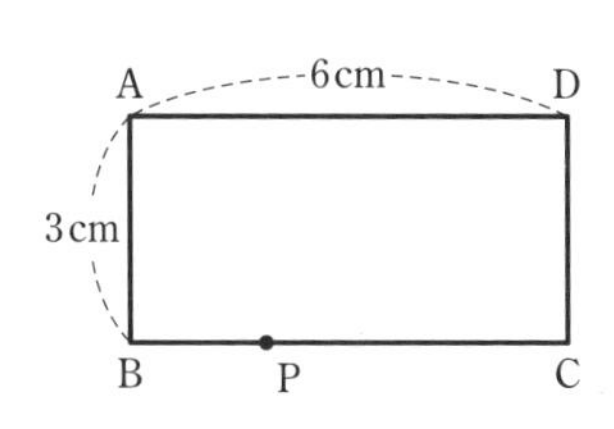

例題 139 定義域で式が異なる関数 (2)

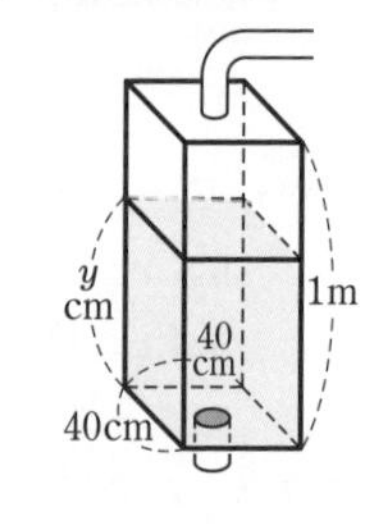

底面が 1 辺 40 cm の正方形で高さが 1 m の直方体の水そうがあり，高さ 40 cm まで水が入っている。
この水そうに毎分 8 L の割合で水を入れ始めて，10 分たったところで，水を入れるのを止め，毎分 14.4 L の割合で水をぬき出した。

(1) 水を入れ始めてから 10 分後の水面の高さを求めなさい。

(2) 水を入れ始めてから x 分後の水面の高さを y cm として，x と y の関係を式に表しなさい。ただし，$0 \leqq x \leqq 20$ とする。

(1) 10 分後には水が 8000×10 (cm^3) 入る。
底面積が 40×40 (cm^2) であるから，この分の高さは $\dfrac{8000\times10}{40\times40}=50$ (cm)

(2) $0 \leqq x \leqq 10$ のときは，増える水の量は
$8000\times x$ (cm^3)
高さは $\dfrac{8000\times x}{40\times40}=5x$ (cm) 増える。
$10 \leqq x \leqq 20$ のときは水が減る。

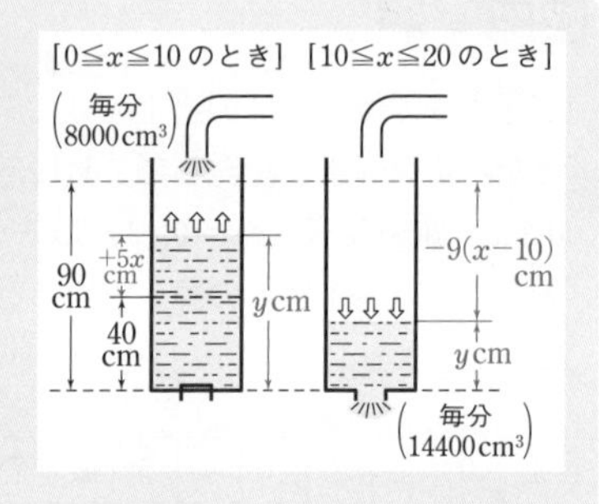

解答

(1) $0 \leqq x \leqq 10$ のとき，水面は毎分 $\dfrac{8000}{40\times40}=5$ (cm) ずつ上がる。
よって，10 分後の水面の高さは

$40+5\times10=90$　　答 **90 cm**

◀式をつくるとき単位をそろえる。
8 L＝8000 cm^3

(2) $0 \leqq x \leqq 10$ のとき，(1) から　$y=40+5x$

$10 \leqq x \leqq 20$ のとき，水面は毎分 $\dfrac{14400}{40\times40}=9$ (cm) ずつ下がる。

また，$x=10$ のとき $y=90$ であるから　$y=90-9(x-10)=180-9x$

（$x-10$：水をぬき出してからの時間が $x-10$ (分)）

答 $\begin{cases} \mathbf{0 \leqq x \leqq 10} \text{ のとき} & \mathbf{y=5x+40} \\ \mathbf{10 \leqq x \leqq 20} \text{ のとき} & \mathbf{y=-9x+180} \end{cases}$

練習 139 ある都市の一般家庭の 1 か月の水道料金は，基本料金として，使用量 10 m^3 までは 600 円で，10 m^3 をこえた分は，1 m^3 について 80 円であるという。メーターから読みとれた使用水量を x m^3，それに対する料金 (1 か月分) を y 円とするとき，x と y の関係を式に表しなさい。

140　2直線と x 軸に内接する正方形

ように，長方形ABCDの辺BCは x にあり，点Aは直線 $y=2x$ 上に，点Dは直線 $y=-\frac{1}{2}x+5$ 上にある。ただし，点Cは点Bの右側にある。長方形ABCDが正方形となるとき，点Bの座標を求めなさい。

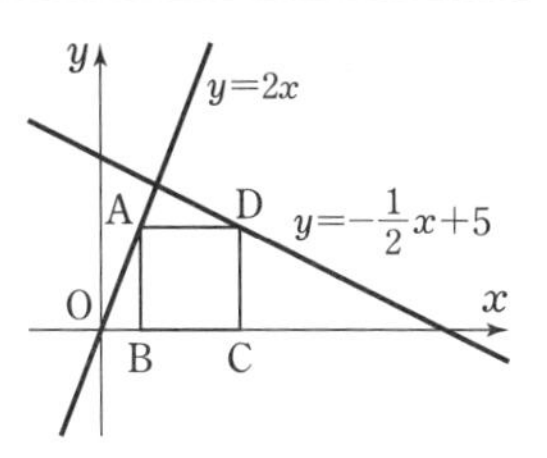

点Bの x 座標を t として，点A，Dの座標を t で表す。長方形ABCDが正方形となるためには AB=AD となればよいことから，t の値を定める。

解答

2つの直線 $y=2x$ と $y=-\frac{1}{2}x+5$ の交点を求めると $(2,\ 4)$ である。

点Bの座標を $(t,\ 0)$ とすると，t の値の範囲は $0<t<2$ である。

また，点Aの座標は　$(t,\ 2t)$　◀点Aは直線 $y=2x$ 上の点。

点Dの y 座標は $2t$ であり，Dは直線 $y=-\frac{1}{2}x+5$ 上の点であるから

$$2t=-\frac{1}{2}x+5$$

x について解くと　$x=-4t+10$

したがって，点Dの座標は　$(-4t+10,\ 2t)$

長方形ABCDが正方形となるとき，AB=AD であるから

$$2t=-4t+10-t$$

これを解くと　$t=\frac{10}{7}$　◀$0<t<2$ を満たす。

これは問題に適している。

よって，点Bの座標は　$\left(\frac{10}{7},\ 0\right)$　答

練習 140　右の図のように，2点A(3, 0)，B(0, 9)を通る直線 ℓ がある。また，点Pは直線 ℓ 上を動く点である。

(1)　直線 ℓ の式を求めなさい。

(2)　点Pから x 軸に引いた垂線と x 軸との交点をQ，点Pから y 軸に引いた垂線と y 軸との交点をRとする。4点P，Q，O，Rを頂点とする長方形が正方形になるような点Pは2つある。その座標を2つとも求めなさい。

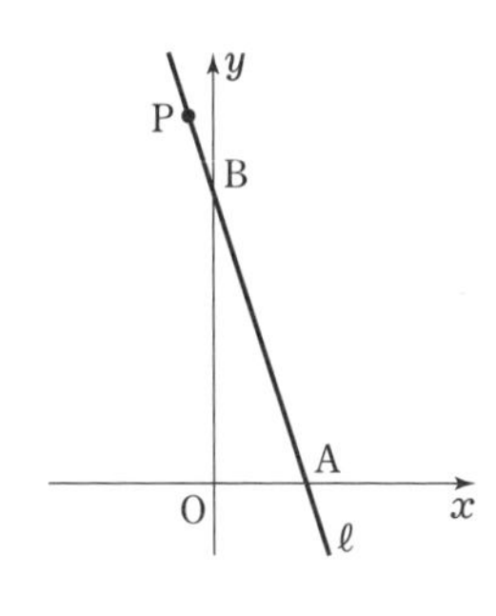

例題 141 面積を 2 等分する直線 

座標平面上に 3 点 $A(-2,\ 6)$，$B(1,\ 0)$，$C(4,\ 6)$ がある。

(1) 直線 AB の式を求めなさい。

(2) 直線 ①：$y=ax+2$ が △ABC の面積を 2 等分するとき，a の値を求めなさい。

(1) **直線の式は $y=px+q$ とおく。** 通る 2 点 A，B の座標を代入して，p，q についての連立方程式を解けばよい。

(2) 直線 ① の切片は 2 ⟶ a の値によらず，y 軸上の点 $(0,\ 2)$ を通る。
直線は 2 点で決まる から，通る点の座標をもう 1 つ求めたい。
直線 ① が △ABC の面積を 2 等分するのは，辺 AC と交わるときであるから，その交点の x 座標を t として，面積についての方程式をつくって解く。

解答

(1) 直線 AB の式を $y=px+q$ とおくと，$A(-2,\ 6)$，$B(1,\ 0)$ はこの直線上の点であるから
$6=-2p+q$，$0=p+q$
これを解くと　$p=-2$，$q=2$
よって，直線 AB の式は　$\boldsymbol{y=-2x+2}$ 答

(2) 直線 AB と y 軸の交点を D とすると，D の座標は $(0,\ 2)$ である。
直線 ① は，点 D を通り，AD>BD であるから，△ABC の面積を 2 等分するとき辺 AC と交わる。
その交点を E とし，E の x 座標を t とする。

△ABC の面積は　$\dfrac{1}{2}\times\{4-(-2)\}\times 6=18$

△ADE の面積は　$\dfrac{1}{2}\times\{t-(-2)\}\times(6-2)=2(t+2)$

$2\times$△ADE$=$△ABC より

$$2\times 2(t+2)=18 \qquad \text{よって} \qquad t=\frac{5}{2}$$

したがって，点 E の座標は　$\left(\dfrac{5}{2},\ 6\right)$

E は直線 ① 上の点であるから　$6=\dfrac{5}{2}a+2$

◀直線 ① の式 $y=ax+2$ に $x=\dfrac{5}{2}$，$y=6$ を代入。

よって，求める a の値は　$\boldsymbol{a=\dfrac{8}{5}}$ 答

座標平面上の原点 O と 2 点 $A(0,\ 8)$，$B(6,\ 0)$ を頂点とする △AOB の面積を直線 $y=ax+2$ が 2 等分するとき，a の値を求めなさい。

演習問題

□151 Aさんの妹は，家を出発し，一定の速さで歩いて図書館に向かった。Aさんは，妹に忘れ物を届けようと午後1時に家を出発し，妹の歩いた道を通って妹を追いかけた。Aさんは，家を出発してから分速140 mで5分間走り，家から700 m離れたP地点に着いた。Aさんは，P地点からQ地点まで分速90 mで10分間歩き，Q地点から分速200 mで7分間走り，図書館に着く前に妹に追いついた。
Aさんが家を出発してからx分間で進んだ道のりをy mとするとき，次の問いに答えなさい。

(1) xの変域が $15 \leqq x \leqq 22$ のとき，yをxの式で表しなさい。

(2) 妹がQ地点に着いたのは，Aさんが家を出発する6分前であった。妹が，Q地点に着いたときに忘れ物に気づき，すぐに，Q地点まで歩いた速さで同じ道を戻ったとき，午後1時に家を出発したAさんが妹に出会う時刻を求めなさい。

➔ 137

□152 下の図のように，1辺の長さが4 cmの正方形ABCDがある。2点P，Qは点Aを同時に出発し，Pは正方形の辺上を毎秒2 cmの速さで，点B，C，Dを通ってAまで動き，Qは辺AD上を毎秒0.5 cmの速さでDまで動く。下のグラフは，△PCDの面積と△QCDの面積の変化のようすをそれぞれ3秒後までかいたものである。

図

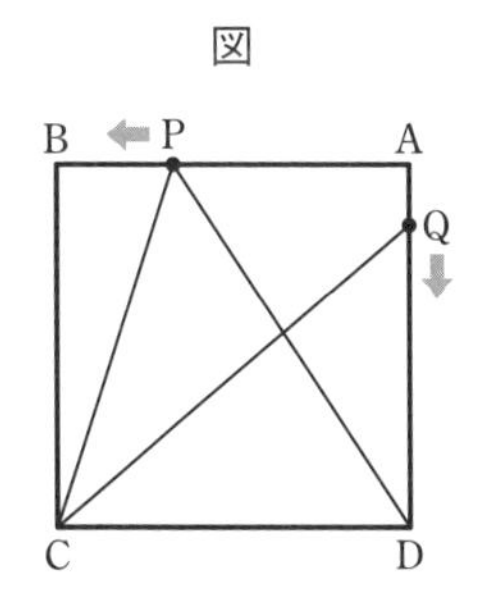

グラフ

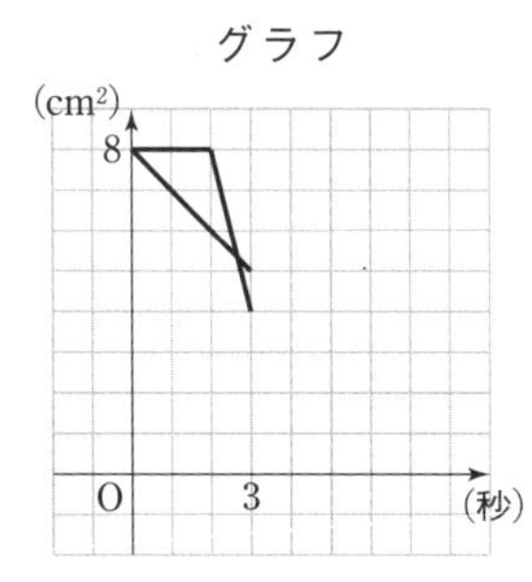

(1) PとQが出会うのは何秒後か答えなさい。

(2) QがAを出発してからx秒後の△QCDの面積をy cm^{2}とするとき，yをxの式で表しなさい。

(3) △PCDの面積と△QCDの面積がはじめて等しくなるのは何秒後か答えなさい。

(4) 上のグラフの続きをかき，完成させなさい。

➔ 136, 138

□**153** 1辺の長さが30 cmの正四面体OABCがある。動点P, Qは，それぞれ頂点A, Bを出発し，辺OA，OB上を頂点Oまで行き，A，Bに戻る。この動きをくり返す。動点Rは，頂点Cを出発し辺OC上を頂点Oまで行き，止まる。

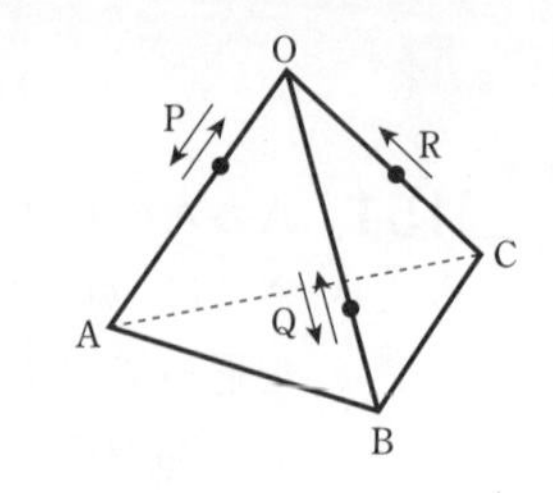

いま，Pは毎秒5 cm，Qは毎秒10 cmの速さで，同時にそれぞれA，Bを出発する。
RはP，Qが出発して4秒後に出発し，一定の速さで動くものとする。P，Qが出発してから18秒後までについて，次の問いに答えなさい。

(1) P，Qが出発してからの時間を横軸に，線分AP，BQの長さを縦軸にとる。出発してからの時間とAP，BQの長さの関係をそれぞれ右のグラフに表しなさい。

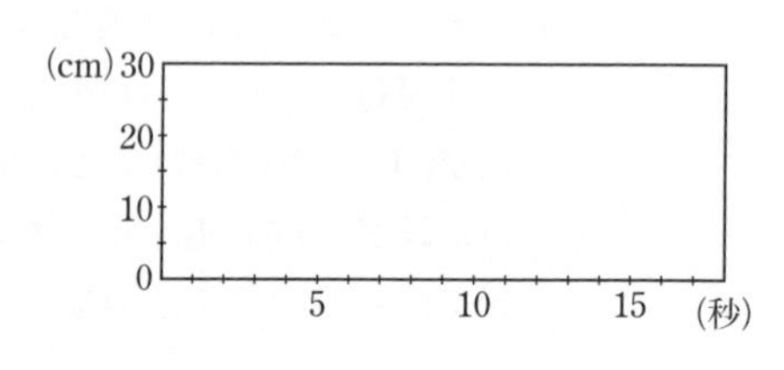

(2) Qが出発してからx秒後のBQの長さをy cmとして，3秒後から6秒後までのxとyの関係を式で表しなさい。

(3) 初めて AP＝BQ となるのは，P，Qが出発してから何秒後かを求めなさい。

(4) P，Qが出発してからt秒後に AP＝BQ＝CR となった。そのときのtの値をすべて求め，Rの速さを求めなさい。 ➔ 137

□**154** 右の図のように，△ABCと各辺が座標軸に平行な長方形PQRSがある。ここで，点Aのx座標は-4，点B$(0,\ -3)$，点C$(2,\ 0)$で，点Q, R, Sはそれぞれ△ABCの辺AB，BC，CA上の点である。また，線分ACとy軸との交点をD$(0,\ 2)$とする。

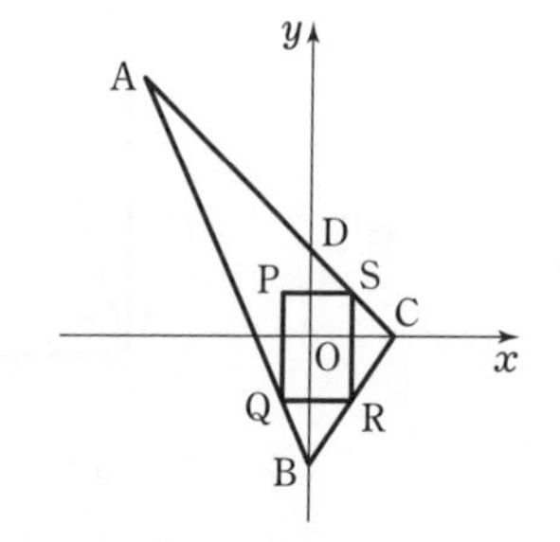

(1) 直線ABの式を求めなさい。

(2) 点Sのx座標が1のとき，点Pの座標を求めなさい。 ➔ 140

□**155** 右の図のように，直線 ℓ：$y=\frac{5}{2}x+\frac{3}{2}$ 上に点 A(1, 4)，直線 m：$y=-2x+15$ 上に点 B(7, 1) がある。
また，直線 ℓ と m の交点をCとする。

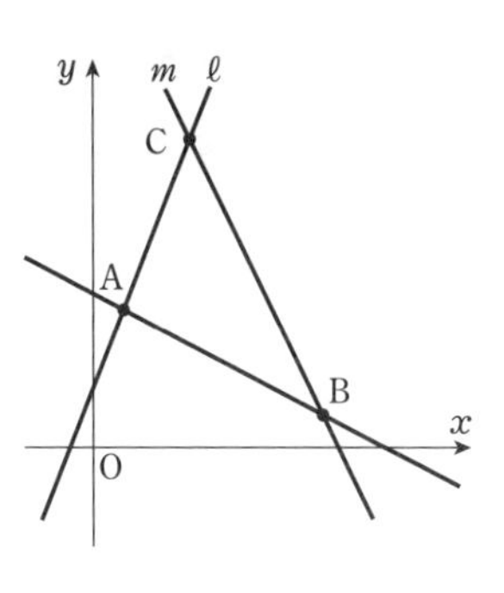

(1) 点Cの座標を求めなさい。
(2) 直線 AB の式を求めなさい。
(3) 点Aを通り，△ABC の面積を 2 等分する直線の式を求めなさい。 ➔ 141

□**156** 右の図において，直線 ① の式は $y=-\frac{1}{3}x+2$，直線 ② の式は $y=-2x-3$ である。点Aを直線 ① の上の点，点Bを直線 ① と ② の交点，点Cは直線 ② と y 軸の交点，点 D，E をそれぞれ直線 ①，② と x 軸との交点とする。△DEC の面積が △ABC の面積の $\frac{1}{3}$ であるとき，直線 CA の式を求めなさい。

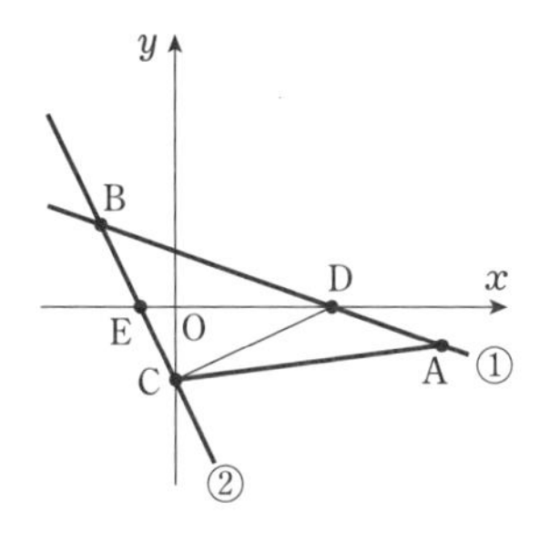

□**157** 4 点 A(5, 0)，B(−1, 3)，C(−8, 1)，D(−7, 0) を頂点とする四角形 ABCD の面積が，点Bを通る直線 ℓ で 2 等分されている。直線 ℓ の傾きを求めなさい。 ➔ 141

□**158** $y=\frac{8}{x}$ $(x>0)$ のグラフ上の点を考える。
(1) x 座標，y 座標がともに整数となるような点の個数を求めなさい。
(2) (1) で考えた点の中で，その x 座標が最も大きい点をP，最も小さい点をQとする。Q から x 軸，y 軸に垂線を下ろし，右の図のようにそれぞれ A，B とする。点Pを通り，長方形 OAQB の面積を 2 等分する直線の式を求めなさい。

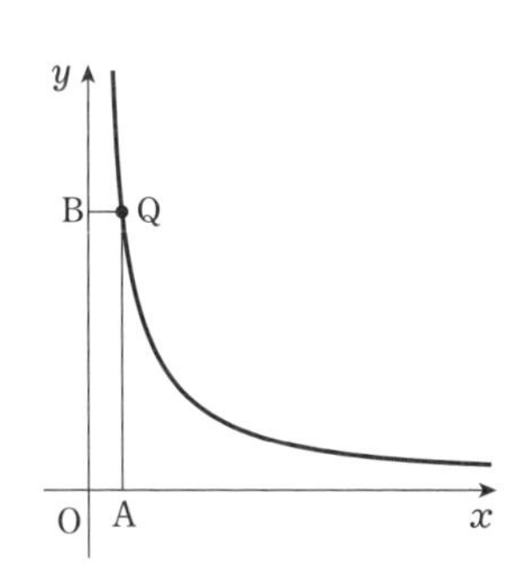

➔ 141

総合問題 1

思考力・判断力・表現力を身につけよう!

ある規則にしたがって，数が並んでいる。

	1 列目	2 列目	3 列目	4 列目	5 列目	…
1 行目	1	2	5	10	17	…
2 行目	4	3	6	11	18	…
3 行目	9	8	7	12	19	…
4 行目	16	15	14	13	20	…
5 行目	25	24	23	22	21	…
…	…	…	…	…	…	…

数の並び方の規則を考えよう。

110 が何行目の何列目になるか，次の方法で求めることにする。
このとき，[ア] ~ [ク] にあてはまる値を求めなさい。

【方法 1】 1 行目の 1 列目, 2 行目の 1 列目, 3 行目の 1 列目,
4 行目の 1 列目，5 行目の 1 列目，……

1 列目の数の並びに着目する方法。

のように数を順に並べると，

1，4，9，16，25，……

となる。

この数の並びで n 番目の数は $n^{\boxed{ア}}$ と表され，$\boxed{イ}^{\boxed{ア}}=100$ から

[イ] 行目の 1 列目の数は 100,

11 行目の 1 列目の数は [ウ] となる。

【方法 2】 1 行目の 1 列目, 2 行目の 2 列目, 3 行目の 3 列目,
4 行目の 4 列目，5 行目の 5 列目，……

斜めの数の並びに着目する方法。

のように数を順に並べると，

1，3，7，13，21，……

となる。

この数の並びで n 番目の数は $n^2-n+\boxed{エ}$ と表されるから，

10 行目の 10 列目の数は [オ],

11 行目の 11 列目の数は [カ] となる。

【方法 1】または【方法 2】より，110 は [キ] 行目の [ク] 列目の数である。

考え方 規則にしたがって数を書き並べても求めることはできる。しかし，数が大きいと書き並べるのが大変になる。規則性の問題では，特徴(ちょう)やルールを見つけることが重要である。

解答

【方法１】 $1=1^2$，$4=2^2$，$9=3^2$，$16=4^2$，$25=5^2$，……であるから，

n 番目の数は　n^2

$100=10^2$ であるから，10 行目の 1 列目の数は　100　◀ $100<110$

$11^2=121$ であるから，11 行目の 1 列目の数は　121　◀ $110<121$

	1 列目	…	11 列目
1 行目			101
…			
10 行目	100		110
11 行目	121		

10 番目

よって，1 行目の 11 列目の数が 101 であり，101 から始めて 10 番目に現れる数が 110 であるから，110 は 10 行目の 11 列目の数である。

【方法２】 1，$3=2^2-1$，$7=3^2-2$，$13=4^2-3$，$21=5^2-4$，……であるから，

n 番目の数は　$n^2-(n-1)$　すなわち　n^2-n+1　……①

① に $n=10$ を代入すると　$10^2-10+1=91$

よって，10 行目の 10 列目の数は　91　◀ $91<110$

① に $n=11$ を代入すると　$11^2-11+1=111$

よって，11 行目の 11 列目の数は　111　◀ $110<111$

	…	10 列目	11 列目
…			
10 行目		91	110
11 行目			111

1 つ上

110 は 111 の 1 つ上の行にあるから，10 行目の 11 列目の数である。

以上から　(ア) **2**　(イ) **10**　(ウ) **121**　(エ) **1**

(オ) **91**　(カ) **111**　(キ) **10**　(ク) **11**　答

解説

数を一列に並べたものを数列といい，数列をつくっている各数を数列の項という。高等学校の数学では，この「数列」について詳しく学ぶ。一列に並んだ数の中にさまざまな規則を見つけて，数の並びにかくされた数学的な美しさを味わうことができる分野である。【方法２】で取り上げた数列 1，3，7，13，21，……の隣り合う 2 つの項の差を一列に並べると，あらたな数列 2，4，6，8，……ができる。このようにしてつくられた数列は，階差数列とよばれている。

総合問題 2　思考力・判断力・表現力を身につけよう！

ある操作を行い，次のようなルールで，右の図のようなマス目上のコマを動かす。

[1]　最初は「スタート」の位置にある。

[2]　操作が奇数回目のときは5マス進む。

[3]　操作が偶数回目のときは2マス戻る。

操作回数が x 回のとき，コマのある位置を y として表をつくると次のようになる。

x	0	1	2	3	4	…
y	0	5	3	8	6	…

表の続きをかいてみよう。

このとき，次の問いに答えなさい。

(1)　操作回数が7回のとき，コマはどの位置にあるか答えなさい。

(2)　x は偶数とする。このとき，y を x の式で表しなさい。

操作回数が偶数のときのみを表にしてみよう。

(3)　コマの位置が初めて100を超えるのは，操作回数が何回のときか答えなさい。

(3)「初めて100を超える」⟶「初めて100より大きくなる」

1次不等式をつくればよいことに気づくことがポイント。不等式を解く際，解を検討することを忘れないようにしよう。

CHART　はじめに戻って　解を検討

解答

(1)　操作回数が7回までを表にすると，右のようになる。

x	0	1	2	3	4	5	6	**7**
y	0	5	3	8	6	11	9	**14**

よって，求めるコマの位置は **14** である。　答

(2)　x は偶数であるから，操作回数が偶数の場合のみを表にすると，右のようになる。

x	0	2	4	6	…
y	0	3	6	9	…

y は x の関数であるから

$$y=\frac{3}{2}x$$　**（ただし，x は偶数）**　答

◀ x の増加量が2，y の増加量が3であるから，変化の割合は $\frac{3}{2}$

(3) xを偶数とすると，(2)から　$\frac{3}{2}x>100$　◀$y>100$ を満たす最小の自然数xを求める。

よって　$x>\frac{200}{3}$　すなわち　$x>66.6\cdots$

これを満たす最小の自然数xは，xが偶数であることに注意すると　$x=68$

$x=68$ のとき　$y=\frac{3}{2}\times68=102$

コマは偶数回目に2マス戻るから，68回目より前の奇数回目に100の位置を超える可能性がある。

68回の少し前から68回までの操作回数とコマの位置を表にまとめると，右のようになる。

x	…	63	64	**65**	66	67	68	…
y	…	98	96	**101**	99	104	102	…

したがって，コマの位置が初めて100を超えるのは，操作回数が **65回** のときである。 答

解説

(2)において，条件を「xは奇数とする」とした場合，どのような式になるか考えてみよう。

操作回数が奇数の場合のみを表にすると，右のようになる。xの増加量が2，yの増加量が3であるから，変化の割合は $\frac{3}{2}$ である。

x	1	3	5	7	…
y	5	8	11	14	…

よって，求める式は $y=\frac{3}{2}x+b$ と表すことができる。

$x=1$，$y=5$ を代入すると　$5=\frac{3}{2}\times1+b$　これを解いて　$b=\frac{7}{2}$

したがって，操作回数が奇数のときは，$y=\frac{3}{2}x+\frac{7}{2}$ (ただし，xは奇数) となる。

これを利用して(3)を解くと，次のようになる。

xを奇数とすると　$\frac{3}{2}x+\frac{7}{2}>100$

よって　$x>\frac{193}{3}$　すなわち　$x>64.3\cdots$

これを満たす最小の自然数xは，xが奇数であることに注意すると　$x=65$

コマは偶数回目に2マス戻るから，65回目より前の偶数回目に100の位置を超えることはない。したがって，コマの位置が初めて100を超えるのは，操作回数が65回のときである。

総合問題 3

思考力・判断力・表現力を身につけよう！

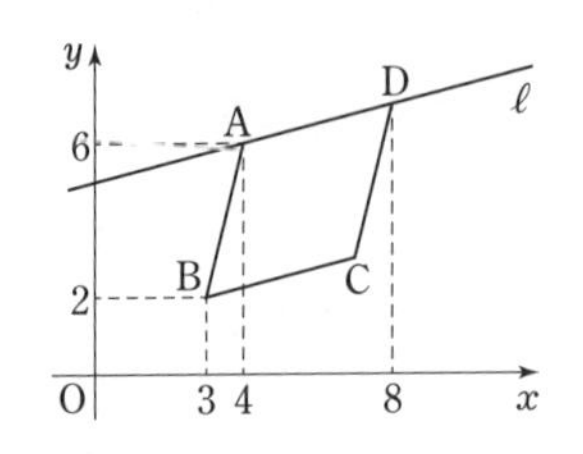

右の図において，A(4, 6)，B(3, 2) であり，直線 ℓ は点Aを通り傾きが $\dfrac{1}{4}$ である。

また，点Dは直線 ℓ 上の点で，x 座標が 8 である。

点Cを，四角形 ABCD が平行四辺形になるようにとるとき，次の平行四辺形の定義や性質を利用して，あとの問いに答えなさい。

> 平行四辺形については，幾何編で詳しく学習する。

> ① 2組の対辺（向かい合う辺）はそれぞれ平行である。
> ② 2組の対辺はそれぞれ等しい。
> ③ 2組の対角（向かい合う角）はそれぞれ等しい。
> ④ 1組の対辺は平行でその長さが等しい。
> ⑤ 対角線はそれぞれの中点で交わる。

> 平行四辺形の定義や性質を利用すると，あとの問いがらくに解けるかもしれないと考えてみよう。

(1) 直線 ℓ の式を求めなさい。

(2) 2点C，D を通る直線の傾きを求めなさい。

(3) 点Cの座標を求めなさい。

(4) 原点を通り，平行四辺形 ABCD の面積を 2 等分する直線の式を求めなさい。

直線の式を求めるときは，どのような条件が与えられているかを考えることが重要である。

(1) 傾きと通る1点の座標が与えられている。

(2) ① から AB∥DC　よって，直線 AB の傾きを求めればよい。

(3) 直線 BC と直線 CD の交点として座標を求めてもよいが，計算が面倒。与えられた平行四辺形の定義や性質を利用できないか考えてみよう。

(4) 平行四辺形が点対称な図形であることは小学校で学んだ。点対称な図形は，対称の中心を通る直線で面積が 2 等分されることも確認しておこう。

解答

(1) 直線 ℓ の傾きは $\frac{1}{4}$ であるから，求める直線の式は $y=\frac{1}{4}x+b$ と表される。

直線 ℓ は A(4, 6) を通るから　$6=\frac{1}{4}\times 4+b$

これを解いて　$b=5$

よって，求める直線の式は　$\boldsymbol{y=\frac{1}{4}x+5}$ 答

(2) ① より AB∥DC，すなわち直線 AB と直線 DC の傾きは等しいことがわかる。

直線 AB の傾きは　$\frac{6-2}{4-3}=4$

よって，求める直線の傾きは　**4** 答

(3) D は直線 ℓ 上の点で，x 座標が 8 であるから，
D の y 座標は

$y=\frac{1}{4}\times 8+5=7$　　よって　D(8, 7)

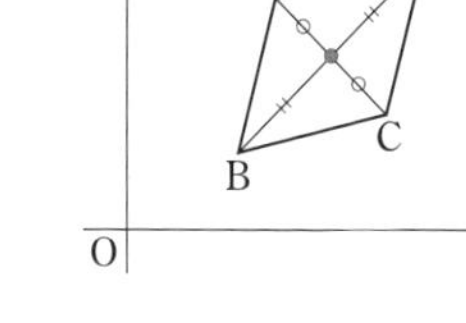

ここで，⑤ より線分 BD の中点と線分 AC の中点は一致することがわかる。

線分 BD の中点の座標は

$\left(\frac{3+8}{2},\ \frac{2+7}{2}\right)$ から　$\left(\frac{11}{2},\ \frac{9}{2}\right)$

点 C の座標を $(p,\ q)$ とすると，線分 AC の中点の座標は

$\left(\frac{4+p}{2},\ \frac{6+q}{2}\right)$

これが $\left(\frac{11}{2},\ \frac{9}{2}\right)$ と一致するから　$\frac{4+p}{2}=\frac{11}{2}$，$\frac{6+q}{2}=\frac{9}{2}$

これを解いて　$p=7$，$q=3$

よって，点 C の座標は　**(7, 3)** 答

(4) 平行四辺形は点対称な図形であるから，面積は対称の中心を通る直線で 2 等分される。

平行四辺形の対称の中心は対角線の交点であり，(3) より中心の座標は $\left(\frac{11}{2},\ \frac{9}{2}\right)$ である。

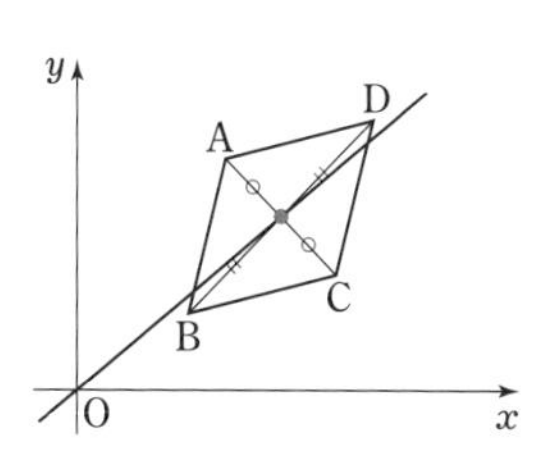

求める直線の式は，原点を通るから $y=ax$ と表され，

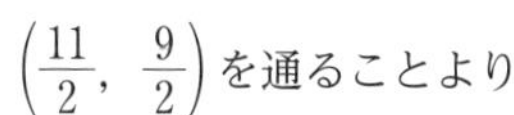

$\left(\frac{11}{2},\ \frac{9}{2}\right)$ を通ることより

$\frac{9}{2}=a\times\frac{11}{2}$　　これを解いて　$a=\frac{9}{11}$

よって，求める直線の式は　$\boldsymbol{y=\frac{9}{11}x}$ 答

総合問題 4

思考力・判断力・表現力を身につけよう!

春子さんは，授業で1次関数 $y=ax+b$ (a，b は定数) のグラフについて学習したあと，$a>0$，$b<0$ という条件で a，b の値を決めてグラフをかいてみた。春子さんは，いくつかのグラフをかいていくうちに，a，b の値をどのように決めても，グラフが通らない点があることに気がつき，次のような問題をつくった。春子さんの問題の答えを求めなさい。

1次関数のグラフについて，$p.174$ 以降できちんと復習しておこう。

(春子さんの問題)
次の ① ~ ④ の点のうち，$a>0$，$b<0$ という条件をつけると，a，b の値をどのように決めても，1次関数 $y=ax+b$ のグラフが通らない点はどれですか。1つ選び，記号で答えなさい。

① 点 $(2,\ 3)$　　② 点 $(-1,\ 4)$
③ 点 $(-3,\ -1)$　　④ 点 $(4,\ -2)$

$a>0$，$b<0$ がポイント。

春子さんのように，問題をつくってみよう。

1次関数 $y=ax+b$ のグラフは切片が b であるから，y 軸上の点 $(0,\ b)$ を通る。また，$a>0$ より，$y=ax+b$ のグラフは右上がりの直線であることをおさえておく。

解答

$a>0$ より，$y=ax+b$ のグラフは右上がりの直線である。また，$b<0$ より，このグラフの切片は負の数である。
よって，$y=ax+b$ のグラフ上の点は，x 座標が負の数のとき，y 座標も負の数になる。　◀$ax<0$，$b<0$
したがって，どのような a，b の値に対しても，グラフは点 $(-1,\ 4)$ を通らない。

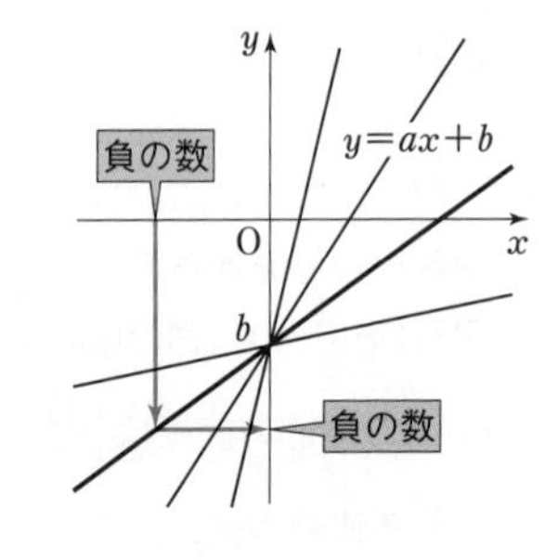

答 ②

春子さんの問題において，① の点は第 1 象限，② の点は第 2 象限，③ の点は第 3 象限，④ の点は第 4 象限にある（象限について，詳しくは，$p.148$ 基本事項の参考を参照）。解答にある図からもわかるように，グラフは第 2 象限を通らないから，② の点は通らない。

では，①，③，④ の点を通るグラフが本当にあるかどうか確かめてみよう。

① 点 $(2,\ 3)$ について

たとえば，$a=2$，$b=-1$ とすると　$y=2x-1$

$3=2\cdot2-1$ であるから，このグラフは点 $(2,\ 3)$ を通る。

③ 点 $(-3,\ -1)$ について

たとえば，$a=\dfrac{1}{6}$，$b=-\dfrac{1}{2}$ とすると　$y=\dfrac{1}{6}x-\dfrac{1}{2}$

$-1=\dfrac{1}{6}(-3)-\dfrac{1}{2}$ であるから，このグラフは点 $(-3,\ -1)$ を通る。

④ 点 $(4,\ -2)$ について

たとえば，$a=\dfrac{1}{2}$，$b=-4$ とすると　$y=\dfrac{1}{2}x-4$

$-2=\dfrac{1}{2}\cdot4-4$ であるから，このグラフは点 $(4,\ -2)$ を通る。

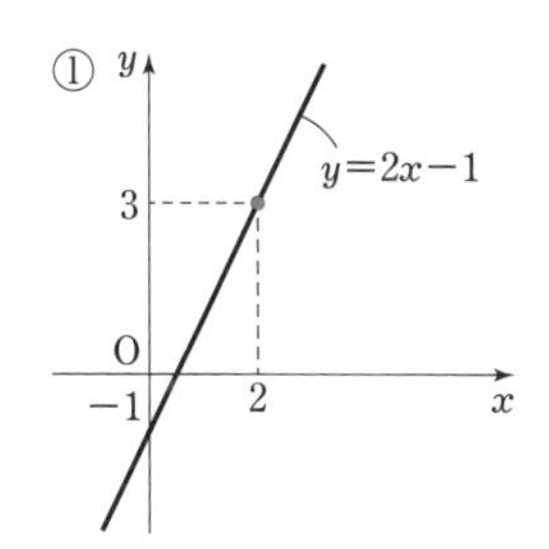

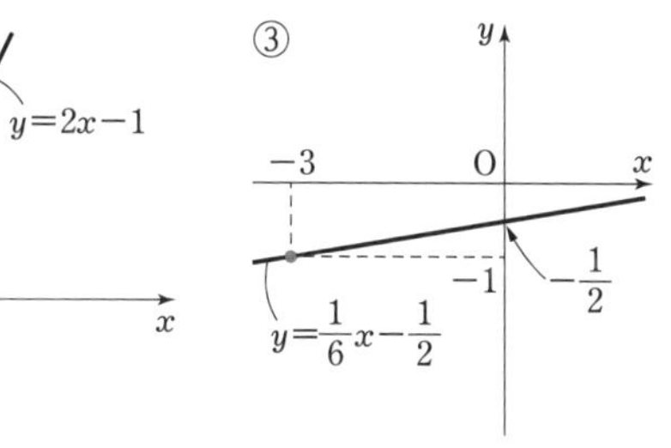

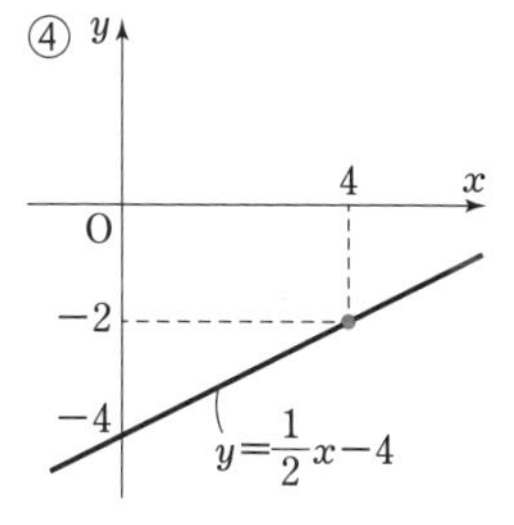

総合問題 5

思考力・判断力・表現力を身につけよう!

「$p>q$, $r>s$ ならば □ である。」がつねに成り立つように，(ア) ～ (ウ) の中から □ に入るものを 1 つ選び，記号で答えなさい。

(ア) $p-r>q-s$　(イ) $p-s>q-r$　(ウ) $pr>qs$

考え方 (ア)～(ウ) のそれぞれについて，正しいかどうか調べればよい。ある事柄が「つねに成り立つ」とは，その事柄が 1 つの例外もなく成り立つということ。

●CHART　正しいことを示すには証明
正しくないことを示すには反例を 1 つあげる

解答

(ア) $p=5$, $q=4$, $r=3$, $s=1$ とすると，$p>q$, $r>s$ であるが，$p-r=2$, $q-s=3$ である。
したがって，$p-r>q-s$ は成り立たない。

(イ) $p>q$ の両辺から s をひくと

$$p-s>q-s \quad \cdots\cdots ①$$

$r>s$ の両辺に -1 をかけると

$$-r<-s \quad すなわち \quad -s>-r$$

この両辺に q をたすと

$$q-s>q-r \quad \cdots\cdots ②$$

①，② から　$p-s>q-s>q-r$

すなわち　$p-s>q-r$

したがって，$p>q$, $r>s$ ならば $p-s>q-r$ はつねに成り立つ。

説明方法については幾何編を参照。

(ウ) $p=-1$, $q=-2$, $r=-3$, $s=-4$ とすると，$p>q$, $r>s$ であるが，$pr=3$, $qs=8$ である。
したがって，$pr>qs$ は成り立たない。

以上により　(イ) 答

参考　一般に，$A<B$, $C<D$ ならば $A+C<B+D$ が成り立つ。
また，$C<D$ より $-D<-C$ が成り立つから，
$A<B$, $C<D$ ならば $A+(-D)<B+(-C)$ すなわち $A-D<B-C$ も成り立つ。

答と略解

問題の要求している答の数値，図を示した。[　] 内は略解やヒントである。

第1章　正の数と負の数

練習の解答

1 (1) -300 円の値下げ
(2) 8 kg の増加　(3) -30 分の短縮
(4) 7°C 上昇

2

月	1	2	3	4	5	6
生産台数	72	65	78	74	67	70
過不足（台）	+2	−5	+8	+4	−3	0

3 A：$+1.4$，B：$+3.8$，C：$+5.2$，
D：-5，E：-2.8

4A (1) -2 と $+2$　(2) 0
(3) $-\frac{3}{7}$ と $+\frac{3}{7}$　(4) -7.4 と $+7.4$

4B (1) -5，-4，-3，-2，-1，0，
$+1$，$+2$，$+3$，$+4$，$+5$
(2) -6，-5，-4，$+4$，$+5$，$+6$

5 (1) $-\frac{3}{4}$，$-\frac{18}{25}$，-0.42，$-\frac{1}{3}$，
0，$+0.4$，$+\frac{5}{7}$，$+0.95$
(2) 0，$-\frac{1}{3}$，$+0.4$，-0.42，$+\frac{5}{7}$，
$-\frac{18}{25}$，$-\frac{3}{4}$，$+0.95$

6 (1) $+10$　(2) $+22$　(3) $+35$
(4) -15　(5) -17　(6) -37
(7) $+87$　(8) $+601$　(9) $+248$
(10) -43　(11) -183　(12) -547

7 (1) $+3$　(2) $+9$　(3) -4
(4) -17　(5) $+19$　(6) $+17$
(7) -10　(8) -16　(9) -27
(10) $+283$　(11) 0　(12) -10

8A (1) $+4$　(2) -3　(3) -23
(4) -38　(5) -87　(6) $+81$
(7) -17　(8) $+157$　(9) $+375$

8B (1) -11　(2) $+7$　(3) -7
(4) $+2$

9 (1) 8.7　(2) -4.1
(3) -42.82　(4) 1.7　(5) -3.8
(6) 3.7　(7) $-\frac{3}{7}$　(8) $-\frac{11}{12}$
(9) $-\frac{7}{6}$　(10) $-\frac{1}{21}$　(11) $-\frac{103}{36}$

10A (1) 2　(2) -45　(3) 7
(4) 9　(5) -9　(6) 24
(7) -1　(8) 6

10B (1) 6.5　(2) 0.9　(3) 0
(4) -1.28　(5) $\frac{5}{6}$　(6) $\frac{11}{12}$

11 (1) -3　(2) 11　(3) $\frac{33}{8}$

12 (1) 6　(2) 20　(3) 91
(4) 24　(5) 60　(6) 8

13 (1) -30　(2) -45　(3) -28
(4) -117　(5) -24　(6) -42
(7) -19　(8) -22　(9) 0

14 (1) -60　(2) 120　(3) 6.24
(4) -2.16　(5) 15　(6) $\frac{5}{2}$
(7) -3　(8) $-\frac{3}{10}$

15A (1) 9^3　(2) $(-8)^4$　(3) -5^2

15B (1) 64　(2) 81　(3) 125
(4) 343　(5) -81　(6) -63
(7) -108　(8) -16　(9) -4
(10) 40　(11) $\frac{4}{9}$　(12) $-\frac{125}{64}$
(13) $-\frac{1}{24}$

16A (1) 7　(2) -6　(3) -8
(4) 9　(5) -4　(6) 19

16B (1) 7　(2) -12　(3) -6
(4) 9

17 (1) $-\frac{4}{7}$　(2) $\frac{1}{4}$　(3) -6
(4) $\frac{5}{3}$

18 (1) -15　(2) $\frac{15}{16}$　(3) $-\frac{15}{14}$
(4) $\frac{5}{9}$　(5) $-\frac{4}{5}$　(6) $\frac{7}{6}$

19 (1) 6　(2) -27　(3) $-\frac{16}{15}$

(4) $-\frac{3}{4}$　(5) $\frac{5}{6}$　(6) $-\frac{1}{16}$

(7) $-\frac{1}{2}$　(8) -36　(9) $\frac{25}{16}$

20 (1) -17　(2) 14　(3) 15

(4) 8　(5) 1　(6) -3

(7) $\frac{201}{80}$　(8) -16　(9) 2

(10) $\frac{5}{6}$　(11) $\frac{31}{12}$

21 (1) -3　(2) -8　(3) 10

(4) 70　(5) -167　(6) $-\frac{8}{3}$

(7) -24

22 (1) 3　(2) 9.42

23 (ア)

24 (1) 1, 3, 9, 27, 81, 243

(2) 1, 2, 3, 4, 6, 8, 9, 12, 18, 24, 36, 72

(3) 1, 2, 3, 4, 6, 8, 9, 12, 16, 18, 24, 27, 36, 48, 54, 72, 81, 108, 144, 162, 216, 324, 432, 648, 1296

(4) 1, 2, 3, 5, 6, 9, 10, 15, 18, 30, 45, 90

25 (1) 最大公約数 14, 最小公倍数 196

(2) 最大公約数 9, 最小公倍数 540

26A (1) 30　(2) $m=42$

26B 14 個

27A 21 点

27B (1) 8 kg　(2) 62 kg

演習問題の解答

1 (1) 13, -3, 0, 5, -19, 6

(2) 13, 5, 6　(3) -3, -19

(4) 13, 5, 6

2 (1) (ア) $+6$　(イ) -2

(2) (ウ) -2.5　(エ) $+4$

3 (1) -3　(2) 7 cm 高い

4 (1) (ア) 10　(イ) 21　(ウ) $\frac{4}{3}$

(エ) -0.5

(2) -4, -3, -2, $+2$, $+3$, $+4$

5 (1) $-\frac{8}{3}<-\frac{7}{3}<+\frac{4}{7}$

(2) $-\frac{21}{10}<-\frac{9}{8}<-\frac{8}{9}$

6 (1) $+0.9$　(2) $-\frac{4}{5}$　(3) $-\frac{1}{4}$

(4) $-\frac{1}{4}$　(5) $+0.9$

7 $\square<3<\triangle$

8 (1) 18　(2) -9　(3) 30

(4) 11　(5) 72　(6) 6

(7) -13　(8) -66

9 (1) -3　(2) -7　(3) 3

(4) -4　(5) -127　(6) 173

10 (1) -0.7　(2) 3.1

(3) -1.8　(4) -0.7　(5) $-\frac{1}{4}$

(6) $-\frac{1}{6}$　(7) $-\frac{61}{72}$

11 (1) -2　(2) $\frac{16}{5}$

12 (1) -5 と 5　(2) -8 と -6

(3) -8 と 9

13 (1) -36　(2) -72　(3) 90

(4) -13　(5) -14　(6) 12

(7) -20　(8) -0.7　(9) 4

(10) -6　(11) $\frac{7}{6}$　(12) $-\frac{3}{2}$

14 (ウ)

15 (1) $(-2)^4$, $(-4)^3$, -3^4

(2) 0, -1^5, $(-2)^3$, -3^2

16 (1) $\frac{20}{7}$　(2) 2　(3) $-\frac{2}{3}$

(4) $-\frac{21}{16}$

17 (1) $\frac{9}{112}$　(2) -1　(3) 8

(4) $-\frac{1}{25}$　(5) -7　(6) $\frac{1}{8}$

(7) -3

18 (1) $\frac{8}{3}$　(2) $-\frac{5}{7}$　(3) $-\frac{10}{21}$

19 (1) 14　(2) 19　(3) -5

(4) 2　(5) $-\frac{11}{2}$　(6) -16

20 (1) -4　(2) 1.5　(3) $\frac{1}{2}$

(4) $\frac{9}{2}$　(5) $-\frac{7}{2}$　(6) 29

21 (1) $\frac{23}{4}$ (2) $\frac{31}{56}$

22 (1) $\frac{4}{15}$ (2) -400
(3) -9600

23 (1) -20 (2) -6 (3) $\frac{1}{12}$
(4) $\frac{1}{8}$ (5) 7 (6) 1

24 (1) 0.8 (2) 8 (3) $-\frac{8}{3}$

25

	加法	減法	乗法	除法
偶数	○	×	○	×
奇数	×	×	○	×

26 $\frac{385}{12}$

27 84

28 (1) 56点 (2) 27点 (3) 4点

29 (ア) -5 (イ) 6 (ウ) 3
(エ) 0 (オ) -3 (カ) -4
(キ) -1 (ク) 4

30 (ア) $-$ (イ) $+$ (ウ) $-$
(エ) $+3.5$ (オ) 3.5
(1) (カ) $+$ (キ) $+24.5$ (ク) 24.5
(2) (ケ) -12 (コ) $-$ (サ) -42
(シ) 42
(3) (ス) $-$ (セ) $+$ (ソ) -11
(タ) 11

31 (1) -5点 (2) 6回

第2章　式の計算

練習の解答

28A (1) $12a$ (2) $0.2b$ (3) $20xy$
(4) $\frac{4}{3}\pi r^3$ (5) $-\frac{16}{3}xy$

28B (1) $25\times a\times b$
(2) $(-1)\times a\times a$
(3) $6\times m\times n\times n$
(4) $(-2)\times x\times x\times y$
(5) $\frac{4}{5}\times a\times b\times b\times c$

29 (1) $\frac{m}{8}$ (2) $\frac{3a}{b}$ (3) $\frac{a}{5b}$
(4) $\frac{a+b}{2h}$

30A (1) $\frac{ac}{b}$ (2) $\frac{4m^2}{\ell}$
(3) $\frac{(a+b)h}{2}$ (4) $\frac{x-2y}{3x+y}$
(5) $\frac{(x+y)^2}{a^4(x-y)^3}$

30B (1) $(-1)\times m\div\ell$
(2) $a\div b\div c$
(3) $5\times a\times x\times x\div 3$
(4) $(2\times x-3)\div(a\times a\times b\times c+1)$

31 (1) $(3000-30a)$円
(2) $(6a+b)$枚 (3) $(4a+25b)$ km

32 (1) $\{1000-(3a+5b)\}$円
(2) $(300-7a)$ cm または
$\left(3-\frac{7}{100}a\right)$ m
(3) $a+0.1b$

33 単項式は(ア)，多項式は(イ)，(ウ)

34 (1) 項は $3x$，$-\frac{1}{2}$，x の係数は 3
(2) 項は a^2，$-3ab$，7
a^2 の係数は 1，ab の係数は -3
(3) 項は $-x^2$，$2ab$，$-\frac{bc}{3}$，11
x^2 の係数は -1，ab の係数は 2，
bc の係数は $-\frac{1}{3}$

35A (1) 2 (2) 1 (3) 1
(4) 3 (5) 5 (6) 1
(7) 3 (8) 3

35B (1) 2次式，a に着目すると2次式
(2) 3次式，a に着目すると2次式

(3)　2 次式，a に着目すると 1 次式

36A (1)　$7x^2$ と $3x^2$

(2)　$-4a$ と $6a$ と $-15a$，$5a^2$ と $3a^2$，b と $2b$

36B (1)　$5a-3$　(2)　$2x-2y$

(3)　x^2-x+3　(4)　$-5xy^2-4y^2$

(5)　$-0.2x^2-x$　(6)　$\frac{5}{12}x^2+\frac{3}{10}y^2$

37 (1)　$5x-2$　(2)　$4a$

(3)　$4x^2-2x-5$　(4)　$8a^2-3a-6$

(5)　$a+9$　(6)　$3x-7y$

(7)　$-a^2-4a+7$

(8)　$-2x^2-3x-4$

38A (1)　和 $7x-2y$，差 $9x-12y$

(2)　和 $8a+4b$，差 $12a+10b$

(3)　和 $3x+9y-20$，差 $5x+5y+2$

(4)　和 $4m^2-2m-4$，差 $16m^2-16m$

(5)　和 $-\frac{2}{15}a+\frac{1}{15}b$，差 $-\frac{8}{15}a+\frac{11}{15}b$

(6)　和 $\frac{3}{4}x^2+\frac{2}{5}xy-\frac{2}{3}y^2$，

差 $-\frac{1}{4}x^2+\frac{2}{5}xy-\frac{4}{3}y^2$

38B (1)　$13a+2b$　(2)　$5x^2+x-3$

(3)　$-3a^2-3ab+4b^2$

(4)　$-14x^2-6y+4z$

39 (1)　$-28a$　(2)　$6a+12b$

(3)　$6p-10q+6$　(4)　$-8x^2+12x-4$

(5)　$5x-15y$　(6)　$15x-9y+3$

(7)　$4a$　(8)　$8x-4$

(9)　$2a-b-3$　(10)　$-x+4y-2$

(11)　$-2m+6n$

40 (1)　$5a+4$　(2)　$11x-10y$

(3)　$3x+7y-5$　(4)　$a+8$

(5)　$4a$　(6)　$3x^2+9x-8$

41 (1)　$a+3b$　(2)　$2x+6y+2z$

42 (1)　$\frac{3x}{4}$　(2)　$\frac{13a-5b}{12}$

(3)　$\frac{x+1}{15}$　(4)　$\frac{5x-y}{3}$

(5)　$\frac{5x-y}{24}$　(6)　$-3x+2y$

43 (1)　$2a^7b^3$　(2)　$-4ab^3$

(3)　$2a^3$　(4)　$24x^8$　(5)　$72a^7b^8$

(6)　$-3a$　(7)　$2x$　(8)　$9ab$

(9)　$\frac{5y^2}{x}$

44 (1)　-2　(2)　$-2x^2y^2$

(3)　x^4y^5　(4)　$48a^3b^2$　(5)　x^2y^6

(6)　$2x^3$　(7)　$3ab^2$　(8)　$-y^3$

(9)　$2a^2b^{10}$　(10)　$30b$　(11)　1

(12)　$\frac{49}{18}a^5$

45 (1)　-9　(2)　10　(3)　$-\frac{8}{3}$

(4)　-2　(5)　$\frac{2}{3}$

46A [$A+2B=(5m+2)+2(5n+3)$

$=5m+2+10n+6$

$=5m+10n+8$

$=5(m+2n+1)+3$

よって，$A+2B$ を 5 でわったときの余りは 3 である]

46B $\left(\frac{a}{24}+5\right)$ 分

47A 2π m

47B 上側の半円の弧の長さの和と下側の半円の弧の長さの和の比は 1：1

上側の半円の面積の和と下側の半円の面積の和の比は 4：5

48A [千の位の数を x，百の位の数を y とすると，題意の 4 けたの自然数は $1000x+100y+10y+x$ と表される。

$1000x+100y+10y+x$

$=1001x+110y=11(91x+10y)$]

48B [3 けたの自然数は $100a+10b+c$ と表される。

$(10a+b)-2c$ が 7 でわり切れるとき，

$(10a+b)-2c=7n$ (n は整数) …… ①

と表される。

① から　$10a+b=7n+2c$

よって，もとの数は

$100a+10b+c=10(10a+b)+c$

$=10(7n+2c)+c=7(10n+3c)$]

49 (1)　11

(2)　$10n+m$ と表される。

この 2 つの数の和は

$(10m+n)+(10n+m)$

$=11m+11n=11(m+n)$

$m+n$ は自然数であるから，

$11(m+n)$ は 11 の倍数である。

よって，上から m 番目で左から n

番目の数に，上からn番目で左からm番目の数を加えると11の倍数になる。

50 (1) 16個 (2) $4n$個

演習問題の解答

32 (1) (エ) (2) (ウ)

33 (1) $(700-30a)$ cm または $(7-0.3a)$ m

(2) $(50-3a)$個 (3) $\dfrac{xy}{100}$円

(4) $2a(a+1)(a-2)$ cm^3

(5) 時速 $\dfrac{ax+by}{x+y}$ km

(6) $(2a+\pi a)$ cm

34 (1) $5a$ (2) $3a+2b$

(3) $\dfrac{a}{b+3}$ (4) $8ax$ (5) $\dfrac{5p}{2q}$

(6) $2x^3-5x$

35 (1) 直方体の体積，単位は cm^3

(2) 直方体の表面積，単位は cm^2

(3) 直方体の辺の長さの和，単位は cm

36 (1) 和 $8a-3b$，差 $2a+5b$

(2) 和 $-x-2y+6z$，差 $7x-6y+8z$

(3) 和 x^2-x+1，差 $3x^2-7x+5$

(4) 和 $7bc-ca$，差 $6ab+5bc+17ca$

(5) 和 $\dfrac{32}{15}m-\dfrac{21}{10}n$，差 $\dfrac{8}{15}m-\dfrac{9}{10}n$

(6) 和 $\dfrac{7}{6}x+\dfrac{11}{12}y$，差 $-\dfrac{11}{6}x-\dfrac{5}{12}y$

37 (1) $a-2b$ (2) $3a+5b$

(3) $a-b$ (4) $-y$

(5) $-x-y$ (6) $-b-c$

(7) $-5x^2+4x-1$ (8) $9a-10b$

(9) $11a+9b-4c$

38 (1) $-6x-8$ (2) -23

39 (1) $2x^2+6xy-3y^2$

(2) $5x^2-4x-8y+12y^2$

40 (1) $\dfrac{3}{4}x-4y$ (2) $\dfrac{5x-2y}{4}$

(3) $\dfrac{x+4y}{12}$ (4) $\dfrac{-x+5y}{12}$

(5) $\dfrac{8a-12c}{3}$ (6) $2a^2+4ab+3b^2$

41 (1) $64x^{14}y^{12}z^4$ (2) $-\dfrac{2y}{x}$

(3) $-\dfrac{1}{27}a^2b^7$ (4) $8x^4y^5$

(5) $-\dfrac{1}{2}a^6b^5$ (6) $-\dfrac{1}{4}y^4$

(7) $-\dfrac{15}{2}x$ (8) $-\dfrac{2}{441}a^4$

42 (1) $-26a^3$ (2) $2x^3-x^2$

(3) $3a^2b^3$ (4) $-22x^2y$

43 (1) $-\dfrac{8}{3}a$ (2) $-5yz^4$

(3) $-7a^7b^5$ (4) $-8xyz^4$

(5) $-9x^3y^4$

44 (1) -15 (2) -2

(3) $-\dfrac{1}{2}$ (4) $\dfrac{1}{6}$

45 $(96-9a)$ cm

46 $\dfrac{3}{4}$倍

47 (1) 15人 (2) 1：1

48 (1) $10+c-a$ (2) 9

[(3) (2)の計算でくり下がりが発生するから，数Pの百の位の数は $a-1-c$]

49 [① x月y日とする。

② $y\times25+5=25y+5$

③ $(25y+5)\times4+1=100y+21$

④ $(100y+21)+x-21=100y+x$

したがって，計算の結果の十と一の位を表す数で月を，千と百の位を表す数で日を表している]

50 (1) 白7個，黒13個

(2) $(3n-1)$個

第3章　方程式

練習の解答

51 (1) $3x+21=48$
(2) $a+b=24$　(3) $10xy=z$
(4) $a=7b+c$　(5) $s=a\left(1+\frac{r}{100}\right)$
(6) $v=a\left(1-\frac{u}{10}\right)$

52 (1) -2　(2) 1

53 (1) $x=-1$　(2) $x=3$
(3) $x=-3$　(4) $x=-8$
(5) $x=-6$　(6) $x=14$
(7) $x=-6$　(8) $x=-\frac{21}{5}$
(9) $x=3$

54 (1) $x=7$　(2) $x=-3$
(3) $x=2$　(4) $x=2$　(5) $x=7$
(6) $x=4$　(7) $x=-6$　(8) $x=1$
(9) $x=-1$

55 (1) $x=\frac{1}{6}$　(2) $x=-6$
(3) $x=2$　(4) $x=-3$
(5) $x=3$　(6) $x=7$

56 (1) $x=9$　(2) $x=1$
(3) $x=3$　(4) $x=\frac{3}{5}$

57A -7

57B (1) 生徒の人数 34 人, 鉛筆の本数 130 本　(2) 84 個

58A 6

58B 15, 16, 17

58C (1) $2004=667+668+669$
[(2)　4 つの連続する整数を x, $x+1$, $x+2$, $x+3$ とし, 2004 が 4 つの連続する整数の和として表すことができたとすると
$x+(x+1)+(x+2)+(x+3)=2004$
これを解くと $x=\frac{999}{2}$ となり, x は整数ではない]

59 1 時間 12 分

60 $\frac{15}{2}$ km

61 $\frac{25}{3}$ 分後

62 (1) 300　(2) 98　(3) 30

63 (1) 240 g　(2) 7 %

64A (1) $a=5$　(2) $a=1$

64B $a=\frac{19}{11}$

65A (1) $x=30$　(2) $x=10$
(3) $x=-16$　(4) $x=\frac{33}{4}$

65B 248 人

66A (1) $y=\frac{1}{2}x-\frac{3}{4}$
(2) $c=\frac{a-2b-1}{6}$
(3) $b=\frac{c-a}{a-1}$
(4) $a=\frac{2S}{h}-b$

66B (1) $y=\frac{1}{2}x-250$
(2) $y=-2x+6$

67A (1) 3000 円　(2) 3100 円

67B 360 円

68 (1) $x=1$, $y=-2$
(2) $x=1$, $y=2$
(3) $x=-5$, $y=4$
(4) $x=-1$, $y=1$
(5) $a=-\frac{3}{2}$, $b=2$
(6) $x=-2$, $y=3$

69 (1) $x=3$, $y=-4$
(2) $x=2$, $y=-1$
(3) $a=3$, $b=-2$
(4) $x=-2$, $y=-5$
(5) $m=3$, $n=4$　(6) $x=-1$, $y=2$

70 (1) $x=2$, $y=3$
(2) $x=-1$, $y=1$

71A (1) $x=-1$, $y=-1$
(2) $x=\frac{5}{26}$, $y=\frac{1}{13}$

71B (1) $x=\frac{33}{7}$, $y=-\frac{5}{7}$
(2) $x=14$, $y=25$

72 (1) $x=7$, $y=4$
(2) $x=3$, $y=1$
(3) $x=-5$, $y=-3$
(4) $x=-\frac{4}{11}$, $y=\frac{16}{11}$

73 (1) $x=\frac{1}{2}$, $y=6$

(2) $x=2$, $y=6$

74 (1) $x=7$, $y=-3$, $z=2$

(2) $x=-7$, $y=9$, $z=2$

(3) $x=3$, $y=1$, $z=4$

75A Aは200円，Bは250円

75B 60枚

76A $N=25$

76B $A=783$

77A 銅を90％含む合金は25 g，銅を50％含む合金は75 g

77B Aは2％，Bは8％

78 男子部員18人，女子部員16人

79 $a=3$, $b=-2$

80 $a=-2$, $b=-1$

81 列車の速さは毎秒20 m，鉄橋の長さは620 m

演習問題の解答

51 (1) 仕入れ金額

(2) 売った卵の個数

(3) 売上金額

(4) 利益

52 (1) $a+2=b$ (2) $0.5x+y=5$

53 (1) $L=\ell n-0.5(n-1)$

(2) 68 cm

54 (1) (ア) [2]，x (イ) [1]，6

(ウ) [4]，3

(2) (エ) [1]，$5x$ (オ) [2]，8

(カ) [4]，7

55 (1) $x=6$ (2) $x=3$

(3) $x=-5$ (4) $x=-4$

56 (1) $x=4$ (2) $y=-2$

(3) $x=3$ (4) $x=-8$

(5) $x=-8$ (6) $x=\frac{2}{5}$

57 (1) $x=-\frac{1}{11}$ (2) $x=7$

(3) $x=-8$ (4) $x=0$ (5) $x=2$

(6) $x=\frac{1}{5}$ (7) $x=-3$

(8) $x=-\frac{3}{5}$ (9) $x=-\frac{13}{5}$

(10) $x=-\frac{1}{2}$ (11) $x=\frac{137}{31}$

(12) $x=14$

58 (1) $x=2$ (2) $x=3$

(3) $t=1$ (4) $x=\frac{4}{3}$ (5) $x=-1$

(6) $x=\frac{3}{2}$ (7) $x=\frac{4}{3}$

59 188人

60 6 cm

61 (1) 4050 m (2) $\frac{45}{4}$ 分

62 26％

63 $a=3$

64 (1) $c=\frac{a+b}{2}$ (2) 5 cm

65 A高校 6：7，B高校 2：3

66 331

67 (1) $6x=0.5x+30$

(2) $\frac{60}{11}$ 分後

68 $x=40$

69 (1) $x=-2$, $y=\frac{17}{2}$

(2) $x=9$, $y=2$

(3) $x=-5$, $y=-3$

(4) $x=7$, $y=4$

70 (1) $x=2$, $y=\frac{9}{2}$

(2) $x=2$, $y=4$ (3) $x=\frac{1}{2}$, $y=2$

(4) $x=\frac{3}{5}$, $y=\frac{4}{5}$ (5) $x=1$, $y=2$

71 (1) $x=2$, $y=6$

(2) $x=\frac{11}{7}$, $y=-\frac{10}{7}$

72 $x=\frac{a-1}{2}$, $y=\frac{3a+11}{4}$, $a=\frac{1}{3}$

73 (1) 13 (2) $\frac{7}{36}$

74 生徒3名と園児6名の班を7班，生徒4名と園児7名の班を4班

75 729

76 (1) A：$\left(\frac{2}{3}x+\frac{1}{3}y\right)$g，B：$\left(\frac{1}{3}x+\frac{2}{3}y\right)$g (2) $x=22$, $y=4$

77 $k=4$

78 $a=3$, $b=3$

79 $x=2$, $y=3$

80 Aのコップだけで入れると5杯，Bの

コップだけで入れると 10 杯

81 (1) $378x$ 円

(2) 1 枚あたりの原価は 320 円，仕入れた枚数は 45 枚

82 時速 36 km

83 $a=16$，$b=24$

84 10 日

第 4 章　不等式

練習の解答

82 (1) $a<bx$　(2) $70a+90b<500$

(3) $8 \leqq a<13$

83 (1) 解ではない　(2) 解である

(3) 解ではない　(4) 解である

84A (1) $<$　(2) $<$　(3) $<$

(4) $>$

84B (1) $<$　(2) $>$　(3) $<$

85 (1) $x<3$　(2) $x<14$

(3) $x>-2$

86 (1) $x \geqq 6$　(2) $x>-2$

(3) $x \geqq \frac{10}{11}$

87 (1) $x<-6$　(2) $x<3$

(3) $x>3$　(4) $x<-5$

(5) $x>-1$　(6) $x<4$

(7) $x \leqq -7$　(8) $x \leqq \frac{7}{3}$

(9) $x<-5$

88 (1) $x \leqq 6$　(2) $x \leqq \frac{17}{3}$

(3) $x>-3$　(4) $x>21$

(5) $x \geqq 3$　(6) $x<-3$

(7) $x<3$

89A (1) -2，-1　(2) 4 個

89B 9

90A 最大 300 円

90B 最大 6 個

90C 267 枚以上

91A 450 m 以下

91B 26 人

92 (1) 210 g 以上　(2) 180 g 以下

(3) 45 g 以上

93 (1) (エ)　(2) (ウ)

(3) (ア) と (オ)　(4) (イ) と (オ)

(5) (イ) と (カ)　(6) (ア) と (カ)

94A (1) $3 \leqq x \leqq 7$　(2) $-2 \leqq x<3$

(3) $x \leqq -\frac{7}{3}$

(4) $-2<x<3$

(5) $-2 \leqq x<\frac{7}{2}$　(6) $x<-3$

94B (1) 解はない　(2) $x=4$

95 (1) $-4<x<5$

(2)　$-2<x<4$　(3)　$-1<x<3$

(4)　$x \geqq \frac{1}{8}$

96A 36人または37人

96B 10人

97 (1)　$0<a+3<5$

(2)　$-6<b-1<-3$

(3)　$-9<3a<6$　(4)　$10<-5b<25$

(5)　$-8<a+b<0$

(6)　$-1<a-b<7$

(7)　$-34<3a+5b<-4$

(8)　$1<3a-5b<31$

98 (1)　$-5<a-b<-3$

(2)　$3.95 \leqq \frac{a}{2}+\frac{b}{5}<4.65$

(3)　$38.25 \leqq ab<52.25$

99 (1)　$a=5$　(2)　$7<a \leqq 8$

100A (1)　$-3,\ -2,\ -1,\ 0,\ 1$

(2)　4, 5　(3)　0, 1

100B (1)　$\frac{3}{2} \leqq a<2$　(2)　$4 \leqq a<6$

演習問題の解答

85 (1)　$3a-8<0$

(2)　$1.15 \leqq x<1.25$

(3)　$6(x-15)<5x+34 \leqq 6(x-14)$

86 [(1)　$a>b$ の両辺から b をひく。

(2)　$a-b>0$ の両辺に b をたす。

(3)　$m>0$ の両辺に a をたすと

$m+a>a$ すなわち $a+m>a$

$a-m<a$ は $-m<0$ を利用。

(4)　$a<b$ の両辺に x をたすと

$a+x<b+x$　……①

$x<y$ の両辺に b をたすと

$b+x<b+y$　……②

①, ②から　$a+x<b+x<b+y$]

87 (1)　<　(2)　<　(3)　<

(4)　>

88 (1)　>　(2)　<　(3)　>

89 (1)　(エ)　(2)　(ア)　(3)　(ク)

90 $-a<b<-b<a$

91 (1)　$x>3$　(2)　$x>-5$

(3)　$x<-2$　(4)　$x>-5$

(5)　$x<4$　(6)　$x \leqq \frac{8}{5}$

92 (1)　$x>5$　(2)　$x \geqq -3$

(3)　$x<-3$　(4)　$x>17$

(5)　$x>-1$　(6)　$x \geqq -9$

(7)　$x<-2$

93 (1)　$x>8$　(2)　$x \leqq -\frac{47}{5}$

(3)　$x \leqq \frac{10}{9}$

94 $a=-5$

95 10, 11, 12, 13

96 $a=\frac{1}{3}$

97 $a \leqq 4$

98 147冊以上

99 400 g 以上

100 ⑤

101 50% 増し以上

102 (1)　$x<-6$　(2)　$-2<x<1$

(3)　$20 \leqq x<23$　(4)　$-4<x \leqq \frac{14}{5}$

(5)　$x>-\frac{3}{5}$　(6)　$-4<x<-\frac{8}{3}$

103 (1)　$x \leqq -\frac{23}{5}$　(2)　$1<x<5$

104 (1)　$-9,\ -8,\ -7,\ -6$

(2)　$-6,\ -5,\ -4$

105 6脚または7脚または8脚

106 400 g 以上 500 g 以下

107 $-1<z<1$

108 (1)　8　(2)　$5 \leqq x<\frac{16}{3}$

109 $a=-2$

110 $a=9,\ 10,\ 11$

111 8個

112 総費用12400円, 出席者数22人

113 出発後6分から7分までの間

第5章　1次関数

練習の解答

101 (1) いえる。
x の変域は　1, 2, 3, 4, 5, 6, 7
y の変域は　10, 80, 150, 220, 290, 360, 430
(2) いえない

102

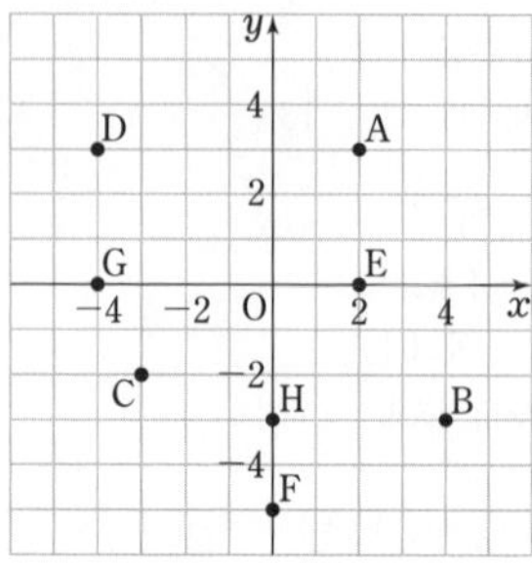

103 (1) (4, 8)　(2) (2, −1)
(3) $\left(-1,\ \frac{13}{2}\right)$　(4) $\left(-\frac{7}{2},\ -\frac{9}{2}\right)$

104A (1) ① (3, −4)
② (−3, 4)　③ (−3, −4)
(2) ① (5, 3)　② (−5, −3)
③ (−5, 3)
(3) ① (−6, 4)　② (6, −4)
③ (6, 4)
(4) ① (a, $-2a$)　② ($-a$, $2a$)
③ ($-a$, $-2a$)

104B (1) $a=3$, $b=-2$
(2) $a=1$, $b=2$
(3) $a=1$, $b=-2$

104C (1) (5, 10)
(2) ($2a-m$, $2b-n$)

105A 点P, 点Qを移動した点の座標の順に
(1) (−4, 2), ($a-3$, $-a$)
(2) (4, 2), ($a+5$, $-a$)
(3) (−1, 0), (a, $-a-2$)
(4) (−1, 5), (a, $-a+3$)
(5) (−3, 3), ($a-2$, $-a+1$)

105B (1) 左に8, 上に2だけ移動
(2) 右に7, 下に5だけ移動

106 (8, 4)

107A (1) ○, 比例定数は −2
(2) ○, 比例定数は 10
(3) ×
(4) ○, 比例定数は $\frac{1}{5}$
(5) ×
(6) ○, 比例定数は 0.6

107B (1) 比例する。比例定数は 5
(2) 比例しない
(3) 比例する。比例定数は $\frac{2}{15}$

108A (1) $y=4x$, $y=12$
(2) $x=-\frac{9}{2}$

108B (ア) $\frac{2}{3}$　(イ) 2

109A

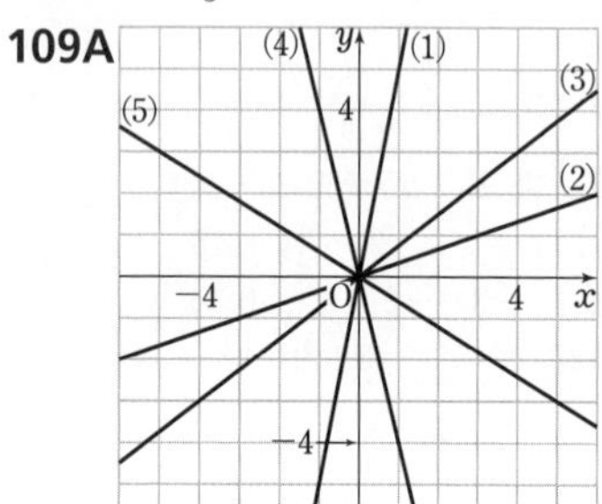

109B

(1)　(2)

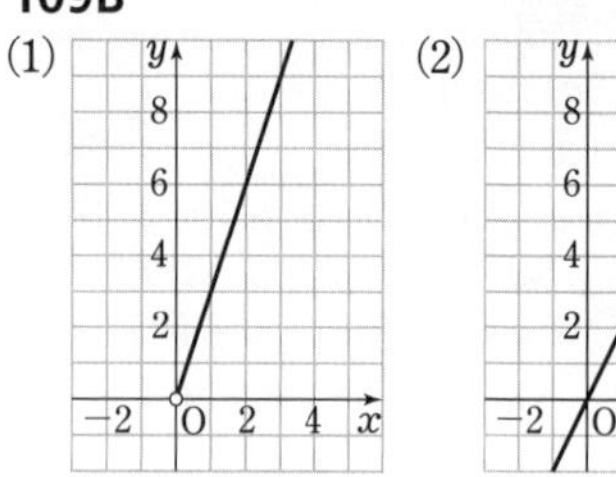

○印の点はグラフに含まれない。

110 (1) $y=3x$　(2) $y=-\frac{5}{4}x$
(3) $y=7x$　(4) $y=-\frac{7}{3}x$

111

(1)　(2)

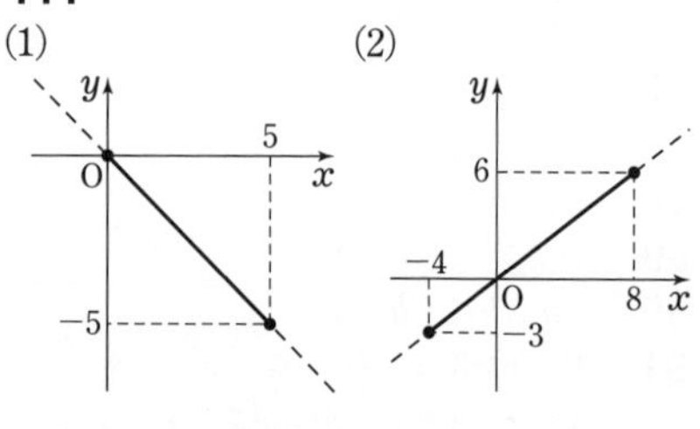

$-5 \leqq y \leqq 0$　$-3 \leqq y \leqq 6$

(3)

(4)

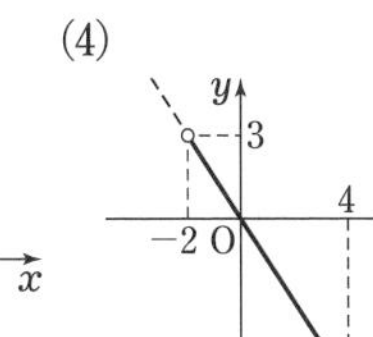

$-6<y\leqq 6$　　$-6\leqq y<3$

112 (1) 反比例しない

(2) 反比例する。比例定数は 12

(3) 反比例しない

(4) 反比例する。比例定数は 2000

113A (1) $y=3$　(2) $x=18$

(3) $y=7$

113B $y=\dfrac{240}{x}$，歯車Bの歯の数は 16

114A $z=\dfrac{2}{x-5}$

114B (2) $z=\dfrac{18}{5}$　[(1) 略]

115 (1)

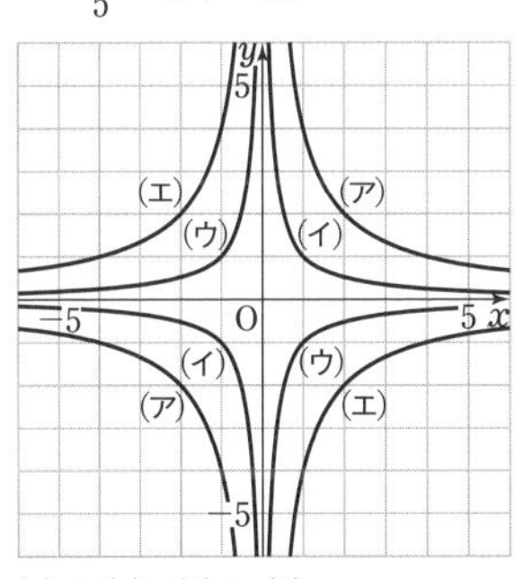

(2) (ア)と(エ)，(イ)と(ウ)

(3) 大きい

116A (1) $y=\dfrac{2}{x}$　(2) $y=-\dfrac{9}{x}$

(3) $y=-\dfrac{3}{x}$　(4) $y=\dfrac{15}{x}$

116B (1) $y=-\dfrac{2}{x}$　(2) $y=\dfrac{6}{x}$

117 (1) $\dfrac{1}{2}\leqq y\leqq 3$

(2) (ア) $y=\dfrac{8}{x}$

(イ) 定義域は $-6\leqq x\leqq -2$，

値域は $-4\leqq y\leqq -\dfrac{4}{3}$

118 6 個

119 (1) $a=-24$　(2) $(-6,\ 4)$

120 (1) 9 cm^2　(2) $a=\dfrac{18}{25}$

121 $a=\dfrac{4}{5}$

122A (1) $y=8.5x$

(2) $y=50x+200$

(3) $y=2x+10$

122B (1) 3 秒：25.5 km，10 秒：85 km

(2) 10 分後：30 L，1 時間後：130 L

123A (1) -2　(2) -6　(3) -6

123B (1) $y=-\dfrac{1}{10}x+40$，

定義域は　$0\leqq x\leqq 400$

(2) 1.3 L

124A (1) (ア)と(ウ)，(エ)と(カ)

(2) (ア)と(オ)，(イ)と(ウ)

124B

(1)

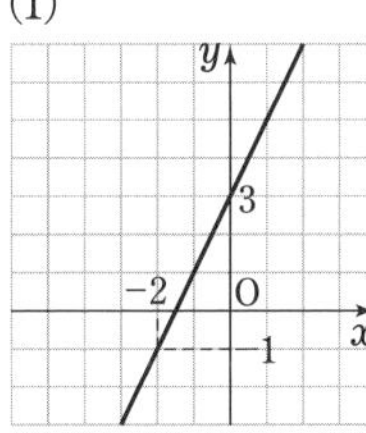

(2)

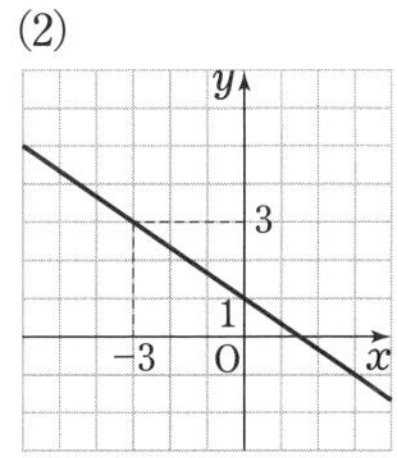

(3)

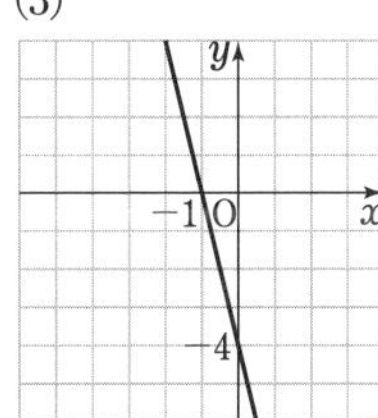

125

(1)

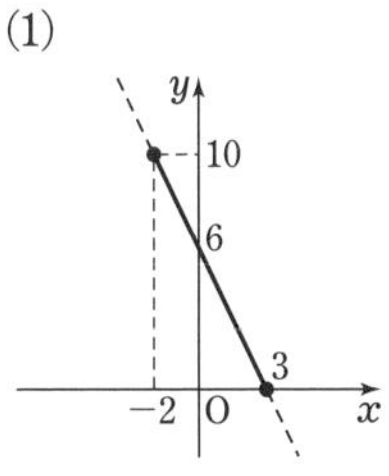

(2)

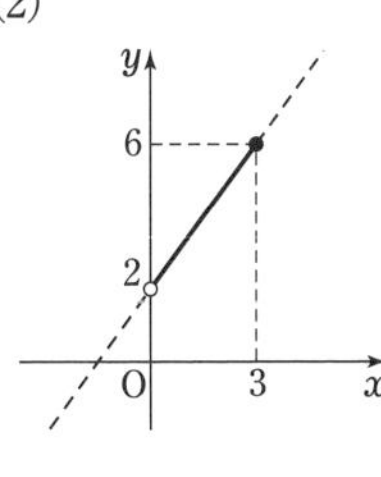

$0\leqq y\leqq 10$　　$2<y\leqq 6$

答と略解

(3) (4)

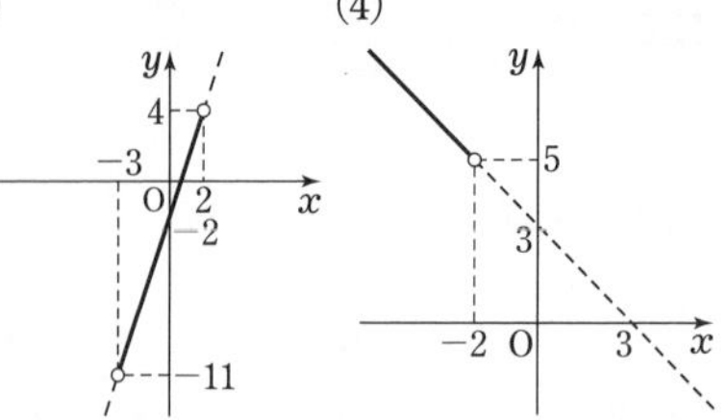

$-11<y<4$ $y>5$

126 (1) $p=-1$, $q=2$

(2) $a=3$, $b=11$

(3) $a=-\dfrac{5}{3}$, $b=\dfrac{4}{3}$

127A (1) $y=-7x-8$

(2) $y=\dfrac{2}{3}x-3$

127B (1) $y=3x+5$

(2) $y=-\dfrac{4}{3}x+2$

128A (1) $y=x+2$ (2) $y=-x+3$

(3) $y=-\dfrac{1}{3}x+\dfrac{11}{3}$

128B ① $y=2x+1$ ② $y=x-3$

③ $y=-x+3$ ④ $y=-\dfrac{1}{2}x-\dfrac{1}{2}$

129A ㋐と㋗, ㋑と㋖

129B (1) $y=2x-2$

(2) $y=-2x-1$ (3) $y=3x-5$

(4) $y=-x+2$

129C (1) $y=3x-2$ (2) $y=3x+2$

(3) $y=-3x-2$ (4) $y=-3x-13$

130A $t=5$

130B $k=-5$

131A (1) $y=\dfrac{12}{x}$ (2) $\dfrac{1}{12}\leqq a\leqq 3$

131B $6\leqq b\leqq 13$

131C (1) $y=\dfrac{1}{3}x+1$ (2) $\dfrac{1}{2}\leqq a\leqq 1$

132

(1)

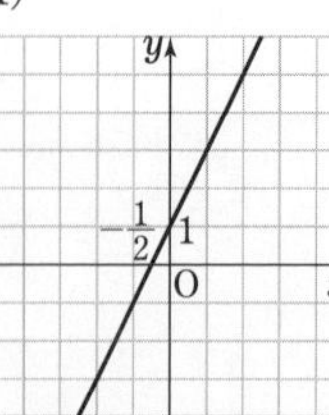

(2)

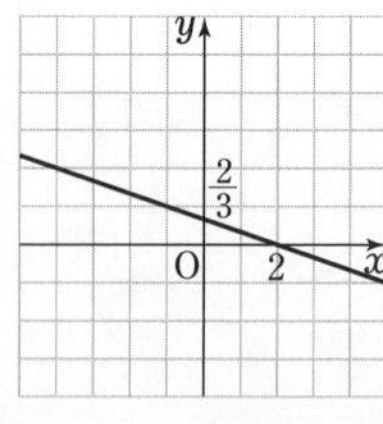

(3) (4)

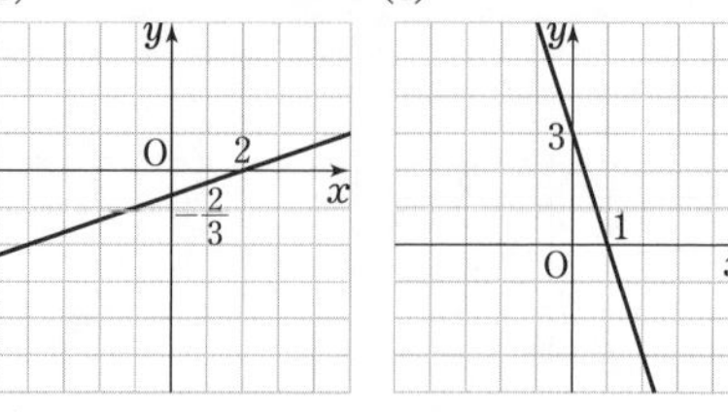

(5) (6)

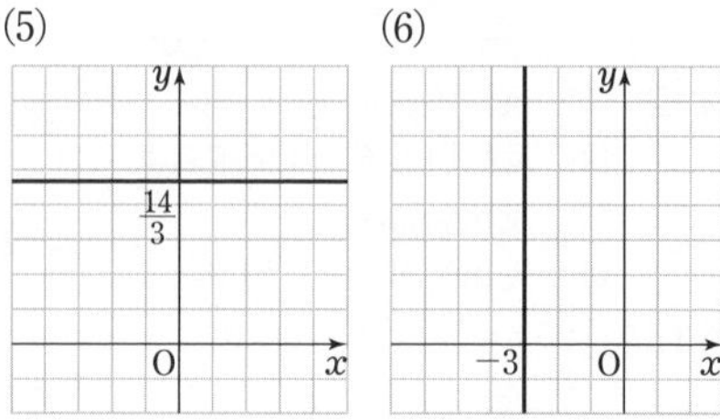

133 (1) x 軸：$(-5,\ 0)$, y 軸：$\left(0,\ \dfrac{5}{3}\right)$

(2) x 軸：$(2,\ 0)$, y 軸：$\left(0,\ \dfrac{3}{2}\right)$

(3) x 軸：交点はない, y 軸：$\left(0,\ -\dfrac{1}{4}\right)$

(4) x 軸：$\left(\dfrac{2}{3},\ 0\right)$, y 軸：交点はない

(5) x 軸：$(3,\ 0)$, y 軸：$(0,\ 4)$

(6) x 軸：$(-3,\ 0)$, y 軸：$(0,\ -4)$

134 (1) $(2,\ 4)$ (2) $(1,\ -2)$

(3) $\left(1,\ \dfrac{3}{2}\right)$

135 $a=-3$

136 QがPに追いつくのは1.5分後で, Aから7.5 m の地点。RがQに追いつくのは3分後で, Aから30 m の地点

137 (1) $y=x-5$

(2) 午前5時29分, 午前6時27分

138 $0\leqq x\leqq 6$ のとき $y=\dfrac{3}{2}x$

$6\leqq x\leqq 9$ のとき $y=9$

$9\leqq x\leqq 15$ のとき $y=-\dfrac{3}{2}x+\dfrac{45}{2}$

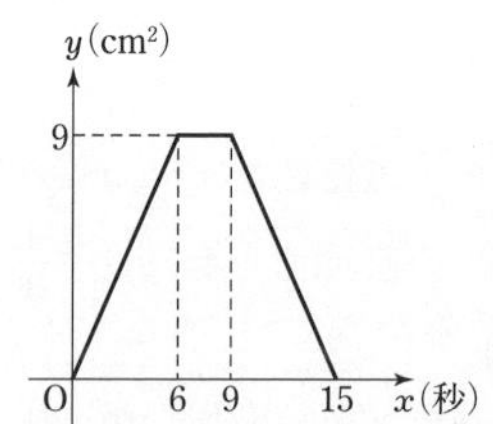

139 $\begin{cases} 0 \leqq x \leqq 10 \text{ のとき } y=600 \\ 10 < x \text{ のとき } y=80x-200 \end{cases}$

140 (1) $y=-3x+9$

(2) $\left(\dfrac{9}{4},\ \dfrac{9}{4}\right)$, $\left(\dfrac{9}{2},\ -\dfrac{9}{2}\right)$

141 $a=\dfrac{1}{6}$

演習問題の解答

114 (1) 9 L　(2) 5 L

(3) $y=0.6x+6$

x の変域は　$-10 \leqq x \leqq 20$

y の変域は　$0 \leqq y \leqq 18$

115

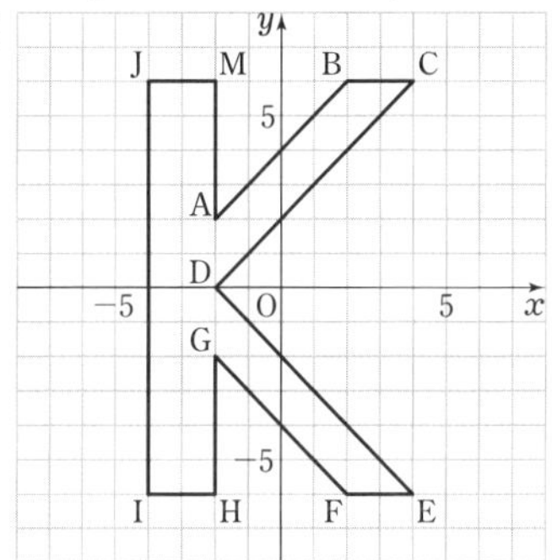

116 (1) $a=-\dfrac{4}{3}$, $b=-\dfrac{2}{3}$

(2) 点Aの座標は $\left(-\dfrac{1}{3},\ \dfrac{8}{3}\right)$,

点Bの座標は $\left(\dfrac{5}{3},\ -\dfrac{1}{3}\right)$

117 (1) A′ : $(-2,\ 5)$,

B′ : $(1,\ -2)$, C′ : $(-3,\ 1)$

(2) A″ : $(2,\ -5)$, B″ : $(-1,\ 2)$,

C″ : $(3,\ -1)$

(3) A‴ : $(0,\ -2)$, B‴ : $(-3,\ 5)$,

C‴ : $(1,\ 2)$

118 $(-1,\ 4)$, $(7,\ 8)$, $(3,\ 0)$

119 $\dfrac{51}{2}$ cm^2

120 2 日後の午前 4 時

121 (1)

x	0	1	2	3
y	0	5	10	15

比例定数は 5

(2)

x	2	3	4	5
y	−8	−12	−16	−20

比例定数は -4

(3)

x	−3	−2	−1	0
y	1	$\dfrac{2}{3}$	$\dfrac{1}{3}$	0

比例定数は $-\dfrac{1}{3}$

(4)

x	−5	0	5	10
y	−3	0	3	6

比例定数は $\dfrac{3}{5}$

122 (1) $y=-1$　(2) $x=13$

123 (1) $z=6x$　(2) $z=2$

(3) $x=7$

124 (2) $y=\dfrac{4}{7}x$　(3) $y=\dfrac{4}{7}x$

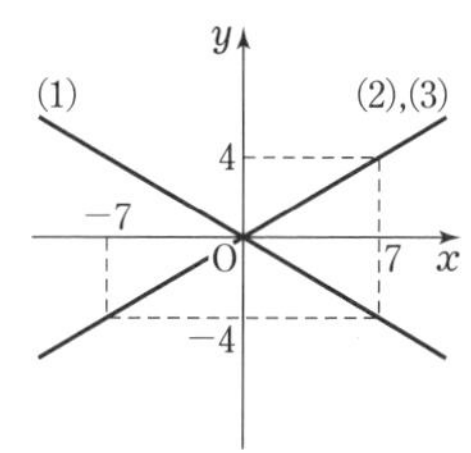

125 (1) 300 cm^3

(2) $y=\dfrac{6000}{x}$, 15 %

126 (1) $y=-6$　(2) $z=-2$

(3) $y=2x-\dfrac{3}{x}$, $y=-5$

127 (1) $y=\dfrac{105}{x}$　(2) $y=7$

128 $a=15$, $b=3$

129 6 と 8

130 $\left(4,\ \dfrac{4}{3}\right)$

131 $\left(\dfrac{10}{3},\ 6\right)$

132 $a=24$

133 (1) $a=12$　(2) $a=9$

134 (1) $\ell=14-2x$

(2) $y=42-3x$, $21 < y < 42$

135 $a=-\dfrac{3}{4}$

136

(1), (2)

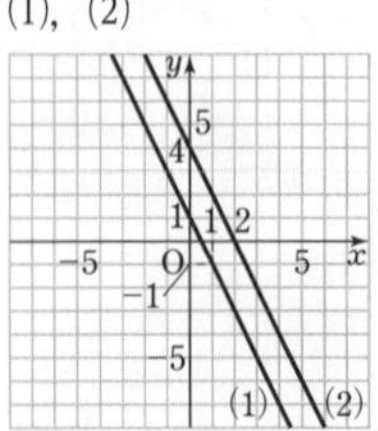

(3), (4)

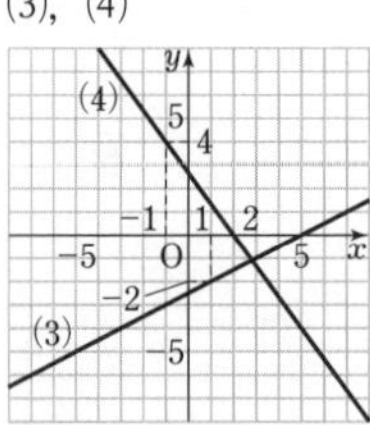

137 (1) $-1<x\leqq 2$

(2) $a=-2,\ b=-4$

(3) $a=-\frac{3}{2},\ b=\frac{13}{2}$

138 (1) $a=11,\ b=1$

(2) $a+b=4$

139 (1) $y=3x+5$

(2) $y=-\frac{1}{2}x+2$

140 (1) 6　(2) $y=-\frac{2}{3}x+\frac{13}{3}$

141 (1) $t=4$　(2) $t=5$

142 (1) (6, 4)　(2) $y=\frac{2}{3}x$

143 $-15\leqq b\leqq \frac{5}{3}$

144 (1) $y=\frac{1}{2}x+\frac{1}{2}$

(2) $-\frac{2}{3}\leqq a\leqq \frac{5}{3}$

145 $a=\frac{11}{5},\ b=\frac{3}{2}$

146 (1) $a=-\frac{7}{6}$　(2) $y=4x-16$

(3) $y=-\frac{7}{8}x+\frac{41}{8}$

147 (1) $p=9$　(2) $y=\frac{9}{2}x$

(3) $k=-9$

148 11 cm^2

149 (1) $a=2$　(2) $a=-6,\ -1,\ 1$

150 5 個

151 (1) $y=200x-1400$

(2) 午後 1 時 7 分 30 秒

152 (1) $\frac{32}{5}$ 秒後　(2) $y=-x+8$

(3) $\frac{8}{3}$ 秒後

(4)

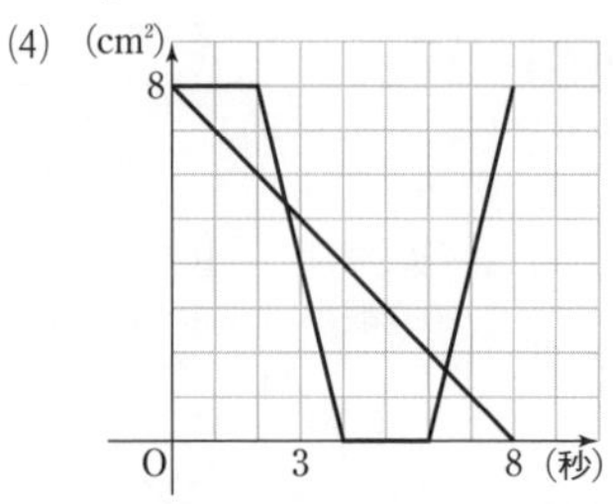

153 (1)

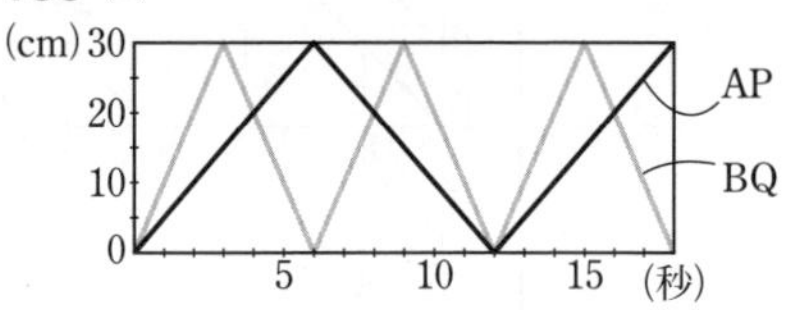

(2) $y=-10x+60$　(3) 4 秒後

(4) $t=8$ のとき R の速さは毎秒 5 cm,

$t=16$ のとき R の速さは毎秒 $\frac{5}{3}$ cm

154 (1) $y=-\frac{9}{4}x-3$

(2) $\left(-\frac{2}{3},\ 1\right)$

155 (1) (3, 9)　(2) $y=-\frac{1}{2}x+\frac{9}{2}$

(3) $y=\frac{1}{4}x+\frac{15}{4}$

156 $y=\frac{1}{7}x-3$

157 2

158 (1) 4 個　(2) $y=-\frac{2}{5}x+\frac{21}{5}$

さくいん

●編著者
岡部 恒治　　埼玉大学名誉教授
チャート研究所

●表紙デザイン
有限会社アーク・ビジュアル・ワークス

●本文デザイン
デザイン・プラス・プロフ株式会社

●イラスト
たなかきなこ

初　版
第１刷　2006年２月１日　発行
三訂版対応
第１刷　2010年２月１日　発行
四訂版対応
第１刷　2015年２月１日　発行
新課程
第１刷　2020年２月１日　発行

編集・制作　チャート研究所
発行者　　星野 泰也

ISBN978-4-410-10954-6

※解答・解説は数研出版株式会社が作成したものです。

中高一貫教育をサポートする
新課程　チャート式® 体系数学１　代数編
［中学１，２年生用］

発行所
数研出版株式会社

〒101-0052 東京都千代田区神田小川町２丁目３番地３
〔振替〕00140-4-118431
〒604-0861 京都市中京区烏丸通竹屋町上る大倉町205番地
〔電話〕代表 (075)231-0161
ホームページ　https://www.chart.co.jp
印刷　寿印刷株式会社
乱丁本・落丁本はお取り替えします。　200101

方　程　式 (2)

4 応用問題の解き方　次の手順で解く。

[1]　**文字を決める**　方程式をつくりやすく，解きやすいように文字を決める。

[2]　**方程式をつくる**　数量を取り出す。数量の間の関係をつかむ。

[3]　**方程式を解く**

[4]　**解を検討する**　方程式の解が，その問題に適さないことがある。はじめに戻って，得られた解が問題に適するかどうかを確かめ，問題に適する答えを選ぶ。

5 比例式の変形

①　$a:b$ の比の値 $\dfrac{a}{b}$ と $c:d$ の比の値 $\dfrac{c}{d}$ が等しいとき，$a:b=c:d$ と表す。

②　$a:b=c:d \Longleftrightarrow \dfrac{a}{b}=\dfrac{c}{d} \Longleftrightarrow \dfrac{a}{c}=\dfrac{b}{d} \Longleftrightarrow a:c=b:d \Longleftrightarrow ad=bc$

6 連立方程式の解き方

x，y についての連立方程式は，一般に，次のような手順で解く。

[1]　1つの文字(たとえば y)を消去して，他の文字(x)だけの方程式 Ⓐ を導く。

[2]　Ⓐ を解き，x の値を求める。

[3]　さらに，y の値を求める。

不　等　式

1 不等式の性質

[1]　$A<B$ ならば　$A+C<B+C$，　$A-C<B-C$

[2]　$A<B$，$C>0$ ならば　$AC<BC$，　$\dfrac{A}{C}<\dfrac{B}{C}$

[3]　$A<B$，$C<0$ ならば　$AC>BC$，　$\dfrac{A}{C}>\dfrac{B}{C}$

不等式では，両辺に負の数をかけたり，両辺を負の数でわったりすると，不等号の向きが変わる。

[4]　$A<B$，$A=B$，$A>B$ のどれか1つが成り立つ。

[5]　$A<B$，$B<C$ ならば　$A<C$

2 1次不等式の解き方　次の手順で解く。

[1]　x を含む項を左辺に，数の項を右辺に移項する。

[2]　両辺の同類項をまとめる。($ax>b$，$ax \leqq b$ などの形を導く)

[3]　x の係数で両辺をわって，解を求める。

$ax>b$ の解は　$a>0$ ならば $x>\dfrac{b}{a}$　　$a<0$ ならば $x<\dfrac{b}{a}$

3 不等式の応用問題　方程式の応用問題の解き方と同じ手順で解く。

[1]　**文字を決める**　[2]　**不等式をつくる**　[3]　**不等式を解く**

[4]　**解を検討する**　はじめに戻って，問題に適する答えを選ぶ。

1 次 関 数

1 比例・反比例

①　**関数**　x の値が1つ決まると，それに対応して，y の値がただ1つに決まるとき，y は x の関数である。

②　**y は x に比例(正比例)**　$\longrightarrow$ $y=ax$

③　**y は x に反比例**　$\longrightarrow$ $y=\dfrac{a}{x}$　$(x \neq 0)$